GANGKOU HUANJING BAOHU

港口环境保护

陶学宗 编著

上海交通大學出版社
SHANGHAI JIAO TONG UNIVERSITY PRESS

内容提要

本书严格遵循工程教育认证要求，密切联系港口航运业发展实际和港口环境保护学科发展动态，着重聚焦港口作业活动，基于现象—危害—原因—举措(Phenomena-Damage-Cause-Action，P-D-C-A)逻辑框架，全面、系统地介绍了港口环境污染的现象、危害、原因、防治措施等方面的理论知识和科学技术。全书分9章，内容包括港口环境保护概述、港口大气污染及防治、港口水体污染及防治、港口固体废物污染及防治、港口其他污染及防治、港口环境管理法规、港口环境风险管理、港口环境监测及评价、绿色港口建设与评价。

本书可作为交通运输类高等院校港口航运特色交通运输专业的教材，也可作为港口航道与海岸工程专业教材和港口环境管理人员业务培训教材，还可供港口环境保护领域的科研工作者、管理人员和决策人员参考。

图书在版编目(CIP)数据

港口环境保护/陶学宗编著. —上海:上海交通大学出版社，2018 (2020重印)

ISBN 978-7-313-20761-6

Ⅰ.①港… Ⅱ.①陶… Ⅲ.①港口—环境保护—高等学校—教材

Ⅳ.①X55

中国版本图书馆CIP数据核字(2018)第289431号

港口环境保护

编　　著：陶学宗

出版发行：上海交通大学出版社　　　地　　址：上海市番禺路951号

邮政编码：200030　　　电　　话：021-64071208

印　　制：当纳利(上海)信息技术有限公司　　　经　　销：全国新华书店

开　　本：787mm×1092mm　1/16　　　印　　张：11

字　　数：265千字

版　　次：2018年12月第1版　　　印　　次：2020年2月第2次印刷

书　　号：ISBN 978-7-313-20761-6

定　　价：48.00元

前言

海上运输是综合交通运输体系的重要组成部分，承担了中国90%进出口货物的国际运输任务。与此同时，海运业的发展也带动了港口货物和集装箱吞吐量的快速增长。2017年，全球十大集装箱港口有7个在中国，全国规模以上港口处理集装箱吞吐量达到2.368亿TEU，约占全球集装箱吞吐量的三分之一，中国已成为名副其实的港口航运大国。

然而，不可忽视的是，港口航运业在为中国对外贸易发展和世界经济增长提供重要支撑的同时，也加剧了港口和周边地区的环境污染。尤其令人担忧的是，中国港口停靠的大多数船舶使用的是燃料油，大部分港口作业机械和港内货运车辆使用的是柴油，这些燃料燃烧后将会排放出大量的废气。其中，细颗粒物(PM)、氮氧化物(NO_x)和硫氧化物(SO_x)的含量极高，给自然环境、人类健康和生态系统带来了严重危害。相关研究表明，2010年中国约有120万人因为空气污染而过早死亡，其中港口航运是导致空气污染和健康问题的重要因素之一。

在此背景下，港口特色鲜明的航运院校交通运输专业的学生非常有必要了解港口的各类环境污染现象(Phenomena, P)，理解港口环境污染的危害(Damage, D)以及发生港口环境污染现象的原因(Cause, C)，进而能够掌握各种治理举措(Action, A)的适用性和选择依据。另一方面，普通高等学校本科工程教育认证标准也明确要求，交通运输专业学生应能够理解和评价复杂工程问题的工程实践对环境、社会可持续发展的影响。鉴于此，本书严格遵循工程教育认证要求，基于P—D—C—A这一逻辑框架，针对当前港口环境污染的普遍现象，着重阐述污染现象的危害后果，揭示污染现象的形成原理，提出治理污染现象的有效举措，在此过程中培养学生分析、解决港口环境问题的能力。

全书共9章。第1章为港口环境保护概述，重点阐述港口、环境、港口环境污染、港口保护相关的基本概念以及港口环境保护的基本理念和手段；第2章为港口大气污染及防治，重点讲述港口主要大气污染物排放清单、港口大气污染及危害、港口大气污染防治；第3章为港口水体污染及防治，主要讲述水体污染概念和水质指标、港口水体污染及危害、港口水体污染防治；第4章为港口固体废物污染及防治，主要讲述固体废物污染概念及特点、港口固体废物污染类型及危害、港口固体废物污染防治；第5章为港口其他污染及防治，主要讲述港口噪声污染及防治、港口其他污染类型及防治；第6章为港口环境管理法规，主要讲述港口环境管理的概念和基本理论，港口环境保护相关法规、港口环境保护相关标准；第7章为港口环境风险管理，主要讲述港口环境风险管理的内容和程序、港口船舶溢油风险防范、港口危险品泄漏事故风险防范、港口赤/绿潮灾害的应急防范；第8章为港口环境监测及评价，主要讲述港口海洋环境监测的作用及方法、港口环境质量评价、港口环境影响评价；第9章为绿色港口建设与评价，主要讲述绿色港口的内涵和建设理论基础、绿色港口建设实践、绿色港口评价。

本书被列为“上海海事大学2016—2018三年规划教材”，主要由陶学宗老师根据上海海事大学交通运输专业《港口环境保护》专业课教学大纲要求，结合多年授课经验及自身学术研究编写，由尹传忠副教授主审。本书编写过程中得到了李宇为教授的指导以及教务处陈曦老师和上海交通大学出版社滕飞老师的帮助和支持，在此一并表示感谢。

本书编写过程中查阅了大量的资料，感谢参考文献列出的各位前辈专家、学者做出的学术贡献。

由于时间和编者水平有限，本书存在的缺憾之处，敬请专家、同行和广大读者批评指正。

目 录

第1章　港口环境保护概述

1.1　港口

1.1.1　港口的概念及功能

1）概念

港口是指具有船舶进出、停泊、靠泊，旅客上下，货物装卸、驳运、储存等功能，具有相应的码头设施，由一定范围的水域和陆域组成的区域。港口可以由一个或者多个港区组成。

用途：供船舶进出停靠、货物装卸储运、旅客上下等。

组成：相应码头设施，如泊位、堆场、仓库、桥吊、轮胎吊、集卡等。

范围：一定的水域和陆域，一个或多个港区。

2）功能

基本功能：港口是综合运输体系的一个重要节点，一方面提供面向运输工具的服务，如车辆进出及船舶停靠；另一方面提供面向运输对象的服务，如货物装卸、储存、转运及旅客候船、上下船等。

功能演变：1992年联合国贸易与发展会议（**United Nations Conference on Trade and Development，UNCTAD**）在《港口发展和改善港口的现代化管理和组织原则》的研究报告中，把港口按其功能的发展划分为三代。第一代港口主要是指1950年以前的港口，其功能为海运货物的转运、临时存储以及货物的收发等，港口是运输枢纽中心；第二代港口主要是指20世纪50年代至80年代的港口，它在第一代港口功能基础上增加了使货物增值的工商业功能，港口成为装卸和服务中心；第三代港口主要产生于20世纪80年代以后，它在第二代港口功能的基础上增加了运输贸易信息服务与货物配送等综合服务功能，强化港口与所在城市及用户之间的联系，港口成为物流中心。1999年，**UNCTAD**在第19期《港口通讯》上发表《第四代港口》，认为20世纪90年代之后，在世界范围内已出现超越第三代港口的新一代港口，其处理的货物主要是集装箱，发展策略是港航联盟与港际联盟，生产特性是综合物流，成败关键是决策、管理、推广、训练等软因素。也就是说，第四代港口功能开始转向资源配置中心，它以港口城市为主体，以自由贸易为依托，逐渐成为主动策划、组织和参与国际经贸活动的前方调度总站、产业集聚基地和综合服务平台。

1.1.2 港口的建设和经营

1) 港口建设

现行港口基本建设工作程序包括编制项目建议书、编制可行性研究报告、初步设计、施工图设计、开工准备、组织施工、施工验收等工作环节。港口建设项目施工的主要内容包括码头水工建筑物施工、码头堆场施工、进港航道施工、码头集疏运通道施工、其他码头配套建筑物施工等。

在港口建设项目施工过程中，施工方会用到各种工程机械，并会产生多种废弃物，如打桩机产生的噪声和排放的烟尘、挖泥船排放的废气等。此外，施工人员的日常生活也会产生各种废弃物。

2) 港口经营

港口经营是指港口经营人在港口区域内为船舶、旅客和货物提供港口设施或者服务的活动，主要包括为船舶提供泊位、航道、锚地、浮筒等设施和进出、停靠、维修、物资供应、废物接收等服务；为货物提供装卸、储存、堆放、包装、拆拼箱、计量、称重、检查等服务；为旅客提供候船和上下船设施和服务等。

在港口经营过程中，企业会使用各种机械设备，其运行也会产生多种废弃物，如轮胎吊、集卡、堆高车运转时产生的噪声和废气，船舶排放的废气、废水和垃圾。此外，港口企业员工的日常生活也会产生各种废弃物。

1.2 环境

1.2.1 环境的概念及要素

1) 概念

根据《环境科学大辞典》，环境是指“以人类为主体的外部世界，主要指地球表面与人类发生相互作用的自然要素及其总体，它是人类生存发展的基础，也是人类开发利用的对象”。

根据《中华人民共和国环境保护法》，环境是指“影响人类生存和发展的各种天然的和经过人工改造的自然因素的总体，包括大气、水、海洋、土地、矿藏、森林、草原、湿地、野生生物、自然遗迹、人文遗迹、自然保护区、风景名胜区、城市和乡村等”。

广义的环境是与某一中心事物有关的周围事物，即中心事物的背景。狭义的环境是指围绕人类生存的各种外部条件和因素的总和，也就是通常所说的环境。本书所讲述的主要是狭义的环境。

2) 要素

环境要素又称环境基质，它是指构成人类环境整体的各个独立的、性质不同而又服从整体演化规律的基本物质组分，包括自然环境要素和社会环境要素。自然环境要素通常指水、大气、生物、阳光、岩石、土壤等，社会环境要素包括生产力、技术进步、政治体制、宗教信仰、人工产品等。环境要素在形态、组成和性质上各不相同、相互独立，相互之间通过物质转换和能量传递密切联系，构成环境系统。在不同区域，环境要素的组成可能不同，各要素之间的配比与布置也不相同，因此环境结构和特性也会有不同程度的差异。环境要素组成环境结构单元,环境结构单元又组成环境系统。例如,由水组成水体,全部水体组成水圈;由大气组成大气层,全部大气层组成大气圈。

1.2.2　环境的功能及容载力

1) 功能

对人类而言,环境最基本的功能包括三方面:一是空间功能,为人类和其他生物提供了栖息、生长和繁衍的场所;二是营养功能,为人类和其他生物生长繁衍提供其所必需的各种营养物质及各类资源能源;三是调节功能,各类环境要素具有吸收、净化污染物的功能,使受到污染的环境得到调节和恢复。

2) 容载力

环境容量是指一定时空范围内的环境系统在一定的环境目标下对外加污染物的最大允许负荷量,其大小取决于区域环境功能、自然条件、社会经济条件和所选取的环境质量标准。它反映了环境系统的自然属性,重点强调环境系统对人类活动排污的容纳能力。

环境承载力是指在一定时期、一定的状态或条件下、一定的区域范围内,在维持区域环境系统结构不发生质的变化、环境功能不遭受破坏的前提下,区域环境系统所承受的人类各种社会经济活动的能力。简言之,即区域环境对人类社会发展的支持能力。它反映环境系统的社会属性,重点强调环境系统承受人类社会经济活动的能力。

在区域经济发展过程中,环境容量和环境承载力反映的是环境质量的两个方面,前者是环境质量表现的基础,它以一定的环境质量标准为依据,反映环境质量的"量变"特征;后者是环境质量的优劣程度,它以环境容量和质量标准为基础,反映环境质量的"质变"特征。

环境容载力是指自然环境系统在一定的环境容量和环境质量支持下对人类活动所提供的最大的容纳程度和最大的支撑阈值。简言之,即自然环境在一定纳污条件下所支撑的社会经济的最大发展能力。它是对环境容量和环境承载力的有机结合和高度统一,也是环境质量量变和质变的综合表述,反映了区域社会经济活动和环境结构及功能的协调程度。

1.3　港口环境保护

1.3.1　港口环境问题

1) 相关概念

港口环境是指与港口这一中心事物有关的周围事物,包括港口自然环境和港口社会环境。其中,本书重点关注的是港口自然环境,如港口大气环境、港口水体环境、港口声环境等。

环境问题是人类对环境和环境对人类产生的负面影响的统称,一般可分为原生环境问题和次生环境问题。其中,原生环境问题是由自然界本身变异造成的,不受人类活动影响的环境问题,主要包括地震、洪涝、干旱、台风、崩塌、滑坡、泥石流等所引起的环境问题。次生环境问题又可分为环境污染和环境破坏。环境污染是由于人为因素,使环境的构成或状态发生了变化,与原来的情况相比,环境质量恶化,扰乱和破坏了生态系统和人们正常的生产和生活。环境破坏是人类活动直接作用于自然环境引起的,例如乱砍滥伐引起的森林植被的破坏，过度放牧引起的草原退化，大面积开垦草原引起的沙漠化和土地沙化，滥采滥捕使珍稀物种灭绝，植被破坏引起的水土流失等。本书重点讲述港口建设、经营活动造成的港口环境污染问题，适当兼顾港口生态破坏问题。

2）港口建设和经营引发的环境问题

环境质量下降。港口建设改变了原有地貌，致使海域纳潮量减少、自净能力下降。在港口建设和经营过程中，各种机械设备产生的废气和噪声，港区和船舶排放的垃圾和废水，进出港交通拥挤产生的废气和噪声，溢油、化学品泄漏、火灾等港口突发生事故产生的废水、废气、废热和噪声，都会造成港口自然环境质量下降。此外，其他区域通过空气和水流作用等传播过来的废气、废水、固体废物等，也会造成港口自然环境质量的下降。

生态环境破坏。一方面，港口建设和维护过程中的爆破、挖掘、吹填、疏浚、抛泥等作业会扰动和释放水底沉积物，引起悬浮物增加。另一方面，围垦和筑堤作业会引起纳潮量、泥沙冲淤和污染物迁移规律发生变化，减小水环境污染物扩散能力，加剧污染物在海底集聚。这些都会破坏港口生态环境。此外，外来物种也可能会造成港口生态环境的破坏。

1.3.2 港口环境污染类型及危害

1）类型

按环境要素可分为大气污染、水污染、固体废物污染、噪声污染等。

按人类活动可分为生产性污染、生活性污染。

按污染原理可分为物理性污染、化学性污染、生物性污染。

2）危害

对自然环境的危害。水体污染会破坏水生生物的生存环境，直接或间接给其带来危害。如溢油通过腮或体表进入鱼体，会引起腮上皮细胞脱落性病变和皮肤表层红肿、膨胀甚至破裂；溢油还会黏住海鸟的羽毛，破坏羽毛的组织结构，有的海鸟因此失去御寒能力而冻死，或因此失去飞行能力而葬身大海；船舶停靠港口期间排放的废水会改变港口水域生物的栖息环境，带来的外来生物会与本土生物争夺食物和生存空间；水体富营养化导致绿潮和赤潮，引起鱼类、虾类、贝类的大量死亡。船舶停靠港口期间排放的大量废气会严重影响港口及港口城市的空气质量，进出港交通拥堵加剧港口城市空气和噪声污染程度。

对社会环境的危害。水体污染会使海洋食品中聚集毒素，危害人类健康；妨碍人类包括渔业活动在内的各种海洋活动，影响海洋资源的开发利用；破坏海水品质和海岸环境，造成旅游等损失。如SO_x浓度较高时会引发急性支气管炎；NO_2过量会使人因肺气肿而死亡；CO被人体吸收会使人头晕，严重时造成窒息死亡；HC在紫外线作用下容易和NO_x发生光化学反应，产生的臭氧能使植物变黑、橡胶发裂、人体肺气肿；PM飘浮在空气中，不仅影响能见度，还污染空气以及引起呼吸系统疾病；噪声会分散人们的注意力，影响语言交流、休息质量、工作效率，还可能导致听觉损伤、神经过敏、消化不良，甚至引发事故；漂浮于水面的固体废物会给船舶航行造成诸多不便，甚至造成事故。

1.3.3 港口环境保护理念及手段

1）港口环境保护理念

港口环境保护是人们为解决现实的或潜在的港口环境问题，防止自然环境变化给人身、生产和生活带来危害，所采取的各种行动的总称。港口环境保护的基本理念包括："预防为主、防治结合""谁污染、谁买单""全过程、多手段"。

"预防为主、防治结合"，就是将港口环境保护的重点放在事前防止港口环境问题发生之上，同时也要积极治理已发生的港口环境问题，以保护生态系统和人类健康及其财产。预防为主并非认为治理不重要，而是因为港口环境问题一旦发生，往往难以消除和恢复，甚至具有不可逆转性，而且事后治理费用巨大，在经济上不合算，对港口环境损害的事后救济往往得不偿失，因此强调"预防为主"，以"防患于未然"。此外，对于已经发生的港口环境问题则强调积极治理，在"防"的同时兼顾"治"，尽量降低港口建设、经营活动带来的负面影响。

"谁污染、谁买单"，即第三方治理模式，它是指港口排污企业或单位根据污染物种类、数量和浓度缴纳或按合同约定支付治理费用，委托专业第三方环境服务公司进行污染治理。此举有利于资源共享，并可改善治理效果，降低治理成本。

"全过程、多手段"，即在港口规划、建设、运营、管理、报废处置整个生命周期，综合运用法律、行政、经济、技术、宣教等多种手段，加强港口环境污染的预防和治理，尽可能减少整个港口生命周期内的各类活动对自然环境的负面影响。

2) 港口环境保护手段

法律手段是港口环境保护的一个最基本的手段，即通过国家立法或国际公约形式实现对港口环境的保护，使人们知道"必须怎样做"。它着重解决效力和公正问题，是强制性措施。在国内，虽无专门为保护港口环境而制定的法律，但有许多法律适用于港口环境保护。其中，关系最为密切的当属《中华人民共和国海洋环境保护法》。除此以外，与港口环境保护相关的法律还包括《中华人民共和国环境保护法》《中华人民共和国水污染防治法》《中华人民共和国大气污染防治法》《中华人民共和国环境噪声污染防治法》和《中华人民共和国固体废物污染环境防治法》《中华人民共和国环境影响评价法》等。国际上，以国际海事组织(International Maritime Organization，IMO)为主的国际组织，制定了许多国际公约，影响较大的包括《经 1978 年议定书修订的 1973 年国际防止船舶造成污染公约》(MARPOL 73/78)及其相关附则、《1990 年国际油污防备、响应和合作公约》及《有毒和有害物质事故防备、反应和合作 2000 年议定书》(OPRC-HNS 2000)、《经 1992 年议定书修订的 1969 年国际油污损害民事责任公约》(CLC92)、《1992 年设立国际油污损害赔偿基金公约》(FUND92)、《2004 年船舶压载水和沉积物控制与管理国际公约》《控制船舶有害防污底系统污染国际公约》等。

行政手段是国家通过各级行政管理机关，根据国家有关环境保护方针、政策、法律而实施的港口环境管理措施，是行政机构以条例、规定、办法等形式作用于港口规划、建设、经营、管理的一种手段。目前，我国有关港口环境保护的行政法规包括《中华人民共和国防治海岸工程建设项目污染损害海洋环境管理条例》《防治船舶污染海洋环境管理条例》《中华人民共和国防治船舶污染内河水域环境管理规定》《港口危险货物管理规定》《港口规划管理规定》《港口建设管理规定》《港口经营管理规定》《港口安全管理规定》《交通建设项目环境保护管理办法》等。

经济手段是行政机构依据国家的环境经济政策和经济法规，运用价格、成本、利润、信贷、税收、收费和罚款等经济杠杆来调节港口相关各方的经济利益关系，引导人们的经济行为，培育港口环境，保护港口市场，实现港口环境和经济协调发展的手段。一方面，政府运用价格、税收、信贷、保险等经济政策激励港口企业、船公司等行为主体的经济活动，以满足保护港口环境的需要。如上海将通过节能减排专项资金与港口建设费，共同支持国际集装箱码头和邮轮码头投资建设和使用岸基供电设施。另一方面，政府通过征收排污费、污染赔款和罚款、押金等经济措施来制约港口企业、船公司等行为主体的经济活动，以防治污染。如根据《防治船舶污染海洋环境管理条例》，船舶所有人或者经营人在船舶发生事故沉没后未及时采取措施清除船舶燃油、污染危害性货物以及其他污染物，将会被海事管理机构处 2 万元以上 10 万元以下的罚款。

技术手段是指那些既能够提高港口生产效率和效益，又能把港口环境污染控制到最低限度的生产技术、管理技术和污染治理技术的统称。技术手段包括“硬技术”和“软技术”，前者是指通过硬件设施设备的创新防治港口环境污染，如自动化码头、智能道口、岸电技术、轮胎吊“油改电”技术、内集卡“油改气”技术等，可以不同程度地减少废气污染；后者是指通过规范程序、优化流程、变革模式等管理手段的创新防治港口环境污染，如施行“集卡预约”制度可显著缓解进出港交通拥堵产生的废气和噪声污染，“先报关、后进港”可减少查验翻箱和驳运产生的废气污染。

宣教手段是指运用媒体、展览、教育、培训、研讨等多种形式开展港口环境保护的宣传教育以增强港口企业、船公司等行为主体的港口环境保护意识、专业知识和技能的手段。如交通运输部于 2016 年 2 月 1 日就设立船舶排放控制区专题发布会，通报我国设立三个船舶排放控制区及在长三角区域率先实现船舶减排的有关情况；中国港口协会每年在不同的港口城市举办“全国绿色低碳港口示范技术现场会”，宣传绿色港口建设的新技术、新设备、新项目和先进管理措施；浙江省港航局于 2015 年 11 月 13 日在杭州举办了全省绿色港航重点项目推进工作培训班，着重学习绿色港航项目相关考核要求。上述工作对树立港口环境保护意识，传播港口环境保护专业知识，进而有效保护港口环境，助推中国港口绿色转型发展具有重要意义。

第2章　港口大气污染及防治

2.1　大气污染概述

2.1.1　大气及大气圈的组成

1) 大气组成

按照国际标准化组织(International Organization for Standardization，ISO)对大气和空气的定义：大气(Atmosphere)是指环绕地球的全部空气的总和，环境空气(Ambientair)是指人类、植物、动物和建筑物暴露于其中的室外空气。可见，"大气"与"空气"是作为同义词使用的，其区别仅在于"大气"所指的范围更大些，"空气"所指的范围相对小些。港口大气污染防治的研究内容和范围，基本上都是环境空气的污染与防治，而且更侧重于和人类关系最密切的近地层空气。

大气是由多种气体混合而成的，其组成可以分为三部分：干洁空气、水蒸气和各种杂质。干洁空气的主要成分是氮、氧、氩和二氧化碳气体，其含量占全部干洁空气的99.996%(体积)；氖、氦、氪、甲烷等次要成分只占0.004%左右。表2-1列出了乡村或远离大陆的海洋上空典型干洁空气的化学组成。

表2-1　乡村或远离大陆的海洋上空典型干洁空气的化学组成

成分	相对分子质量	体积比	成分	相对分子质量	体积比
氮	28.01	78.084%±0.004%	氖	20.18	18×10^{-6}
氧	32.00	20.946%±0.002%	氦	4.003	5.2×10^{-6}
氩	39.94	0.934%±0.0015%	甲烷	16.04	1.2×10^{-6}
二氧化碳	44.01	0.033%±0.001%	氪	83.80	0.5×10^{-6}
			氢	2.016	0.5×10^{-6}
			氙	131.30	0.08×10^{-6}
			二氧化氮	46.05	0.02×10^{-6}
			臭氧	48.00	$(0.01\sim0.04)\times10^{-6}$

大气中的各种杂质是由于自然过程和人类活动排到大气中的各种悬浮微粒和气态物质

形成的。大气中的悬浮微粒，除了由水蒸气凝结成的水滴和冰晶外，主要是各种有机或无机固体微粒。有机微粒数量较少，主要是植物花粉、微生物、细菌、病毒等。无机微粒数量较多，主要有岩石或土壤风化后的尘粒，流星在大气层中燃烧后产生的灰烬，火山喷发后留在空中的火山灰，海洋中浪花溅起到空中蒸发留下的盐粒以及地面上燃料燃烧和人类活动产生的烟尘等。

2) 大气圈组成

大气圈是指在地球引力作用下聚集在地球外部的气体包层，也称大气层或大气环境，是自然环境的组成要素之一，也是一切生物赖以生存的物质基础。大气圈的主要成分如下：氮气，占 78.1%；氧气，占 20.9%；氩气，占 0.93%；还有少量的二氧化碳、稀有气体和水蒸气，约占 0.07%。大气圈的空气密度随高度而减小，高度越高空气越稀薄。整个大气圈随高度不同表现出不同的特点，根据大气圈垂直距离的温度分布和大气组成的明显变化，从下至上可分为对流层、平流层、中间层、热层、散逸层等 5 层(见图 2 - 1)。

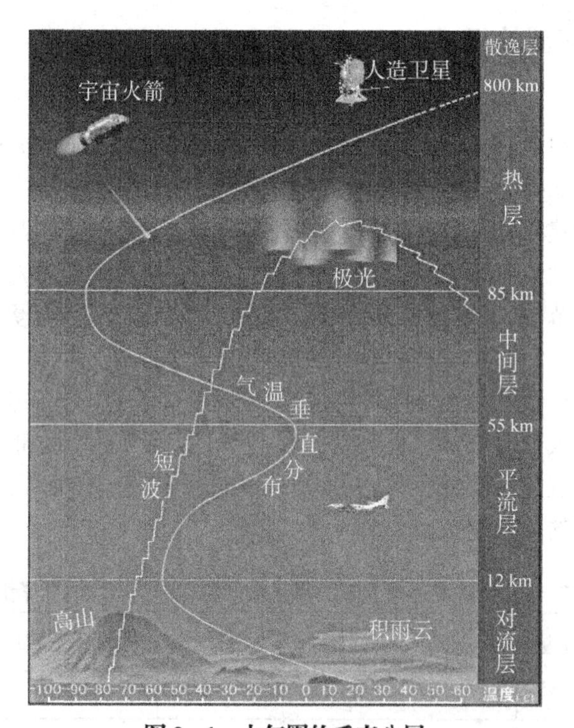

图 2 - 1　大气圈的垂直分层

对流层位于大气圈的最底层，是空气密度最大的一层，直接与水圈、生物圈、土壤圈、岩石圈相接触。对流层厚度随地球纬度不同而有些差异，在赤道附近高 15～20 km，在两极区高 8～10 km，是大气圈中最活跃的一层，存在强烈的垂直对流作用和水平运动。对流层空气总质量的 95%和绝大多数的水蒸气、尘埃都集中在这一层。各种天气现象，如云、雾、霜、雷、电、雨、雪、冰、雹等都发生在这一层。在这一层气温随高度的增加而降低，大约每升高 1 000 m 温度就下降 5～6℃，空气由上而下进行剧烈的对流，故称对流层。动植物的生存和人类的绝大部分活动都是在这一层，大气污染也主要发生在这一层，尤其在近地面 1～2 km 范围内更为明显。

平流层位于对流层顶至大约 55 km 高度之间，气流主要在水平方向上运动，对流现象较弱，空气比较稳定，大气是平稳流动的，故称为平流层。在较低的平流层内，温度上升十分缓慢，在 30 km 以下是同温层，其温度在 -55℃左右，气流只有水平流动，而无垂直对流，并且在这里晴朗无云，很少发生天气变化，适合于飞机航行。在 20～30 km 高空处，氧分子在紫外线作用下，形成臭氧层，太阳辐射的紫外线（波长小于 0.29 μm）几乎全部被臭氧吸收，像一道屏障保护着地球上的生物免受太阳高空离子的袭击。在 30 km 以上，温度上升很快，在平流层顶 50 km 处，最高温度可达 -3℃，空气稀薄，大气密度和压力仅为地表附近的 1/1 000～1/10，几乎不存在水蒸气和尘埃物质。

中间层位于平流层顶至 85 km 高度之间，这里的空气已经很稀薄，突出的特征是气温随高度增加而迅速降低，空气的垂直对流强烈。中间层顶最低温度可达 -100℃，是大气圈中温度最冷的一层。其原因是这一层几乎没有臭氧，而能被 N_2 和 O_2 等气体吸收的波长更短的太阳辐射大部分已被上层大气吸收。

热层位于中间层顶至 800 km 高度之间，强烈的紫外线辐射使 N_2 和 O_2 分子发生电离，成为带电离子或分子，使这层处于特殊的带电状态，所以又称电离层。在这一层里，气温随高度增加而迅速上升，这是因为所有波长小于 0.2 μm 的紫外线辐射都被大气中的 N_2 和 O_2 分子吸收，在 300 km 高度处，气温可达 1 000℃以上。电离层能使无线电波反射回地面，这对远距离通信极为重要。

逸散层（又称"外层""逃逸层"）位于 800 km 高度以上的大气层，气温随高度增加而升高，大部分分子处于电离状态，质子的含量大大超过中性氢原子的含量。由于大气极其稀薄，地球引力场的束缚也大大减弱，大气物质不断向星际空间逸散，极稀薄的大气层一直延伸到离地面 2 200 km 的高空，在此之外是宇宙空间。

在大气圈的 5 个层次中，对流层与人类关系最密切，其次是平流层。离地面 1 000 m 以下的部分为大气边界层，受地表影响较大，是人类活动的空间，大气污染主要发生在这一层。

2.1.2　大气污染的概念及要素

1) 大气污染的概念

大气污染是指由于人类活动或自然过程引起某些物质进入大气中，达到足够的浓度，持续足够的时间，超过大气环境容量，并危害人体的舒适、健康和福利或危害生态环境的现象。所谓人类活动不仅包括生产活动，也包括生活活动，如火力发电、建筑施工、取暖、做饭等。自然过程包括火山爆发、森林火灾、岩土风化、海啸、地震、台风等。

2) 大气污染的要素

大气污染的要素包括污染物、污染源、传播介质、承受体。

大气污染物是指由于人类活动或自然过程排入大气，并对人和环境产生有害影响的物质。按其来源可分为一次污染物和二次污染物，前者指直接由污染源排放的污染物，如船舶排放的废气；后者指一次污染物发生化学反应生成的污染物，如车辆尾气排放的 HC 和 NO_x 等一次污染物发生光化学反应生成 O_3 和醛类等二次污染物。按其存在状态可分为气态污染物和气溶胶污染物，前者是以气体分子状态存在的污染物，总体上可分为 SO_x、NO_x、CO_x、有机化合物和卤素化合物等五类；后者是指在大气中以固体或液体颗粒存在的污染物，因此又称颗粒物(Particulate Matter, PM)。根据粒径大小将其分为总悬浮颗粒物(粒径不大于 100 μm、能悬浮在空气中的颗粒物总和)和可吸入颗粒物(即 PM10，是指悬浮在空气中、粒径不大于10 μm的颗粒物的总和，人的鼻毛、分泌物和黏膜可以将大多数粒径大于10 μm 的颗粒物过滤掉)，其中粒径不大于 2.5 μm 的颗粒物(即 PM2.5)，又称细颗粒物，可通过呼吸道吸入肺泡，危害更大。

大气污染源是指排放大气污染物的设施和设备，如厂房烟囱、轮胎吊排气管。按污染源存在形式可分为固定污染源和移动污染源，按污染物排放形式可分为点源(如烟囱)、线源(如车辆、船舶)和面源(如居民区炉灶)；按污染物排放高度可分为低架源(如车辆排气管)和高架源(如烟囱)；按污染物排放时间可分为连续源(如火电厂排烟)、间断源(如港口施工机械污染)、瞬时源(如火灾)；按污染物发生类型可分为工业污染源、农业污染源、生活污染源、交通污染源。

传播介质主要指大气运动产生的风和湍流。风是指大气水平气压差引起的水平运动，对大气污染物起到整体输送和冲淡稀释的作用。湍流是指空气在水平运动过程中，由于风和地表的摩擦或表面空气受热不均而产生的不规则的上下、左右随机运动，前者称为机械湍流，后者称为热力湍流。湍流起着混合大气污染物和清洁空气、进而将大气污染物从高浓度区输送到低浓度区的作用。

承受体是指受污染的动植物、人体、环境等。动植物、人体有一定的抵抗能力，环境有一定的自净能力，一旦大气污染物的浓度和持续时间超过动植物、人体抵抗能力和环境自净能力，就会给动植物、人体和环境带来损害。

2.1.3 大气污染总体情况

1) 全球概况

目前，普遍存在的全球性大气污染问题包括温室效应、臭氧层破坏和酸雨等三大问题。

大气中的 CO_2 和其他微量气体(如 CH_4、N_2O、O_3、CFCs、水蒸气等)可以使太阳短波辐射几乎无衰减地通过，但可以吸收地表的长波辐射，由此引起全球气温升高的现象，称为“温室效应”。引起“温室效应”的气体称为“温室气体”，其中 CO_2 是最重要的温室气体，约占76%。根据政府间气候变化专门委员会(Intergovernmental Panel on Climate Change, IPCC)发布的报告，1880—2012 年，全球海陆表面平均温度升高了 0.85℃，全球变暖的“罪魁”不言自明，温室气体的浓度已上升到过去 80 万年来的最高水平，其中 CO_2、CH_4 和 N_2O 的浓度分别超过工业化前水平的 40%、150%、20%，而化石燃料燃烧和水泥厂生产释放的 CO_2 占到了总量的一半以上。

大气中臭氧含量仅一亿分之一，主要集中在离地面 20～25 km 的平流层中，又称臭氧层。臭氧层具有强烈吸收太阳紫外线的功能，保护地球上各种生命的存在、繁衍和发展。CFCs、NO_x 等物质向大气排放逐渐增多，是导致臭氧层破坏的主要原因。据估计，南极上空臭氧层“空洞”面积已达 2 400 km^2，破坏了约 60%；北半球上空臭氧层比以往任何时候都薄，欧洲和北美上空臭氧层平均减少了 10%～15%，西伯利亚上空甚至减少了35%。臭氧层的破坏将导致皮肤癌和角膜炎患者增加，地球上的生态系统遭到破坏等严重问题。

pH 值小于 5.6 的雨、雪或其他形式的大气降水(如雾、露、霜)称为酸雨。酸雨的形成主要是因化石燃料燃烧和汽车尾气排放的 SO_x 和 NO_x，在大气中形成硫酸和硝酸，又以雨、雪、雾等形式返回地面，形成“酸沉降”。酸雨的危害是破坏森林生态系统和水生态系统，改变土壤性质和结构，腐蚀建筑物，损害人体呼吸道系统和皮肤等。欧洲北美及东亚地区的酸雨危害较严重。我国的西南、华南和东南地区的酸雨危害也相当严重。

2) 我国概况

我国是大气污染比较严重的国家之一。大部分城市仍以煤烟型污染为主，少数大城市属于煤烟型与汽车尾气污染并重的类型，且北方城市重于南方城市。总体而言，燃料燃烧向大气排放的污染物占比较大，烟尘、SO_2、NO_x 和 CO 四种污染物大约占 70%，而燃煤排放的污染物占整个燃料燃烧排放量的 96%。危害严重的污染物有燃煤排放的烟尘和 SO_2，烟尘污染是全国性和全年性的，SO_2 污染主要发生在燃烧高硫煤地区和北方城市的冬季采暖期。因 SO_2 和 NO_x 污染所形成的酸雨，主要分布在长江以南，特别是燃烧高硫煤的西南地区。华中、华南、西南及华东地区存在酸雨污染严重的区域，北方地区局部区域出现酸雨。酸雨区面积约占国土面积的 30%，酸雨污染依然严重，污染程度居高不下。

根据原环境保护部(现生态环境部)2017 年 2 月 23 日公开发布的《2015 年全国环境统计公报》，2015 年全国废气中 SO_2 排放量为 1 859.1 万吨，其中工业 SO_2 排放量为 1 556.7 万吨、城镇生活 SO_2 排放量为 296.9 万吨；NO_x 排放量为 1 851.9 万吨，其中工业 NO_x 排放量为 1 180.9 万吨、城镇生活 NO_x 排放量为 65.1 万吨、机动车 NO_x 排放量为 585.9 万吨；烟(粉)尘排放量 1 538.0 万吨，其中工业烟(粉)尘排放量为 1 232.6 万吨、城镇生活烟尘排放量为 249.7 万吨、机动车烟(粉)尘排放量为 55.5 万吨。

另据原环境保护部 2016 年 6 月 1 日发布的《2015 中国环境状况公报》，2015 年全国 338 个地级以上城市中，有 265 个城市环境空气质量超标，占 78.4%；平均超标天数比例为 23.3%，其中轻度污染天数比例为 15.9%，中度污染为 4.2%，重度污染为 2.5%，严重污染为 0.7%。超标天数中以细颗粒物(PM2.5)、臭氧(O_3)和可吸入颗粒物(PM10)为首要污染物的居多，分别占超标天数的 66.8%、16.9%和 15.0%；以 NO_2、SO_2 和 CO 为首要污染物的天数分别占 0.5%、0.5%和 0.3%；以 NO_2、SO_2 和 CO 为首要污染物的天数分别占 0.5%、0.5%和 0.3%。酸雨区面积约为 72.9 万平方千米，占国土面积的 7.6%，酸雨污染主要分布在长江以南—云贵高原以东地区。其中，较重酸雨区和重酸雨区面积占国土面积的比例分别为 1.2%和 0.1%。开展降水监测的 480 个城市(区、县)，有 22.5%遭受酸雨，酸雨频率平均为 14.0%，酸雨类型总体仍为硫酸型。

2.2　港口大气污染及危害

2.2.1　港口主要大气污染物排放清单

港口大气污染源众多，主要来自于船舶、车辆和港口作业机械的动力装置燃烧燃料而产生的废气，煤炭、矿石、建筑材料等货物在装卸和运输过程产生的粉尘，各种车辆行驶扬起的灰尘以及锅炉烟囱飘散的粉尘等。港口大气污染排放清单如表 2-2 所示。

表 2－2　港口大气污染排放清单

项目		大气污染源	主要污染物
建设期		沙石料堆存、装卸和搅拌	粉尘
		水泥拆包等扬尘	
		道路扬尘、场地扬尘	
		车辆装卸起尘	
		运输船舶和车辆排放	
运营期	交通运输	运输船舶排放	SO_2、NO_x、HC、CO、PM10、烃类、烟尘
		装卸机械排放	
		疏港车辆排放	
	港区生活	食堂、宿舍、供热等生活锅炉排放	
	散货码头	散货装卸、输送和堆存	粉尘、降尘、总悬浮物
		道路扬尘	
	件杂货码头	粮食、木材熏蒸	溴甲烷
	油化品码头	油化品蒸发性泄露	挥发性有机物
		油化品事故性泄露	
	集装箱码头	燃油轮胎吊、堆高车、正面吊等	燃料为柴油，排放 NO_x 等
		燃油内集卡、外集卡	
		冷藏箱制冷剂泄露	氯氟烃、卤代烃

注：粉尘是指粒径为 1.0～100 μm 的颗粒物，一般都在 10 μm 以上，烟尘是指通过燃烧、熔融、蒸发、升华、冷凝等过程所形成的固态或液态悬浮颗粒物，降尘是指粒径大于 10 μm 在空气中能够自然沉降下来的颗粒物，油化品主要是指石油、化学品和液化气。

2.2.2　港口大气污染物的扩散原理及特征

1) 港口大气污染物的扩散原理

港口大气污染物在随风朝下风向飘移的同时，受地表摩擦不均和空气表面温差影响所产生湍流的影响，不断地将污染物和清洁空气进行混合，致使污染物从高浓度区向低浓度区输送并最终得以分散和稀释。

大气环境对港口大气污染物的稀释扩散能力与风力和湍流强度有关。港口气体污染物和粒径小于 10 μm 的飘尘在大气中完全跟空气一起运动。污染区总是在污染源的下风向区，随着离地高度、地表粗糙度和垂直温差的增大，风力和湍流亦随之增强，污染物扩散的速度和范围也就越大。

2) 港口大气污染物的扩散特征

由于水体和陆地对大气运动的热力和动力作用不同，从而形成了水陆交界处特有的局部气流和边界层结构，使得港口大气污染物的扩散呈现出不同的特征。

水陆交界区域最明显的局部气流是海陆风，在晴朗的白天常有风从海上吹来，而到了夜晚风又从陆地吹向海洋。这是由于海水与陆地的比热不同,在晴朗的白天随着太阳辐射的日变化,海水吸热慢、温度变化小,陆地吸热快、温度变化大,因此海陆之间形成了一个温差 $\Delta T = T_1 - T_s > 0$。高温的陆地空气因体积变大、密度变小而向上运动,陆地上空气压随之上升,在水平气压梯度力的作用下,上空的空气从陆地流向海洋,然后下沉至低空,又由海面流向陆地,再度上升,遂形成海风环流。夜间,陆地散热快、温差变化大,海水散热慢、温差变化小,因此 $\Delta T = T_1 - T_s < 0$,因而形成陆风环流。海陆风的强弱与 ΔT 成正比,与地面粗糙度成反比。由于海陆的温差白天大于夜晚,故海风强于陆风。以水平范围来说,海风深入大陆在温带约为 15～50 km,热带最远不超过 100 km,陆风侵入海上最远为 20～30 km,近的只有几公里。其中,热带地区的海陆风最强,海风风速达 7 m/s,陆风风速为 1～2 m/s。

当海陆风强度大于背景风强度时,会使港口的大气污染物在该环流中发生累积而使浓度增加,从而加重港口大气污染的程度。在晴朗白天,当海风强度小于背景风强度,且方向相反时,由于下层海风温度低,上层陆风和背景风温度高,在冷暖空气交界处形成一倾斜的逆温层(见图 2-2)。逆温层上部和下部的风向相反,上部由陆侧吹向海侧,风力较大,下部由海侧吹向陆侧,风力较小。在此条件下,污染源与海岸的距离和高度不同,污染物的扩散路径有明显差异。当污染源离海岸较近,且高度较低时,污染物受海风影响向陆侧扩散;当污染源离海岸较远,且高度较高时,污染物受陆风和背景风作用向海侧扩散。

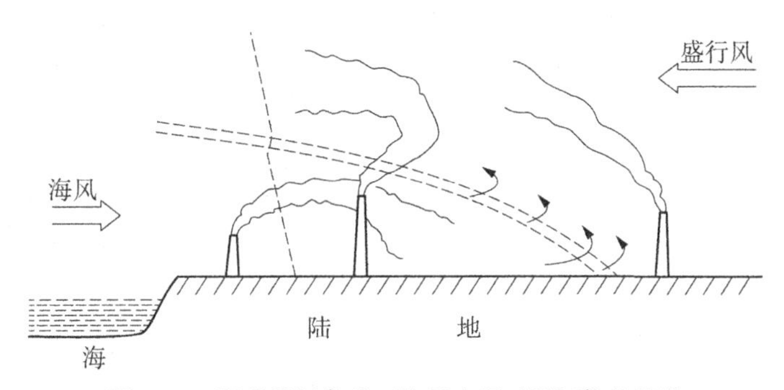

图 2-2　强背景风条件下海风入侵时的污染物扩散

在无背景风的情况下,当海风遇到海岸线时,因下垫面改变而形成以海岸线为起点的内边界层。又因海面温度低于陆地温度,故称热内边界层(见图 2-3)。热内边界层内部空气

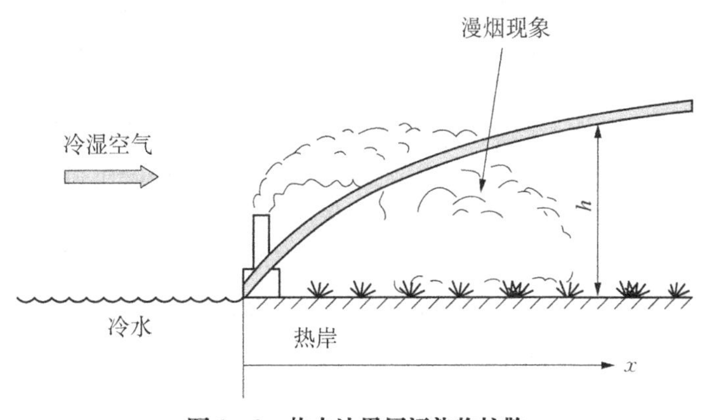

图 2-3　热内边界层污染物扩散

干热，呈不稳定状态，而海上冷空气在热内边界层外向陆侧运动，热内边界层顶高随离岸距离的增加而增高。在此情况下，港口近岸高架污染源排放的污染物随着气流向陆地方向搬运，稀释扩散缓慢，烟云浓密。随后，污染物进入热内边界层，因受热泡湍流的下沉作用很快被带至地面，进而导致局部地域污染物浓度偏高的现象称为热内边界层熏烟或海岸带熏烟。与此同时，低架污染源排放的污染物只能在有限的垂直范围内混合，产生比正常情况高的地面浓度。在合适的气象条件下，这两种现象可持续较长时间，从而造成严重的环境影响。

2.2.3 港口主要大气污染物的危害

1) 废气的危害

SO_2排放后，易在大气中发生氧化，会与云中的水雾结合形成酸雨，对植物生长将产生严重危害，还会腐蚀物料表面，使其变脆、褪色、失去光泽、强度降低等。船舶若使用劣质燃油，将会加重这种污染。SO_2对人体主要是刺激上呼吸道黏膜，浓度高时，对呼吸道深部也有刺激作用。当人体吸入较高浓度的SO_2时，会发生急性支气管炎、哮喘和意识障碍等症状，有时还会引起喉头痉挛而窒息。人们长期暴露在低浓度的SO_2环境中会发生慢性中毒，使嗅觉和味觉减退，产生萎缩性鼻炎、慢性支气管炎、结膜炎和胃炎。

NO_x是柴油机燃烧过程中产生氮的各种氧化物的总称，其主要成分是NO，它亦会在大气中氧化形成酸雨，引起植物枯萎或死亡，同时对人类及动物会造成其他严重危害。NO是无色并且具有轻度刺激性的气体，在低浓度时对人体健康无明显影响，高浓度时会造成人与动物中枢神经系统障碍。尽管NO的直接危害不大，但NO在大气中可以被臭氧氧化成具有剧毒的NO_2。NO_2是一种赤褐色并带有刺激性的气体，吸入人体后会造成血液的输氧能力下降，而且在NO_2含量超过一定标准的环境中停留时间过长的话，还会使人因肺气肿而死亡。同时，NO_x还是形成光化学烟雾的起因之一，历史上光化学烟雾曾导致美国洛杉矶1943年和1954年两次严重的烟雾污染事故，造成多人发病。

CO_x主要成分是CO和CO_2，其中CO_2是温室气体的主要成分，约占77%。CO_2无色、无味，没有毒性，但具有让太阳短波辐射自由通过，同时强烈吸收地面和大气中释放的长波（红外线）辐射的功能。因此，随着大气中CO_2含量的不断增加，地球大气层就会像覆盖了一层日益增厚的透明薄膜一样，太阳的辐射热透进来容易，反射出去却很难，形成所谓的温室效应。CO无色、无味，但有毒，它虽然对人体呼吸道无直接作用，但被吸入人体后，能以比氧强210倍的亲和力同血液中的血红蛋白结合，形成碳氧血红蛋白，阻碍血液向心、脑等器官输送氧分，使人恶心、头晕、疲劳，严重时造成窒息死亡。CO也会使人慢性中毒，主要表现为中枢神经受损，造成记忆力下降等。

HC主要包括未燃和未完全燃烧的燃油、润滑油及其裂变产物，简称未燃烃。人体吸入较多的未燃烃，会使造血机能破坏，造成贫血、神经衰弱，并会降低肺对传染病的抵抗力。HC的另一大危害是它与NO_x在阳光紫外线的作用下，经过光化学反应会产生光化学烟雾。光化学烟雾是一种毒性大的浅蓝色刺激性烟雾，含有O_3、过氧酰基硝酸盐及各种醛、酮等物质，其中臭氧具有极强的氧化能力，能使植物变黑，橡胶发裂，对人体造成肺气肿。过氧酰基硝酸盐的毒性介于NO和NO_2之间。

柴油机排气微粒对人体健康的危害性与其粒径有关。粒径越小，停滞于人体肺部、支气管的比例越大，对人体的危害就越大，其中0.1～0.5 μm的微粒对人体的危害最大，它可以通过呼吸器官到达肺部并附在肺细胞组织中，某些还会被血液吸收。碳烟（也称黑烟）是燃烧系统微粒排放中最大微粒物质，主要由直径为 1.1～10 μm 的多孔性炭粒构成，并在其表面凝结或吸附未燃烃以及 SO_2等，其悬浮在空气中，既影响能见度又污染空气。

2）氯氟烃和卤代烃的危害

地球大气对流层（从地面向上 15 km 的空气层）内的臭氧是形成光化学烟雾的有害物质之一。存在于平流层（地面向上 15～50 km）的臭氧能够吸收波长 0.3 μm 以下的有害太阳紫外光，因而可有效防止地球上的生物免遭太阳紫外线的侵害。例如，240 nm 的紫外线被平流层上方的氧分子吸收，230～300 nm 的紫外线被平流层内的臭氧吸收，从而有效阻止了太阳紫外线到达地面。一旦平流层内的臭氧被污染物质破坏，太阳紫外线便可能到达地球，易造成人类皮肤癌的患者数量增加，同时还会严重影响地球生物的生态环境。

科学研究发现，氯氟烃和卤代烃对大气臭氧层有极大的破坏作用。氯氟烃（如 $CHClF_2$，二氟一氯甲烷，即 R22）曾大量用作船舶制冷装置的制冷剂，泄漏后含氯的氟利昂在高空会分解出氯离子，对大气中的臭氧具有很强的分解消耗作用。氯氟烃中的 CFC（不含氢的氯氟烃）在大气中不易分解，寿命相当长，因此对大气臭氧层的破坏和温室效应都很强。而卤代烃灭火剂（如 1301，CF_3Br；1211，CF_2ClBr）不仅含氯，而且含溴，溴虽然对灭火十分有效，但它对臭氧的分解破坏作用更甚于氯。如辐射地表的紫外线再持续增强，将导致人类和动物癌症发病率上升，农作物减产，且会对海底食物链产生负面影响。

3）挥发性有机物的危害

石油、化学品和液化气（运量占液体散货的 70%以上）等液体散货在货物转运和存储过程中，因蒸发作用而产生油化品蒸气，其中大部分属于挥发性有机化合物（VOCs，Volatile Organic Compounds）。VOCs 的定义有多种，世界卫生组织（WHO，World Health Organization）将 VOCs 定义为溶点低于室温而沸点在 50～260℃的挥发性有机物的总称。VOCs 对人体的危害主要体现在三方面：气体和其他感觉效应（如刺激作用）、黏膜刺激和其他系统毒性导致的病变、基因毒性和致癌性。有研究表明，暴露在高浓度 VOCs 环境中可导致人体中枢神经系统、肝、肾和血液中毒，个别过敏者即使在低浓度下也会有严重反应，通常情况下表现的症状如下：眼睛不适，感到赤热、干燥、砂眼、流泪；喉部不适，感到咽喉干燥；呼吸疾病，气喘、支气管哮喘；头疼，难以集中精神，眩晕，疲倦，烦躁等。VOCs 还会参与光化学反应，造成光化学污染。

4）粉尘的危害

粉尘的危害是多方面的，可以对人体、生产过程、产品质量、经济效益、环境、自然风景、生态平衡等产生负面影响，其严重程度取决于粉尘的物化性质、粉尘量及尘源周围情况。其中，最严重的危害是对处于粉尘环境的人体造成的生理危害，特别是粒径小于 10 μm 的尘粒易被吸入人体，且小于 2.5 μm 的尘粒有可能滞留在肺泡内，从而对肺组织造成危害。粒径越小的尘粒其比表面积越大，在体内的化学活性也就越强，造成肺组织纤维化的作用也越明显。此外，尘粒有极强的吸附能力，一旦吸附有害气体或有毒元素的尘粒被人体吸入，则会加剧对人体的危害。含有游离 SiO_2的粉尘被吸收入人体，会在肺组织中形成胶体溶液，对肺组织产生很严重的毒害作用，引起纤维化病变，长时间可形成尘肺病。人们长期接触煤尘易得尘肺病或矽肺病，目前尘肺病为中国九大职业病之首。

港口空气中的粉尘会使港口高级、精密仪器的精确度下降，使港口微型仪器、电子仪器等设备的质量下降，使港口机械设备的磨损加快、工作寿命减少，使生产设备发生故障、生产效率下降。其次，粉尘还影响职工的视力范围，不利于管理者的检查和操作者对设备的巡视和监控，导致工作效率下降，甚至引发安全事故。尤其是煤尘具有可燃性，存在爆炸危险，可能造成人员伤亡和财产损失。

港口周边地区受到粉尘污染后，往往需要进行冲洗，不仅消耗水资源，而且冲洗污水还会带来二次污染。港口粉尘会使大气变得浑浊，能见度下降，并会导致局部地区温度、湿度和雨量发生变化。此外，港口粉尘还存在腐蚀和污染文物古迹，影响区域景观，破坏港口周边生态系统等危害。

2.3 港口大气污染防治

2.3.1 港口大气污染防治要求

1) 大气污染物防治标准

主要包括《大气污染物综合排放标准》和不同行业的大气污染物排放标准，其中与港口大气污染物排放相关的行业标准包括《船舶水污染物排放控制标准》《船舶发动机排气污染物排放限值和测量方法(中国第一、二阶段)》《船舶工业大气污染物排放标准》《机动车污染物排放标准》《车用压燃式气体燃料点燃式发动机与汽车排气污染物排放限值及测量方法(中国Ⅲ、Ⅳ、Ⅴ阶段)》《汽油运输大气污染物排放标准》《锅炉大气污染物排放标准》《炼钢工业大气污染物排放标准》《石油化学工业污染物排放标准》等。这些标准对主要不同活动排放的大气污染物限制做了详细规定。如《大气污染物综合排放标准》规定，一类区(自然保护区、风景名胜区和其他需要特殊保护的地区)的污染源执行一级标准，二类区(城镇规划中确定的居住区、商业交通居民混合区、文化区、一般工业区和农村地区)的污染源执行二级标准，三类区(特定工业区)的污染源执行三级标准。《船舶发动机排气污染物排放限值和测量方法(中国第一、二阶段)》对第一、第二阶段船机排气污染物的限值做出了规定，其中第一阶段的限值如表 2-3 所示。

表 2-3 船机排气污染物第一阶段排放限值

船机类型	单缸排量 SV /(升/缸)	额定净功率 P/(kW)	CO/(g/kW·h)	$HC+NO_x$/(g/kW·h)	PM/(g/kW·h)
第 1 类	SV<0.9	P≥37	5.0	7.5	0.40
	0.9≤SV<1.2		5.0	7.2	0.30
	1.2≤SV<5		5.0	7.2	0.20
第 2 类	5≤SV<15		5.0	7.8	0.27
	15≤SV<20	P<3 300	5.0	8.7	0.50
		P≥3 300	5.0	9.8	0.50
	20≤SV<25		5.0	9.8	0.50
	25≤SV<30		5.0	11.0	0.50

2) MARPOL73/78 附则Ⅵ的要求

MARPOL73/78 附则Ⅵ《防止船舶造成大气污染规则》于 2005 年 5 月 19 日生效，并于 2006 年 8 月 23 日对我国生效。该附则对防止船舶大气污染作了具体要求（见表 2－4）。

表 2－4　MARPOL73/78 附则Ⅵ对防止船舶大气污染的要求

项目	规　定	备　注
消耗臭氧层物质	禁止任何故意释放消耗臭氧层物质的行为，包括在维护、服务、修理或处理系统或设备的过程中发生的释放；除允许含有氢化氯氟烃（HCFC）的新装置在 2020 年 1 月 1 日前使用外，禁止在所有船上使用含有消耗臭氧层物质的新装置	故意释放不包括与消耗臭氧层物质回收或再循环相关的微小释放
SO_x	船上使用的任何燃料油中含硫量不得超过 4.15%（质量比）。在 SO_x 排放控制区（波罗的海及《73/78 防污公约》附则Ⅲ中的指定海域，包括港口），燃油硫含量不得超过 1.5%（质量比）或采用经认可的废气滤清系统将船舶（包括主辅发动机）的 SO_x 总释放量减至 6.0 gSO_x/（kW · h）	
NO_x	转速低于 130 r/min 的船用发动机 NO_x 释放量（按 NO_x 释放的总重量计，下同）应不大于 17.0 g/（kW · h），转速大于等于 130 r/mm 但小于 2 000 r/min 的船用发动机 NO_x 释放量应不大于 45.0×10^{-2} g/（kW · h），转速大于或等于 2 000 r/min 的船用发动机 NO_x 释放量应不大于 9.8 g/（kW · h）	适用于所有安装在 2000 年 1 月 1 日或以后建造的船舶上输出功率超过 130 kW的发动机和所有于 2000 年 1 月 1 日或以后经主要改装的输出功率超过 130 kW 的发动机
VOC	缔约国所辖下对 VOC 释放进行控制的港口或码头应配备经过主管机关认可的蒸气释放控制系统，并要求受 VOC 蒸气释放控制的液货船应具备经主管机关认可的蒸气收集系统	对液货船所产生的 VOC 释放加以控制
船上焚烧	除正常操作中产生的污油和油渣可在主辅发动机或锅炉内焚烧外（该焚烧不能在码头、港口和河口内进行），船上焚烧只允许在船用焚烧炉中进行，但对重金属及含有卤素化合物的精炼石油产品和一些包装物质，应禁止在船上焚烧。对焚烧炉，要求在 2000 年 1 月 1 日或以后安装在国际航行船舶上的每一焚烧炉应按 1997 年议定书附录Ⅳ的要求予以认可，应具有 IMO 的形式认可证书	

2.3.2　港口大气污染防治思路

1）港区治理思路

以推进核心港区实施靠港船舶岸基供电为重点，鼓励和支持码头和船公司投资建设和使用岸电。通过轮胎吊“油改电”、内集卡“油改气”等方式，不断提高港口机械设备新能源和清洁能源替代比例。加强大宗干散货码头堆场扬尘污染和油气码头 VOC 污染的治理力度。结合新码头建设，引入全自动化集装箱码头运营模式。积极推动多式联运发展，促进公路集疏运向水路和铁路转移，实现港口集疏运系统的结构性减排。

2）船舶治理思路

以建立船舶排放控制区或协作区为重点，推进内河货运船舶改用LNG动力。通过鼓励内河、沿海船舶和港口作业船舶应用电力、LNG、低硫油，积极推进乳化柴油等新产品在船舶上的应用，提高船用发动机排放标准。提高船舶油品质量，加强船舶发动机尾气处理。加快老旧船舶淘汰更新，实施船舶节能减排技术改造，优化船队结构和航线配置，提高船舶能效管理水平，改善新建和在用船舶废气排放状况。

3）政府监管思路

制定港口大气污染防治相关法规，完善港口大气污染物排放标准体系，加快简易工况法检测体系和港区大气环境监测网络建设，为提升港口大气环境污染监管水平创造基础。建立国家海事和地方海事、环保、质监等部门联合执法机制，切实加强对船用油品质量和船舶排放的监督检查。加大对港口大气环境违法的惩治力度，强化媒体监督和信息技术应用，不断提升港口大气污染监督管理水平。

2.3.3 港口主要大气污染物防治措施

1）二氧化硫控制措施

目前，减少SO_2排放的主要方法有使用低硫燃料、石油脱硫、排烟脱硫等三种，而现今大多数船舶采用的控制措施是使用低硫或脱硫燃油。

石油脱硫主要采用氢化法，它利用催化剂在高温高压的条件下，使石油中的硫分与氢反应形成硫化氢来脱硫。该方法早期只用在汽油、煤油等轻质馏分的脱硫，近年来重质馏分、渣油的脱硫亦得到快速发展。通常轻馏分的氢化脱硫温度为300～450℃，压力为1～4 MPa，常用的催化剂是Co-Mo和Ni-W。

排烟脱硫法分为湿式和干式两种。干式法包括石灰石膏法、氢氧化镁法和碱性水溶液法等，应用比例大约占90%。其中，大容量的火力发电用石灰石膏法，其他行业则以氢氧化镁法为主，而碱性水溶液法一般不用于排烟量较大的场合，主要是因为其所用吸收剂（$NaOH$、Na_2CO_3、NH_4OH）价格较高。干式法主要指活性炭法，因活性炭价格高，故在使用中受到诸多限制。

石灰石膏法排烟脱硫的化学反应式如下式所示。排烟中的SO_2与石灰石（$CaCO_3$）反应，最终以石膏（$CaSO_4 \cdot 2H_2O$）的形式固定下来，其脱硫率通常可达95%。某些场合可用生石灰（CaO）代替石灰石作为吸收剂，该方法的工艺流程如图2-4所示。

$$SO_2 + CaCO_3 + \frac{1}{2}H_2O \longrightarrow CaSO_3 \cdot \frac{1}{2}H_2O + CO_2 \tag{2-1}$$

$$CaSO_3 \cdot \frac{1}{2}H_2O + \frac{1}{2}O_2 + \frac{3}{2}H_2O \longrightarrow CaSO_4 \cdot 2H_2O \tag{2-2}$$

氢氧化镁法是用$Mg(OH)_2$代替石灰石作为吸收剂吸收排烟中的SO_2，其化学反应式如下式所示，工艺流程如图2-5所示。$Mg(OH)_2$对SO_2的吸收速度快，但其价格高于石灰石。由于最终产物$MgSO_4$没有产品化的必要，故可实现装置的简单化、小型化，建设费大约为石灰石膏法的50%。

$$SO_2 + Mg(OH)_2 + 2H_2O \longrightarrow MgSO_3 \cdot 3H_2O \tag{2-3}$$

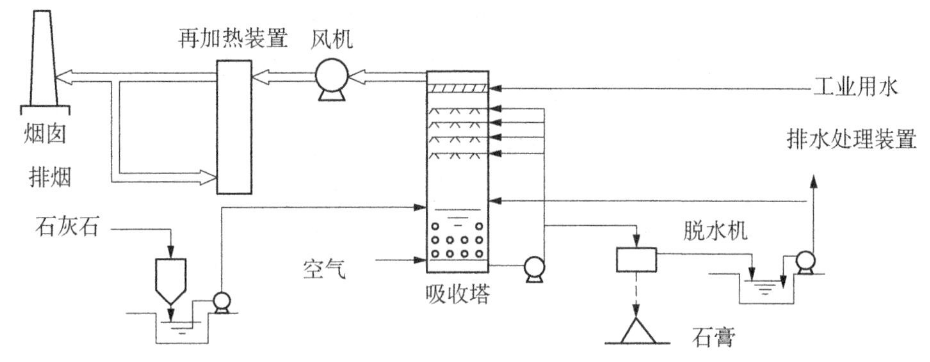

图 2-4　石灰石膏法处理流程

$$MgSO_3 \cdot 3H_2O + \frac{1}{2}O_2 \longrightarrow MgSO_4 \cdot 3H_2O \tag{2-4}$$

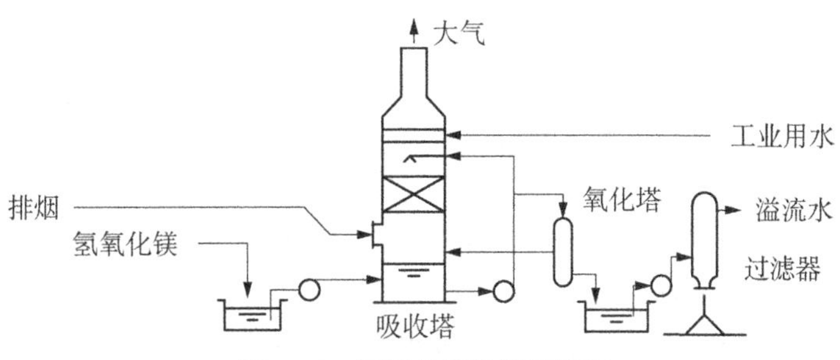

图 2-5　氢氧化镁法处理流程

2) 氮氧化物控制措施

氮氧化物包括 NO、NO_2、N_2O_4等，其中对环境危害最大的是 NO 和 NO_2，通常所说的氮氧化物污染也主要指 NO 和 NO_2。柴油机排气中 NO_2的浓度仅占 5%，而 N_2O_4的浓度更低，因此主要研究的是 NO。

目前，减少氮氧化物排放的主要方法大体可分为燃料预处理、工作过程处理和排气后处理三类。其中，预处理可分为燃油乳化、使用低氮燃油或替代燃料(甲烷或 LNG)等，过程处理包括废弃再循环、喷油定时延迟、改变配油器参数、分层喷射等，后处理废气再燃烧和催化还原。

燃油掺水乳化是指在燃油进入燃烧室前通过喷水将油水充分混合，一方面使油滴破碎成更小的油滴，促进混合气的形成和燃烧；另一方面由于水的吸热作用可使最高燃烧温度降低，从而减少 NO_x 排放。一般情况下，增加一个百分点的水将减少一个百分点的 NO_x。水的增加量根据排气中测得的 NO_x 量来决定。燃油掺水乳化必须对发动机进行改造，并设置相应的安全系统，保证船舶断电时不影响油水乳化的稳定性，保证及其再启动时仍可使用稳定的乳化燃油。实践中，水和重质燃油的乳化比较容易进行，也比较稳定，但水与柴油、轻质柴油的乳化却比较困难。当船舶被强制使用低硫燃油时，若采用燃油乳化技术就必须设置专门的乳化装置。

废气再循环(Exhaust Gas Recirculation，EGR)是指让发动机的一部分排气引回进气管，与新鲜空气混合后作为工质参加气缸内的热循环，是控制 NO_x 排放的一项有效措施。在燃料燃烧过程中，由于 NO 的生成速度与氧浓度的平方根成正比，而通过废气再循环可降低进气管的氧浓度，故可降低 NO 的生成速度，降低废气中的 NO_x 浓度。其次，NO 的生成速率与燃烧时的绝对温度呈指数关系，而废气中含有较多的水蒸气和 CO_2（在高温条件下其比热远大于空气）可吸收燃烧热量降低燃烧温度，从而使得废气中的 NO_x 浓度降低。需要注意的是，废气再循环前应进行冷却处理（冷却至 160～180℃）和清洁处理（过滤掉颗粒物）。该方法通常会造成润滑油污染及发动机磨损，使用不当还会导致冒烟和其他有害物增加。

延迟喷油定时的作用主要是使燃料燃烧所形成的温度颠峰值降低，从而减少 NO_x 排放。对于经常在热带航区运行的船舶动力装置，由于冷却水温较高，利用此方法能将 NO_x 的排放量减少 10%～15%。调整喷油规律、减少上止点前喷入气缸的燃油量，调整气阀定时、降低最高燃烧温度和压力，减小喷油器压力室容积，改动喷油嘴喷孔数目、孔径和长度等，都可有效减少 NO_x 排放。但是，该方法会使油耗略有增加，而采用柴油机电子控制技术或智能喷射系统等既可以优化柴油机的控制，又可提高柴油机的运行经济性，同时还可实现低 NO_x 排放，因而颇受青睐。

燃油—水分层喷射（Stratified Fuel Water Injection，SFWI）是指在柴油机的喷油阶段，将水送至喷油器，使油和水分层喷入气缸，以降低火焰温度。该方法减少的 NO_x 排放量几乎与水油比呈线性关系。据测定，该方法可使低速柴油机 NO_x 生成量降低 50%、高速柴油机降低 70%。尤其是对于低速柴油机，如果采用多层喷射（油—水—油—水—油），在降低 NO_x 生成量的同时，燃油消耗率增加也不大。该系统供水量由控制器根据发动机负荷及 NO_x 需削减水平进行控制。在船舶环境下，供水系统容量需求相对增大，同时还应充分考虑防锈问题。

选择性催化还原（Selective Catalytic Reduction，SCR）是指用氨（液氨、氨水、尿素等）做还原剂对含 NO_x 的废气进行催化还原，使氨能有选择地与气体中的 NO_x 进行反应（其化学反应式如下式所示），而不与氧发生反应，从而降低废气中的 NO_x，最高可降低 95%，同时还可通过氧化反应除去部分烟气和 HC，而且不影响燃油消耗率。NO_x 清除的程度取决于比氨量（NH_3/NO_x），该数值越大，净化率越高，氨流失量也越大。船用领域用尿素做还原剂，催化剂的容量以及反应器尺寸取决于催化剂的活性、NO_x 浓度、NO_x 期望净化程度、烟气压力和可接受 NH_3 流失量。但是，SCR 装置尺寸大、初始投资稍高、运行费用高，在负荷变化时难以适当控制喷入量。此外，船用时还原剂的装卸、储存和安全都是不容忽视的问题。目前，该方法已作为一般技术用于近海平台固定柴油机装置，而在船用领域尚处于试验应用阶段。

$$4NO + 4NH_3 + O_2 \longrightarrow 4N_2 + 6H_2O \qquad (2-5)$$

$$NO + NO_2 + 2NH_3 \longrightarrow 2N_2 + 3H_2O \qquad (2-6)$$

图 2-6 为船用低速柴油机 SCR 系统的布置示意图。SCR 的反应器为一个独立装置，垂直立于柴油机旁并通过排气管和阀件与之连接。另一方式是水平设置 SCR 反应器，将其置于增压器之上，这样更利于机舱布置。

3) 氯氟烃控制措施

含氯原子物质在平流层中的分解作用是造成大气臭氧层破坏的主要原因，因此限制用

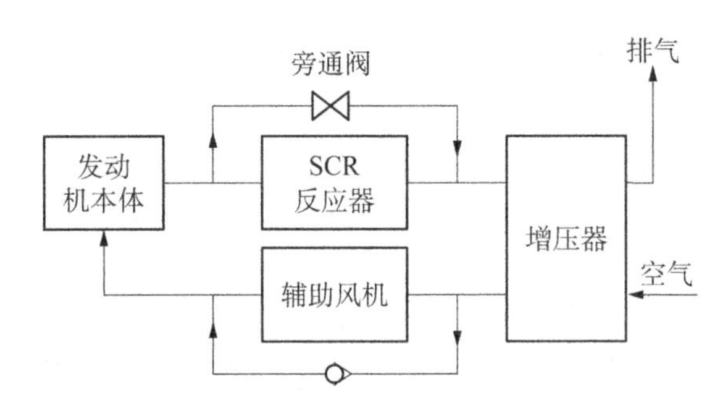

图 2-6　船用低速柴油机 SCR 系统

破坏臭氧层物质的《有关破坏臭氧层物质的蒙特利尔议定书》于 1987 年 9 月正式通过，1989 年 7 月开始执行。当初只局限于 5 种特定的氯氟烃及含溴的卤代烃。在此以后的 1990 年伦敦会议和 1992 年 11 月的第四次蒙特利尔议定书缔约国会议上，把原先规定的时间表大幅度提前，同时追加了数种 HCFC 物质作为规定限制物质。含有特定氟利昂的 CFC 类在 1996 年全部禁用(发展中国家可推迟 10 年)，而 HCFC 从 2000 年开始限制使用，到 2030 年全部废止。选择和开发氟利昂的替代品不但要考虑到其对臭氧层的破坏性的强弱，即臭氧消耗潜能值(ODP)，还必须考虑其会产生的温室效应，即全球变暖潜能值(GWP)。同时在氟利昂的使用过程中，大力开发、研制其回收、再生及再利用系统亦是十分重要的。

4) 挥发性有机物控制措施

目前，国外一些发达国家已全部采用了全密封装卸技术，其中包括全密封装船输油臂、装车(罐)输油软管系统等。经密封收集的高浓度石油气或液化气被集中后送至存贮罐，经一定的冷凝装置又变成液体货物而加以回收。另外，采用浮顶罐可以大大减少储油罐的“大呼吸”损失，将储油罐四周涂上不吸光材料可有效减少其“小呼吸”损失。

其次，一些国家已经做出了控制油船蒸发气排放的规定，要求装载原油、调和汽油和苯这三种货油的油船必须装备“油蒸发气排放控制系统”(Vapour Emission Control System, VECS)回收 VOCs 蒸气，并与港口设置的接收设备配套使用。

虽然 VECS 可以减轻大气污染，但同时会增加船东额外投资和维护管理费用。为此，欧洲北海上最大的穿梭油船船队经营者——挪威国家石油公司(Statoil)联合著名的 MANB&W 柴油机公司开发了燃用 VOCs 系统(见图 2-7)，将油船装货和航行过程中蒸发出来的 VOCs 处理后作为主机燃料，此举既可节省能源，又能减轻大气污染。在原油操作尤其是油船装油(此时 VOCs 释放最多)时，蒸发出来的 VOCs 和惰性气体通过管系送至收集装置进行清洁和压缩。在一定压力下，VOCs 中的丙烷、丁烷(液化石油气)和更重质烃类将凝结成液体，惰性气体和少量轻质成分(如甲烷、乙烷等)保持气体状态并被排放至大气中，

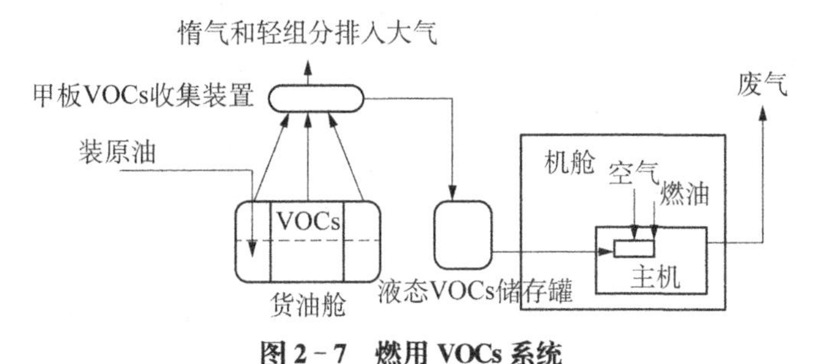

图 2-7　燃用 VOCs 系统

液态 VOCs 被分离送至储存器，可在常温下存于高温容器，或在大气压下降为 -40℃或更低存于绝热的低温容器。

主机燃烧 VOCs 时，用往复泵从储存柜中将其抽出并加压至 40 MPa 送往主机，往复泵带有流量调节装置来保持进口压力稳定。在进入主机前，高压 VOCs 被加热至 80℃左右的高温，以保证喷射时 VOCs 降压蒸发带走大量热量的情况下，高压管不至温度太低而结冰。经过预热后的高压 VOCs 在喷入少量重油(相当于额定负荷喷入量的 8%)后立即喷入燃烧室，少量燃油的预先燃烧是为了保证 VOCs 喷入后安全、稳定的燃烧。VOCs 喷射阀的开闭通过计算机控制阀控制高压滑油用液力实现，因此，喷射时可以调整。

服务于挪威国家石油公司 Statoil 海上油田至荷兰鹿特丹航线上的一条穿梭油船上的测量结果表明，该船在一个往返航次所排放的 VOCs 浪费掉的能量相当于该船主机同期所消耗重油的能量。MANB&W 公司在研究报告中指出，穿梭油船上燃用 VOCs 可节省 90%的燃油，而主机排烟中的有害成分也比燃用重油时明显减少：排烟中 SO_x 含量下降 50%～90%，固体颗粒物含量下降 50.90%，NO_x 含量下降 20%～30%，VOCs 中 C 的占比小于重油，故排烟中 CO_2 含量也有所减少，而购买这种柴油机的费用只比普通柴油机高 1%～1.5%。

5）粉尘控制措施

粉尘的扩散速率与气流脉动速度、空气稳定度、悬浮高度、粒径大小、比重、湿度、货种、地表状况、装卸工艺设备、作业情况等多种因素有关。

煤炭、矿石的港口装卸工艺大多为露天装卸和堆存，因此，装卸堆存方式、工艺设计、环境保护水平、物料特性(如粒度分布、含水量等)、气象因素等对粉尘污染程度都有重要影响。

目前，港口设计一般能够做到：在皮带机转接处加以局部半封闭；皮带输送机加防尘罩；散粮装卸工艺大多为密闭装卸和筒仓储存。当设备密封性差、吸尘系统出现故障时，由于粮食、粉尘含水量低、粒径小、比重小，所形成的积尘极易构成二次扬尘。

目前防止港口粉尘污染一般有以下几种形式：

(1) 湿法除尘。湿法防尘主要是对堆场喷水以达到防尘目的。煤炭和矿石表面若含水率高、湿度大，则起尘率降低。当表面含水率超过 6%时，可保证基本不起尘；其次，喷水水雾与扬尘结合，增加了粉尘重量和微粒相互间的黏结，促使扬尘迅速沉降。由于具有控制起尘和抑制扬尘双重作用，因此喷水除尘的除尘率一般可达 80%。

喷水除尘简单易行，投资少，效果好，维修使用方便。为提高除尘率，一般要求水雾液滴与粉尘颗粒粒径相等或接近，这样更利于它们之间的黏结。水滴太大，比表面积过小，则与粉尘结合率小；水滴太小，则易于蒸发而起不到降尘作用。喷水降尘的主要缺点是用水量大，海港均由城市供水管网供应生活用水，因此单靠生活用水难以满足要求。其次，北方港口冬季无法解决防冻问题，因此将近 3 个月喷水设备不能运行和使用，达不到要求。此外，喷水防尘易使排水变黑，形成二次污染，而且也会不同程度地造成物料流失。近年来在喷水降尘基础上，发展出各种各样的除尘方式，均比常规除尘效率高。

磁化水除尘。把水通过强度为 2 200 A/m 强磁场后，使水磁化，可提高喷水降尘效率。磁化水流速为 3～0.5 m/s，降尘效率最高。对煤炭粉尘的降尘效率提高 2.8 倍，对矿石粉尘可提高 2～3 倍。

湿润剂除尘。湿法作业主要用水除尘，但粉尘都有不同程度的疏水性，且不易被水湿润，因而除尘率降低。添加剂的使用使得堆料表面张力减小，湿度增大，起尘量减小。在港口供水不足或气象条件受到限制时，加入湿润剂具有重要作用。湿润剂降尘机理如下：湿润剂具有特殊结构，其分子是由亲水基、疏水基两种不同性质的基团所组成；湿润剂溶于水，液面形成亲水基朝向水液、疏水基朝向空气的湿润剂分子的定向排列层，隔断液体表层与空气的接触，使得液体表面能大大降低，水和粉尘的湿润能力增强。一般情况下，水与湿润剂的配比取决于化学试剂的性质，通常试剂与水的比例是 1∶3 500。目前，国外煤炭转运港常用的防尘系统是用泵将水/湿润剂混合物从水槽打入输送管道，然后进人管道上的喷水管嘴喷洒除尘。该系统使用寿命长，除尘率一般在 70%～90%。我国生产的湿润剂主要产品有烷基磺酸钠、烷基苯磺酸钠、α-烯基磺酸钠、脂肪醇硫酸钠。

泡沫除尘。表面洒水对降尘有一定的控制，但煤炭含水量增大；水/化学试剂混合物喷洒效果较好，同样也存在水分增大的问题。最好的方法是将这些混合物通过细微喷嘴，在一定的压力下以泡沫的形式喷在堆料或转运点表面，喷洒的泡沫覆盖和湿润了粉尘表面，因而有效地防止起尘。这种方法的关键技术是泡沫剂的制成。通常情况下，泡沫由 98.2%的水、0.2%的泡沫剂和一种添加剂配制而成，体积倍数达 300 多倍，吸附性好，湿润性强，无毒无味，在泡沫破裂后粉尘也不会游离，降尘率达 98%，比水雾降尘优越得多。细微喷嘴的设计、制造与煤尘粒径有关，使用时只要将泡沫发生器装在设备上即可。采用泡沫除尘，能节约用水近 1 倍，若能合理安装和使用该系统，冬季防尘也可做到。

(2) 干式除尘。干式除尘包括密闭尘源、采用集尘装置等。

密闭尘源。为有效防止粉尘在运输过程中扩散飞扬，在皮带机廊道和转接房用弧形铁皮罩进行密闭，即使在大风天气下，皮带机上的粉尘仍无法飞扬。现代煤炭转运站连同堆场都设置在封闭厂房内，对周围环境不产生任何影响。

集尘装置。集尘是最基本的防尘方法。集尘装置形式较多，最常用的是过滤式，即强气流通过过滤器，将粉尘收集在过滤器上，以达到防尘的目的。过滤器类型不同，效率也不一样。如中心集尘器(布袋式)，它是由导管引气流而集尘，使用寿命较长。若设计和使用得当，空气净化率达 93%以上。由于集尘器集尘中心到出口需较长导管，并需较大电机带动风机以增大压差来产生足够气流，因此设备成本较高。除过滤式集尘器外，其他集尘器简介如下。

重力沉降式集尘器：将含尘气体导入空室中，利用粉尘自身重力作用而分离沉降。

惯性分离式集尘器：使气流方向发生剧烈变化，利用粉尘自身惯性而从气流中分离。

离心式集尘器：使含尘气体做旋转运动而获得离心力以达到分离。主要产品有旋风分离器、多管式旋风分离器、旋风湿式分离器。

洗涤式集尘器：使含尘气体与液滴或液膜进行碰撞或接触，把粉尘捕集到洗涤水中而进行分离。

静电式除尘器：利用电晕放电使含尘气体带电，通过静电作用进行分离。

超声波集尘装置：含尘气体受超声波振动，引起尘埃碰撞，凝聚成粗大粒子而达到集尘目的。

黏结剂除尘。将特制的黏结剂涂撒在煤炭或坑道周围，使细微颗粒的飘尘碰撞在黏结剂上，不再起尘而达到降尘的目的。对于堆放时间较长的堆场，不易产生静电，可喷洒上一种化学试剂，在堆场表面形成硬壳，其厚度一般为 0.8 cm，存期可达几个月甚至 1 年。这种硬壳可长时间储存，结合紧密，使用安全，能较好地抑制堆场扬尘。对于输出港，由于堆料在堆场停留时间短，因此不宜采用这种方法。

(3) 综合防尘技术。任何一种单一防尘措施，都难以达到国家卫生标准的要求，港口应以某一种或两种为主，辅助其他措施。常用方法是，装卸场地以喷水降尘为主，同时再沿堆场周围布置防尘网或采用绿化降尘达到除尘目的。

绿化在防尘、改善港区环境方面起着特殊作用，它具有较好的调温、调湿、吸尘、净化空气、减弱噪声、改善港区小气候等功能。

第3章　港口水体污染及防治

3.1　水体污染概述

3.1.1　天然水与水循环

1) 天然水

天然水是指自然界中地表水、地下水和其他类型水的总称，它以不同形态分布于大气圈、生物圈和岩石圈之中。其中，大部分以液态形式存在，如海洋、地下水、地表水(河流、湖泊)和动植物体内存在的生物水等，少部分以水汽形式存在于大气中形成大气水，还有一部分以冰雪等固态形式存在于地球的南北极和陆地的高山上。地球3/4的面积被水所覆盖，总储水量约为13.86亿立方千米，大约有96.54%储存在海洋中，且97.47%为咸水，而淡水仅占2.53%，且主要分布在冰川与永冻积雪(68.7%)和地下(30.36%)。

人类真正能够利用的淡水资源是江河湖泊和地下水中的一部分，约占地球总水量的0.26%。全球淡水资源不仅短缺而且地区分布极不平衡。按地区分布，巴西、俄罗斯、加拿大、中国、美国、印度尼西亚、印度、哥伦比亚和刚果等9个国家的淡水资源占了世界淡水资源的60%。约占世界人口总数40%的80个国家和地区约15亿人口淡水不足，约10亿人无法获得安全饮用水，其中26个国家约3亿人极度缺水。更可怕的是，预计到2025年，世界上将会有30亿人面临缺水，40个国家和地区淡水严重不足，在一些干旱和半干旱地区，水资源短缺将使2 400万到7亿人背井离乡。

大气水来自地球表面各种水体水面的蒸发、土壤蒸发和植物蒸腾，并借助空气垂直交换向上输送。一般而言，大气水含量随高度上升而减少，1 500～2 000 m高空大气水含量仅为地面的50%，5 000 m高空仅为地面的10%，水蒸气最高可达平流层顶部，约为55 km。7 000 m以下大气水的总量约为12 900 km^3，折合成水深约25 mm，仅占地球总水量的0.001%，数量虽不多，但活动能力却很强，是云、雨、雪、雹、霰、雷、闪电的根源。地下水储存于深约为10 km的地壳内部，因地质构造复杂，故难以精确估算。土壤水储存于地表最上部约为2 m厚的涂层内，储量约为16 500 km。地表生物体内的储水量约为1 120 km^3。

如果考虑现有经济、技术水平，扣除无法取用的冰川和高山顶上的冰雪储量，理论上可以开发利用的淡水资源尚不到地球总储水量的1%。实际上，人类可利用的淡水量远低于此理论值，主要是因为在总降水量中，有些是落在无人居住的地区(如南极洲)，或者降水集中于很短时间内，由于缺乏有效的水利工程设施，很快就流入海洋之中。

自然界中不存在化学概念上的纯水，天然水实际上是由水和各种成分组成的极其复杂的混合物。天然水中除了水以外，还含有悬浮物、胶体、溶解物等杂质，Ca^{2+}、Mg^{2+}、Na^{+}、K^{+}、HCO^{3-}、SO_4^{2-}、Cl^{-}、$HSiO_3^{-}$、NO_3^{-}等各种离子，Br、F、I、Fe、P、Cu、Zn、Pb、Ni、Mn、Ti、Cr、As、Hg、Cd、Ba、U 等微量元素，生物生命过程及生物遗体分解产生的有机物以及水生动植物、藻类、菌类、微生物等各类有机物，溶解于水的 O_2、CO_2、H_2S、SO_2、N_2、NH_3等溶解气体。

2) 水循环

天然水的三态转化特性是产生水循环的内因，太阳辐射和地心引力作用是这一过程的外因。太阳向宇宙空间辐射大量热能，到达地球的总热量约有 23%消耗于海洋和陆地表面的水分蒸发，平均每年有 5 000 km^3 的水通过蒸发进入大气，再通过降水返回海洋和陆地。水循环通常由蒸发、水汽输送、降水、径流等 4 个环节组成(见图 3－1)。蒸发是指太阳辐射使水分从海洋和陆地表面蒸发，从植物表面散发变成水汽，成为大气组成的一部分；水汽输送是指水汽随着气流从一个地区输送到另一个地区，或由低空被输送到高空；凝结降水是指进入大气中的水汽在适当条件下凝结，并在重力作用下以雨、雪、雹等形态降落；径流是指降水在下落过程中，除一部分蒸发返回大气外，另一部分经植物截留、下渗、填洼及地面滞留水，并通过不同途径形成地面径流、表层径流和地下径流，汇入江河，流入湖海。

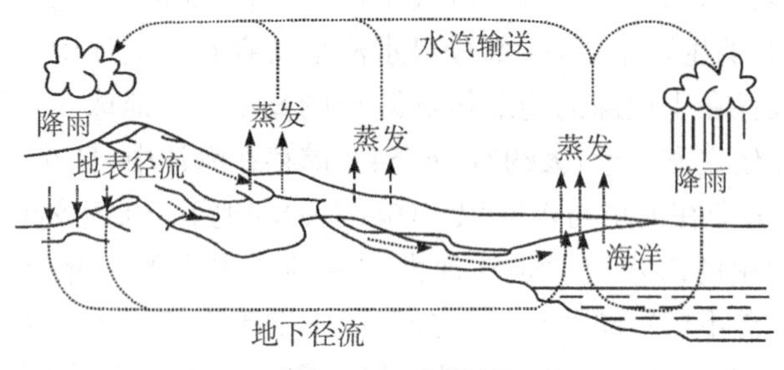

图 3－1　水循环

根据水循环的途径和规模，可将其分为大循环和小循环。大循环又称外循环，是指发生于海洋和陆地之间的水分交换过程。大循环中，海面上的年蒸发量大于降水量，而陆面上的蒸发量则小于降水量，海洋上空向陆地输送的水汽要多于陆地上空向海洋上空回送的水汽，这部分有效的水汽输送在陆地上转化为地表及地下径流，最后回流入海，在海陆之间保持水量的相对平衡。虽然地球全年降水量多达 5.2×10^{11} m^3，但大气圈中的含水量仅为全年降水量的 1/35。大气圈含水量足够 11 d 降水用，平均每过 11 d，大气圈中的水就得循环一次。

小循环又称内循环，指海洋或陆地与大气之间的水分交换过程，分别称为海洋小循环或陆地小循环。海洋小循环主要包括蒸发和降水两个环节，比较简单。陆地小循环则比较复杂，因为从水汽上看既有陆面蒸发的水汽，也有来自海洋输送的水汽，且在地区分布上呈现离海越远含量越少的特征，故其循环强度具有自海侧向陆侧逐步递减的趋势。

3.1.2　水污染及水质指标

1) 水体污染

水体指的是以相对稳定的陆地为边界的天然水域，包括江、河、湖、海，它是地表水圈的重要组成部分。同时,水体保持着完整的生态系统或是完整的综合自然体,其中包括水中的悬浮物质、溶解物质、底泥和水生生物等。

水体的水质(水相的性质)特点差别很大,即使同类水体,其水质也不尽相同,这取决于水体所处的环境条件,如气象、气候、地理、地址、人类社会活动,用水和废水、各种生物的生长繁殖等,都会影响水质。

在水污染相关研究中,"水质"和"水体"的概念有明显差异。"水质"主要是指水相的性质,"水体"则还包含除水相以外的固体物质,如悬浮物质、溶解盐类、底泥和水生生物等,内容广泛得多。例如,重金属污染物易于从水相转移到固相的底泥中,此时水相重金属的含量不高,水质似乎未受污染,但从水体看,则受到了重金属的污染。

污染物通过某种渠道进入水体当中,其含量超过了水体的自然净化能力,使水质变坏,从而影响到水的利用,这种现象即水体污染。水体被污染有时可以直接观察出来,例如,水色改变,水色变混浊,有异味,某些生物减少或死亡,某种生物出现或数量骤增。但有些水体污染是直观察觉不出来的,而要借助于仪器观测分析或调查研究。

2) 水质指标

为了说明水污染的状况和程度,常常需要用多种指标说明。因此,要根据水的用途、水质对人体健康和生物存活的影响,因时因地确定适宜的标准。一般情况下,常用悬浮物含量、生化需氧量、化学需氧量、细菌含量和有毒物质含量等水质指标来表征水体的受污染程度。

(1) 悬浮物。水体中悬浮物质的含量是水质污染的基本指标之一,它反映的是水体中不溶解的悬浮和漂浮物质,包括无机物和有机物。悬浮物对水质的影响表现在阻塞土壤空隙,形成河底淤泥,降低水体的透明度,还可阻碍机械的运转。悬浮物中能在 1～2 h 内沉淀下来的部分,称为可沉固体,此部分可粗略地表示水体中悬浮物的含量。生活污水中沉淀下来的物质通常称为污泥,工业废水中沉淀的颗粒物则称为沉渣。污泥中水的重量和污泥总量之比称为污泥的含水率。污泥含水率的变化是设计污水处理构筑物时必须考虑的因素。

(2) 有机物。生活污水和许多工业废水均含有机物。生活污水中的有机物主要是动、植物的残体和排泄物,其化学成分主要是碳水化合物、脂肪和蛋白质。这些复杂的有机物主要由碳、氧、氢、氮、硫等元素构成。它们在污水中一般是不稳定的,在微生物的作用下,会不断地分解,并转化为上述元素的无机物。这些无机物就成为植物的养料,通过植物的光合作用和同化作用,又合成为植物的机体。在有机物的分解进程中,自由氧的存在与否对分解的性质有决定性的影响。在有氧的情况下,有机物的分解在好氧微生物的作用下进行,称作好氧分解,分解过程的时间较短。如缺少氧气,有机物的分解则在厌氧微生物作用下进行,称作厌氧分解,分解过程缓慢,而且放出恶臭。

(3) 生化需氧量。在有机物的好氧分解过程中,需要消耗一定数量的氧。污水的生化需氧量(Biochemical Oxygen Demand, BOD)是指好氧分解时微生物分解污水中可分解的有机物所消耗的氧量,通常以此作为计算污水中有机物含量的指标。考虑到微生物对污水中有机物的分解过程较长,而耗氧速度一般在开始时最快,5 日内降低生化需氧量 68%左右,因此目前多规定:将污水在 20℃下培养 5 日,作为生化需氧量检验的标准,在此标准下测得的结果称作 5 日生化需氧量,记作 BOD_5。按照中国城市平均生活水平,生活污水的 BOD_5 大约为 40 克/(人・天)。

(4) 化学需氧量。化学需氧量用化学氧化剂(主要是高铬酸钾和高锰酸钾)氧化污水或工业废水中有机污染物所耗用的氧量即化学需氧量(Chemical Oxygen Demand, COD),其单位为 mg/L。COD 愈高,表示污水中的有机物愈多。一般情况下,COD 值比 BOD 值大,其差值表示不能被生物降解的有机物含量。

(5) pH 值。pH 值也是污染指标之一。生活污水一般呈弱碱性,其 pH 值约在 7.2~7.6 之间。工业废水的 pH 值变化极大,强酸性工业废水对混凝土材料有腐蚀作用,并对水生生物及细菌的生长与活动均有直接影响。

(6) 细菌数。污水和有些工业废水中含有大量细菌,每毫升污水中的细菌数常以百万计。这些细菌中大部分是无害的,但其中可能含有对人体健康有危害的病原菌和寄生虫卵,将引起肠道传染病。污水包括废水的处理必须消灭病原菌,使之不致为害。

(7) 有害和可回收物质。工业废水中含有的某些有害污染物质对人及生物通常是有害的,如炼焦工业废水中的酸类化合物,机械加工业废水中的氧化物等;再如工业废水中含有的铝、铜、铬、砷等物质都是有毒害的。但若将它们回收作为工业点料,又是有用之物。因此,这些物质的含量是废水处理与利用的重要指标。

3.1.3 水污染总体情况

1) 全球概况

全世界有超过 80%的废水未得到收集或处理,每年约有 4 200 多亿立方米的污水排入江河湖海,污染了 5.5 万亿立方米的淡水,相当于全球径流总量的 14%以上。联合国《水资源世界评估报告》显示,全世界每天约有数百万吨垃圾倒进河流、湖泊和小溪,每升废水会污染 8L 淡水;所有流经亚洲城市的河流均被污染;美国 40%的水资源流域被加工食品废料、金属、肥料和杀虫剂污染;欧洲 55 条河流中仅有 5 条河流水质勉强达到能用标准。

据统计,目前水中污染物已达 2 000 多种,主要为有机化学物、碳化物、金属物,其中自来水里有 765 种(190 种对人体有害,20 种致癌,23 种疑似致癌,18 种促癌,56 种致突变:肿瘤)。在我国,只有不到 11%的人饮用符合我国卫生标准的水,而高达 65%的人饮用浑浊、苦碱、含氟、含砷、被工业污染、传播传染病的水。目前全球有 11 亿人缺乏安全饮用水,1.1 亿人饮用高硬度水,7 000 万人饮用高氟水,5 000 万人饮用高氟化物水,3 000 万人饮用高硝酸盐水。

2) 中国概况

根据《2015 年全国环境统计公报》,2015 年全国废水排放总量为 735.3 亿吨。其中,工业废水排放量为 199.5 亿吨、城镇生活污水排放量为 535.2 亿吨。废水中 COD 排放量为 2 223.5 万吨,其中,工业源 COD 排放量为 293.5 万吨、农业源 COD 排放量为 1 068.6 万吨、城镇生活 COD 排放量为 846.9 万吨。废水中氨氮排放量为 229.9 万吨。其中,工业源氨氮排放量为 21.7 万吨、农业源氨氮排放量为 72.6 万吨、城镇生活氨氮排放量为 134.1 万吨。

根据《2015 年中国海洋环境状况公报》,全国 967 个地表水国控断面(点位)开展了水质监测,Ⅳ类[①]占 21.1%,Ⅴ类占 5.6%、劣Ⅴ类占 8.8%。其中,长江、黄河、珠江、松花江、淮河、海河、辽河等七大流域和浙闽片河流、西北诸河、西南诸河的 700 个国控断面中,Ⅳ类、

① 轻度污染为Ⅳ类水质,中度污染为Ⅴ类水质,重度污染为劣Ⅴ类水质;优为Ⅰ类和Ⅱ类水质,良好为Ⅲ类水质。

Ⅴ类分别占14.3%、4.7%，劣Ⅴ类占8.9%，主要集中在海河、淮河、辽河和黄河流域，主要污染指标为COD、BOD_5和总磷；全国62个重点湖泊(水库)中，10个为Ⅳ类，4个为Ⅴ类，5个为劣Ⅴ类，主要污染指标为总磷、化学需氧量和高锰酸盐指数；开展营养状态监测的61个湖泊(水库)中，轻度富营养的12个，中度富营养的2个。5 118个地下水水质监测点中，水质较差级的监测点比例为42.5%，极差级的监测点比例为18.8%，超标指标主要包括总硬度、溶解性总固体、pH值、COD、"三氮"(亚硝酸盐氮、硝酸盐氮和氨氮)、氯离子、硫酸盐、氟化物、锰、砷、铁等，个别水质监测点存在铅、六价铬、镉等重金属超标现象。

根据《2015年中国环境状况公报》，冬季、春季、夏季和秋季，劣Ⅳ类海水海域面积分别占中国管辖海域面积的2.2%、1.7%、1.3%和2.1%。污染海域主要分布在辽东湾、渤海湾、莱州湾、江苏沿岸、长江口、杭州湾、浙江沿岸和珠江口等近岸海域。另据《2015年中国海洋环境状况公报》，河流排海污染物总量居高不下，77条河流入海监测断面水质劣于第Ⅴ类地表水水质标准的比例分别为58%、56%和45%，劣于第Ⅴ类地表水水质标准的污染要素主要为COD、总磷、氨氮和石油类，排放量分别为1 459万吨、26万吨、28万吨、5.9万吨。陆地直排海污染源排放污水总量约为63.11亿吨，COD排放总量为21.1万吨，石油类为1 199吨，氨氮为1.48万吨，总磷为3 126吨，部分直排海污染源排放汞、六价铬、铅和镉等重金属。

3.2 港口水污染及危害

3.2.1 港口水体污染物排放清单

港口大多位于海湾底部，水体交换能力较弱，并且由于较短的海岸线上城市人口集中、规模大、工业经济发达，污染物排放量大且较为集中，尤其是随着季节变化和枯水期、丰水期的变化，水域环境变化更加明显。同时，港口水域因水体流动，还可能直接或间接地影响水的其他用途，例如工业用水、养殖用水等。

港口水域的污染源主要来自：船舶排放的废油、废渣、动力装置的冷却水、被油污污染的压载水、洗舱水等；船舶事故或码头及水上作业造成的油泄露和其他物散落到水中；港区排放的未经充分净化处理的生产废水和生活污水；港区及航道挖泥疏浚造成水质腐臭和浑浊；工业及城市排放未经充分净化处理的生产废水和生活污水；含有农药的农田水。

表3-1　港口水体污染排放清单

项目	污染源	备注
施工期污染物	疏浚悬浮物	
	疏浚土吹填产生溢流悬浮物	
	施工生活污水 机械机修污水	
船舶	船员生活污水	
	压载水	

（续表）

项目	污 染 源	备 注
	船舶机舱洗舱污水	由含油污水接收船回收，统一处理达标后回用
	机械维修油污水	
	船舶化学品污水	
	集装箱洗箱废水	集装箱清洗污水
	危险品泄漏	
码头及辅助设施	煤雨水、矿石雨水	污水处理设施季节性使用
	陆域生产人员生活污水	
仓储库区	含油污水	油类库区含油废水
	化学污水	化学品库区
近海污染源	河流入海口 （海域主要污染物来源）	无机氮、活性磷、石油类、汞、镉、铅、砷、锌、总铬、氯化物、COD 等
	直接入海排污口	石油类、汞、氯化物、COD、硫化物、挥发酚、砷等 主要污染物为石油类、COD、氨氮及氯化物
	沿岸海水养殖业污染源	过剩饵料、药物（漂白粉、生石灰、沸石粉、硫酸铜）、清池废水、污泥等，主要污染物为氮、磷、COD
陆域生产、生活活动产生的污水	港口医院污水 居民生活污水 工业生产污水	与城市污水水质成分情况较为相似

3.2.2 港口水体污染物的消散

1）水体自净原理

污染物排入水体后，使水环境受到污染，水质恶化。但水体受到污染后，其水质并不会一直恶化下去。当污水排放停止，水质可能逐渐得以改善，甚至恢复到原有的水平。这是因为水体自身有一定净化污染物质的能力，这种能力称为自净能力。水体自净有物理净化、化学净化和生物净化三种类型。物理净化是由于水体的稀释、混合、扩散、沉积、冲刷、再悬浮等作用而使污染物浓度降低的过程，只能降低污染物浓度，而不能减少水体中污染物的总量；化学净化是由于化学吸附、化学沉淀、氧化还原、水解等过程，使污染物浓度得以降低；生物净化是由于水生生物（特别是微生物）的降解作用，使得污染物浓度降低。三种类型中，只有化学净化和生物净化可以使污染物含量得以衰减。

水体自净是一个比较复杂的过程，影响自净能力的因素很多，且它们之间相互联系。这些因素主要有污染物质种类与性质、水体的运动性质、水生生物和其他环境因素等。例如，酚和氰的性质不稳定，易挥发和氧化分解，能为水中泥沙和土粒等吸附，被水中生物所吸收，故容易自净；有机氯农药(DDT[①]、666[②])、多氯联苯等合成有机物，其化学稳定性极高，在自然界中需要10年以上时间才能完成分解。其次，水体中存在的能分解污染物的微生物数量越多，自净速度越快；太阳光可以促使浮游植物与水生植物光合作用，改变溶解氧条件；河口海岸水域水温和盐度的分布和变化，会形成一定规模的密度流，从而导致污染物质的稀释扩散；风、波浪、海流等作用等都能使水体产生紊动，加速物质的稀释扩散，从而起到物理净化的作用。

2）港口水体自净

一般情况下，污水进入港口水域后，浓度有所稀释，悬浮物因重力作用发生沉降而减少，有机物在微生物的好氧分解作用下发生分解，逐渐变为无机物。在稀释、沉淀、氧化和光合作用下，港口水体逐渐由不洁变清，这一过程即港口水体自净。

港口水体自净受多种因素影响，最重要的是稀释倍数。污水排入港口水域后，若港口水体的稀释倍数愈高，则港口水体各种污染物的含量就会被稀释的愈低，因而浓度愈小。由于港口水域相对较小，而且受防波堤、突堤码头等掩护建筑物的阻隔，水体的活动能力较弱，因而稀释能力较低；航道水域，无论是内河航道或海港航道，水域相对广阔，水体流动性强，因而稀释能力相对较高。影响水体自净的第二个因素是沉降能力。进入水体的悬浮物，像水中的泥沙颗粒一样，会在重力以及水流等动力作用下沉浮循回。若悬浮物颗粒大，水动力作用弱，则沉降能力强，从而能有效降低水中的杂质浓度。第三个因素是微生物作用。微生物在消耗溶解氧的条件下，逐渐使水中的有机物氧化、无机化。被耗用的溶解氧可以从大气中，也可以通过水生植物的光合作用得到补充，逐渐趋于平衡。至于被带入水体中的人体寄生细菌、病原体等，由于水体自然条件的变化，亦将逐渐死去，一般细菌的数量也会不断减少。经过这样的一系列过程，被污染的港口水体得以净化，逐渐恢复到原来的状况。

3）溢油油污消散

石油进入港口水体后，经过扩散、蒸发、溶解、乳化、氧化、降解、沉积等一系列作用，逐渐消散。

(1) 扩散作用。首先，石油会迅速在水面上扩散，形成油膜，油膜随海流运动，随风漂移，并在风、浪、流的综合作用下被分成大小不等的油块，有时会形成一条油污带。

(2) 蒸发作用。与此同时，石油中较轻的成分在海面上通过蒸发而进入大气，使大气受到污染，其中一部分随雨水回到海洋。蒸发速度因石油成分的蒸气压、浓度、油膜表面积、厚度、风、温度等不同而不同。扩散速度和油膜表面积越大、光照越强、温度越高，蒸发速度也越快。海面上的浮油在最初几个小时蒸发很快，原油只能在半个小时内着火，其后海面油膜中易挥发的化合物就所剩不多了。海面浮油经过1天后13～14个碳原子的化合物会蒸发掉50％，3周后17个碳原子的化合物蒸发掉50％。蒸发过程可持续几个月甚至几年，结果油越来越粘，最后形成块状焦油。在溢油量非常大时，蒸发作用是促使油污大量消失最主要的因素。

---

① DDT又称滴滴涕，为双对氯苯基三氯乙烷英文名称Dichlorodiphenyltrichloroethane的缩写，其化学式为$(ClC_6H_4)_2CH(CCl_3)$，是有机氯类杀虫剂，在20世纪上半叶防止农业病虫害、减轻疟疾伤寒等蚊蝇传播的疾病危害起到了很大作用。

② 666即六氯环己烷(Benzene hexachloride，BHC)，其化学式为$C_6H_6Cl_6$，是广谱杀虫剂，效力强而持久，属高残留农药品种。

(3) 溶解作用。溶解是石油在海水中的一种物理过程，主要表现为石油成分中的低分子烃、极性化合物从油膜中溶于水中。溶解过程受海况、石油的理化特性影响，整个过程会持续很长一段时间。石油烃溶解于水，易被海洋生物吸收、浓缩，因而对海洋环境会产生有害影响。石油的溶解也取决于碳原子的数目。一般地，美国原油在 8 天内的溶解度为 46 mg/L，轻燃料油 5 天后的溶解度为 7.5 mg/L，重燃料油仅为 2.3 mg/L。实验表明，原油总烃溶于海水量比燃料油高 1～2 倍。石油在海水中通过蒸发、溶解作用，比重逐渐增加，逐渐形成油泥，最后形成沥青块。

(4) 乳化作用。乳化油进入水中的有一个物理过程。因海流、潮汐、风浪、涡动等海洋动力因素的搅拌作用，溢油很容易产生乳化现象。当海面有碎浪产生时，海面浮油能很快地吸收相当于其重量 50%的海水，形成颜色像巧克力冰淇淋的水油乳化物。较轻石油的蒸馏产物容易形成“水包油”，在海水中不稳定，易消失。使用分散剂有助于形成“水包油”，加速消除海面浮油。含沥青烯多的原油容易发生“油包水”乳化液，形成黏附的半固体块，含50～80%的水及一些固体物质，相当稳定，对海岸的污染更严重。

(5) 氧化作用。氧化主要发生在海洋表层，受光和微量元素的催化作用而加速。硫化物能降低石油烃的自氧化作用。石油的氧化速率取决于它的化学特性。试验表明，烷基取代环烷的氧化作用进行的比正链烷要快。

(6) 降解作用。由于许多细菌和真菌能够降解某些石油化合物，某些藻类也具有这种降解能力。海水中有机物质的溶解量和细菌寄生的悬浮离子量可能对石油的降解也有一定作用。开阔海域海水中有机物含量低，所以其生物降解过程比河口和沿岸水域缓慢。当油膜分散为 1 μm 的小油珠时，降解过程进展较快。带多个碳原子的芳烃族化合物具有相当的持久性，微生物很难攻入，酵母和真菌的降解作用也相当缓慢。沥青烯同样具有持久性。石油中的钒和镍不能降解。

(7) 沉积作用。动植物所含的钙质或硅质能减少漂浮焦油块的浮力使之沉入海底。某些重油在其老化过程中，也可达到相当高的密度，以致下沉。油珠在海水中扩散后，可能同其他悬浮物一道被浮游生物摄入肠道，然后随粪便排除，沉入海底。沉入海底的石油或石油氧化物，在海流、海浪等动力作用下，有的还可能再次悬浮于海面。此外，在风的作用下，海上浮油会被吹到岸上，从而堆积大量的石油或焦油块。

3.2.3 港口水体污染物的危害

1) 油污危害

(1) 危害海洋生物。石油对海洋生物的物理影响包括覆盖生物体表，油块堵塞动物呼吸及进水系统，使其窒息而死；油污黏附海鸟体表使其丧失飞行和游泳能力；污油沉降于潮间带和浅水海底，使动物幼虫、海藻孢子失去合适的固着基质等。

石油、石油产品和乳化剂对海洋生物的化学毒性，因油的种类和成分不同而有所差别。通常是成品油毒性高于原油，低分子烃类毒害大于高分子烃。各种烃的毒性一般按芳烃、烯烃、环烃、链烃的顺序依次降低。对生物的影响主要是破坏细胞膜的正常结构，干扰生物体的酶系，影响正常代谢。石油对海洋生物的危害可以归结为 8 个方面：

① 生物被油膜覆盖和窒息缺氧而死亡。

② 生物接触油污引起中毒而死亡，水中石油浓度达到 0.001 ppm 时低级微生物机体组

织就受到破坏，含量达0.01 ppm时某些鱼类会受到致命伤害。

③ 生物暴露在低沸点饱和碳氢化合物或某些非碳氢化合物、芳香族碳氢化合物的包围中，因挥发物毒性而死亡。

④ 石油的特殊气味伤害敏感型生物，影响生物洄游路线和近海养殖区，对更为敏感的初生和幼体生物伤害更大。

⑤ 破坏高级生物的食物来源。

⑥ 非致死剂量的石油进入生物体，可降低其对传染病和外界刺激的抵抗能力。

⑦ 低水平油污可能会中断生物群落繁殖，破坏食物链中的某个环节，导致生态破坏，水生物资源营养价值受到破坏。

⑧ 石油中毒会在生物体内积累，使生物和人类食物混入芳香族碳氢化合物的致癌物质。

(2) 危害沿岸。在受波浪侵蚀的海滩上，石油会自然分解成小颗粒，并在有阻拦的区域堆积。在掩蔽条件好的港口区域，大量的石油则在高潮线附近形成沉积。表3-2给出了溢油对沿岸不同类型海滩的危害，表中的内容按危害程度顺序排列。其中，在没有巨大波浪作用的峡湾和内湾中，溢油的危害最为严重。比如，在加拿大的切达比克特湾，受到油污染的盐碱滩经6～7年后才得到恢复，累积在黏质沉积物中的溢油毒性作用可持续多年。其中，环烷和芳香族化合物难以蒸发，又不溶于水，也难以被生物降解，是形成具有持久性危害的先决条件。沙质海滩具有较好的自净能力。1976年5月12日，“蒙特·厄克威奥拉”号油船在距西班牙北部的拉科鲁尼亚几英里以外的水域中触礁，溢出原油3万吨，严重污染了海滩，有些沙质海滩上的积油厚达30 mm，覆盖的油层持续了几个星期之久，但一年之后海滩却面貌一新。

表3-2　溢油对沿岸的危害

海滩类型	危　害
开阔的岩石性沿岸	在波浪较大的情况下，一般用不着清除溢油
开阔的岩石性台地沿岸	由于波浪的作用，溢油在几周内即可迅速消散，多数情况下不需要采取清除措施
平坦的细沙海滩	由于沉积物堆积得很密实，溢油难以渗入，只能在其表层形成一层很容易清除掉的油膜；波浪作用能将较低海滩上的油污自行清除干净，因此，应主要清除高潮线的油污
中—粗沙覆盖的海滩	溢油能渗入1 m深的沉积物中，形成很厚的油—沉积物混合层；要清除油污势必要破坏海滩；同样，应主要清除高潮线的油污
开阔的潮坪带	油不能渗入致密的沉积物表层，但却危害生物；只有油污染严重时才进行清除
沙—砾石混合海滩	油可迅速渗入并贮藏在其混合沉积物中，并能产生长期的有害影响
砾石海滩	油在该类型海滩中渗透并埋藏得很深；若清除带油污的砾石，可能会导致海滩的进一步污染
掩蔽型岩石性海岸	由于波浪运动很弱，油能粘到岩石表面并滞留在潮滩中；对生物的危害严重；若清除危害更大，不如任其自然消散

（续表）

海滩类型	危害
掩蔽型潮坪带	对生物能产生长期危害；要清除溢油不可能不扩大污染，因此，只有在潮坪带溢油相当严重时才采取清除措施
盐碱滩和红树林区	溢油能存在10年或10年以上，因此，其危害是长期的

2）营养盐危害

排入港口水域的有机物被分解后，其中的一部分变为水中植物的营养物，如磷酸盐、氨氮和硝酸盐。如果营养盐增加过多，就会引起水体中藻类和其他浮游生物的过度繁殖，水中溶解氧消耗殆尽，水质恶化，从而导致鱼类及其他生物大量死亡的现象，这一现象即为富营养化。

正常情况下，淡水系统中磷的含量是有限的，因此增加磷酸盐会导致植物的过度生长，而在海水中磷是不缺的，氮的含量却是有限的，因而含氮污染物的加入就会消除这一限制，从而出现海中植物的过度生长。如果在受污染的水体中正常存在的植物增殖迅速，消费者生物往往不能够适应，于是有越来越多的水生植物未能被消费者吃掉而剩余下来，它们将最终死亡并被分解。这样，必将消耗水体中更多的溶解氧，从而使溶解氧的含量不断降低，甚至会使溶解氧消耗殆尽。许多鱼类，尤其是贵重的经济鱼类，对溶解氧的降低极为敏感，以致有时达到消亡的程度。另外，由于水生植物的过度繁殖和分解，可沉淀的有机物加速沉积，从而会使水体底部迅速地覆盖上有机淤泥层，导致原来生存的底栖动物、卵和幼虫发生窒息。在某些情况下，过度富营养化会促进一些新的植物种属的生长，这些新的植物种属在改变的环境中往往排挤原有的植物种属最终使其消亡。与此同时，水中的一些初级消费者动物不能利用这些新种属植物作为其食物源，因而从生态系统中消失，并进而导致整条食物链的消失。

当港口水域受到营养盐污染时，水中某些大型绿藻爆发性增殖或高度聚集而引起水体成绿色的现象称为绿潮，水中某些微藻、原生动物或细菌爆发性增殖或高度聚集而引起水体变成红色的现象称为赤潮。发生绿潮的生物主要是浒苔和石莼，前者属东海海域优势种，后者主要分布于中国浙江至广东海南岛，以及黄海、渤海沿岸。发生赤潮的生物有180多种，我国主要有63种，其中硅藻有24种、甲藻32种、蓝藻3种、金藻1种、隐藻2种、原生动物1种。绿潮和赤潮统称藻华，它所产生的毒素对鱼、虾、贝有致命作用，会给水产资源造成巨大损失。据报道，日本仅1987年就有40余万尾鱼因“赤潮”死亡，损失近30亿日元。其次，在藻华发生时，往往会散发恶臭，影响海滨景观和浴场的价值。此外，如果藻华发生在港湾和其附近，则会对航运和港口运营产生不利影响。

3）有毒污染物危害

污水中含有有毒污染物，且种类繁多，其共同特点是对动植物和人类的毒性危害。有毒污染物可分成四类：①重金属与类金属无机物，如Hg、Cd、Pb、Cr、As等；②非金属无机毒物，如CN^-、F^-、S^{2-}等；③易分解的有机毒物，如挥发酚、醛、苯等；④难分解有机毒物，如DDT、666、狄氏剂、艾氏剂、多氯联苯、多环芳烃、芳香胺等。

有毒污染物对生物或人体产生的毒性危害一般可分为急性、亚急性、慢性、潜在性等几种。对于人类来说，大多数情况属于慢性、潜在性危害，为准病态过程，属预防医学范畴。污水中有毒污染物危害的大小，不仅取决于污染物的毒性大小，而且还取决于有毒污染物进入生物体内的生理化学作用。因此，有必要了解不同生物品种类型的不同影响，生物对毒性的吸收反应、损害、排泄、转化、浓缩作用。

以重金属为例，它主要通过饮食进入人体，不易排泄，能在人体的一定部位积累，使人慢性中毒，极难治疗。如甲基汞极易在脑中积累，其次是肝肾。震惊世界的日本水俣病事件就是脑中积累甲基汞，致使神经系统破坏。此病有严重的后遗症，较高的死亡率，甚至还能由母亲遗传给胎儿。无机汞极易在肾中积累。镉主要积累在肾脏和骨骼中，从而导致贫血、代谢不正常、高血压等慢性病。镉若与氰、铬等同时存在时，毒性更大。震惊世界的骨痛病就是因镉在人体积累过多，引起肾脏功能失调，骨骼被镉毒害，严重软化，骨头寸断，疼痛难忍。此病潜伏期短则 10 年，长达 30 年，不易立即发现，一旦染病，难以治疗。此外，铅能引起贫血、肾炎、破坏神经系统和影响骨骼等。铬和砷的毒性也很大，并可能致癌。

此外，重金属类污染物无法消失，只有形态、价态的变化，并具有生物食物链的富集作用，即由很低的浓度，通过动物(及植物)食物(生物)链的作用，可以富集到极高的浓度，这是重金属需特别引起重视的更为重要的原因。淡水鱼和淡水植物的富集倍数为 1 000，淡水无脊椎动物为 100 000；海洋植物为 100，海洋动物可达 200 000。鳟鱼肉中富集的镉为 330 倍，骨头为 1 600 倍，肾脏为 4 400 倍。

4) 其他污染物危害

(1) 需氧有机物危害。需氧有机物会消耗水体溶解氧，对水生生物中的鱼类危害最严重。目前，水污染造成的死鱼事件，绝大多数是这类污染所致，尤其在北方的冰冻期更是如此。当水中溶解氧不足时，鱼群就力图逃离，当溶解氧下降到 1 mg/L 时，大部分鱼类就窒息死亡。当水中的溶解氧消失时，厌氧细菌繁殖，发生厌氧分解，生成甲烷、硫化氢等有毒气体，水体变黑、发臭，更不适于鱼类生存繁殖。

(2) 病原微生物危害。污水中含有的伤寒、痢疾、霍乱等致病菌能传染斑疹伤寒、副伤寒、痢疾、肠胃炎以及霍乱等肠道性疾病，含有的阿米巴、麦地那丝虫、蛔虫、鞭虫、血吸虫、肝吸虫等寄生虫能传染寄生虫病，含有的肠道病毒、肝炎病毒等会传染肠道病和肝病。同时，细菌和其他微生物在分解有机物时会消耗水体中的溶解氧，从而改变水的生态性质、破坏自净作用。在此情况下，厌氧菌和有机物通过分解碳化物产生甲烷，通过分解氮化物产生氮吲哚和粪臭素，通过分解硫化物产生硫化氢和硫醇，从而使水体发生恶臭。

(3) 热污染危害。热废水排入港口水域后，将形成热污染带，造成负面影响：①使水中的溶解氧减少，严重时可降至零；②使水中某些毒物的毒性提高；③鱼类生存困难，不能繁殖或死亡，如水温高于 32℃鱼类即会出现死亡；④破坏水体水生生态平衡的温度条件，加速某些细菌的繁殖，助长水草丛生、厌氧发酵、恶臭等。

3.3　港口水体污染防治

3.3.1　港口水体污染防治要求

1) 水污染排放标准

主要包括《污水综合排放标准》和不同行业的大气污染物排放标准，其中与港口水体污染物排放相关的行业标准包括《船舶水污染物排放控制标准》《船舶工业污染物排放标准》《汽车维修业水污染物排放标准》《海洋石油开发工业含油污水排放标准》《钢铁工业水污染物排放标准》《石油炼制工业水污染排放标准》《污水海洋处置工程污染控制标准》《城镇污水处理厂污染物排放标准》等。这些标准对主要不同活动排放的水污染物限值作了详细规定。如《污水综合排放标准》将排放污染物按性质及控制方式分为两类[①]，并规定了两类污染物最高允许排放浓度及部分行业最高允许排水量。其中，烷基苯不得检出，石油类最高不超过 30 mg/L，石化工业化学需氧量最高不超过 500 mg/L，铁路货车洗刷每辆不超过 5.0 m^3，火力发电工业每千瓦时不超过 3.5 m^3。《海水水质标准》按照海域的不同使用功能和保护目标，将海水水质分为四类，其中第四类适用于海洋港口水域、海洋开发作业区，规定悬浮物人为增加量不大于 150 mg/L，BOD_5不应超过 5 mg/L。《船舶水污染物排放控制标准》规定了船舶含油污水（见表 3－3）、生活污水的排放限值（2012 年 1 月 1 日以前安装或更换生活污水处理装置的船舶向环境水体排放生活污水适用于表 3－4，2012 年 1 月 1 日及以后安装或更换生活污水处理装置的船舶适用附录表 5，2021 年 1 月 1 日及以后安装或更换生活污水处理装置的客运船舶向内河排放生活污水适用附录表 6）。可以看出，船舶生活污水排放限值与船舶用途、船舶生活污水处理装置安装更换时间、排放区域等因素有关。

表 3－3　船舶含油污水容许排放浓度

油污水类别	排放区域	排放要求
机器处所油污水	内河	不大于 15 mg/L（2020 年 12 月 31 日前建造船舶） 收集并排入接收设施（2021 年 1 月 1 日后建造船舶）
	沿海	不大于 15 mg/L 或收集并排入接收设施
含货油残余物的油污水	内河	自 2018 年 7 月 1 日起，收集并排入接收设施
	沿海	150 Gt 以下，自 2018 年 7 月 1 日起，收集并排入接收设施 150 Gt 以上，自 2018 年 7 月 1 日起，收集并排入接收设施，或在船舶航行中排放，并同时满足一定条件

表 3－4　船舶生活污水容许排放浓度

项目＼排放区域	内河或距最近陆地 3 n mile 以内	沿海距最近陆地 3～12 n mile
五日生化需氧量	不大于 50 mg/L	打碎固形物和消毒后排放 船速不低于 4 kn 生活污水排放速率不超过相应船速下的最大允许排放速率
悬浮物	不大于 150 mg/L	
大肠菌群	不大于 2 500 个/L	

① 第一类是指能在环境或动植物内积累，对人体健康产生长远不良影响的污染物质，包括总汞、烷基汞、总镉、总铬、六价铬、总砷、总铅、总镍、苯并(a)芘、总铍、总银、总 α 放射性、总 β 放射性等 13 项；第二类是指长远影响小于第一类的污染物质，包括 pH 值、色度、悬浮物、五日生化需氧量、化学需氧量、石油类、动植物油、挥发酚、总氰化合物、硫化物、氨氮、氟化物、磷酸盐、甲醛、苯胺类、硝基苯类、阴离子表面活性剂、总铜、总锌、总锰、彩色显影剂、显影剂及氧化物总量、元素磷、有机磷农药、类大肠杆菌群、总余氯等 26 项。

2) MARPOL73/78 附则Ⅳ要求

经修订的 MARPOL73/78 附则Ⅳ《防止船舶生活污水污染》于 2005 年 8 月 1 日生效，并于 2007 年 2 月 2 日对我国国际航行船舶生效。该规则对防止船舶生活污水污染做了具体要求：船舶可以在距最近陆地 3 n mile 以外，使用主管机关按照 MARPOL73/78 附则Ⅳ规定所批准的系统，排放经粉碎和消毒的生活污水，或在距最近陆地 12 n mile 以外，排放未经粉碎和消毒的生活污水；在任何情况下，不得将集污舱中储存的生活污水顷刻排光，而应在船舶以不小于 4 kn 的船速在途中航行时，以适当速率排放；排放率应经主管机关根据 IMO 制定的标准予以批准；或船舶所设经批准的生活污水处理装置正在运转，排放标准如表3－5 所示。该装置已由主管机关验证符合该附则所述的操作要求，且该设备的试验结果已写入该船的“国际防止生活污水污染证书”；排出的这种废液，在其周围的水中不应产生可见的漂浮固体，也不应使水变色。

表 3－5 船舶生活污水处理装置排放标准

	IMO 旧标准	IMO 新标准	USCG①	Alaska②
SS/(mg/L)	50	35	150	30
BOD_5/(mg/L)	50	25	无要求	30
COD/(mg/L)	无要求	125	无要求	无要求
大肠杆菌(Coliform)/(个/L)	2 500	1 000	2 000	200
pH 值	6～9	6～8.5	无要求	6～9
余氯(Chlorine)/(mg/L)	尽可能低	小于 0.5	无要求	10
试验天数(Testdays)/d	10	16	10	30

3.3.2 港口水体污染防治思路

1) 总体防治思路

港口水体污染的总体防治思路为三管齐下，即把“防”“治”“管”三者结合起来。“防”是指对污染源的控制，通过有效控制使污染源排放的污染物减少到最小量。对工业污染源，最有效的控制方法是推行清洁生产。对生活污染源，可以通过推广使用节水器具，提高民众节约意识，降低用水量等措施来减少生活污水排放量。对农业污染源，提倡农田的科学施肥和农药的合理使用，可以大大减少农药中残留的化肥和农药，进而减少农田径流中所含氮、磷和农药的量。“治”是水污染防治中不可缺少的一环。通过各种预防措施，污染源虽然可以得到一定程度的控制，但要确保排入水体前达到国家或地方规定的排放标准，还必须对污水进行妥善的处理，采取各种水污染控制方法和环境工程措施，治理水污染。“管”是指对污染源、水体及处理设施等的管理，在水污染防治中也占据十分重要的地位。科学的管理包括对污染源的经常监测和管理，对污水处理厂的监测和管理，以及对水环境质量的监测和管理。

---

① USCG，United States Coast Guard，美国海岸警卫队，用于船上的污水处理装置在进入美国市场之前，需取得 USCG 的认证。

② Alaska，阿拉斯加州相关法律，适用于北太平洋的阿拉斯加海域。

2）港区应对思路

（1）建立船舶污水处理设施。目前，国内不少较大港口建立了污水接收处理设施，但大多数针对的是含油污水、压载水及洗舱化学品废水处理，而生活污水的处理主要针对的是港区生活污水，很少考虑船舶生活污水的接收与处理问题，大多没有专门接收船舶生活污水的设施。主要原因是除个别港口外，由于无强制性规定，到港船舶中除个别国际航行邮轮和来访军舰申请排放生活污水外，其他船舶基本上没有申请排放生活污水。随着MARPOL73/78附则Ⅳ的生效以及各地对环保要求的不断提高，尤其是小型船舶加装粪便储存装置的使用，港口应做好相应硬件准备，提供足够的接收和处理设施。

（2）设立船舶生活污水治理基金。由于港区水域较广，码头分散，进港船舶较多，船舶生活污水接收工作需使用较多的污水接收船，费用较高，考虑到船舶生活污水接收是以社会效益和环境效益为主，为提高船主和污水接收单位双方的积极性，建议由当地政府设立船舶生活污水治理基金。资金来源一部分由政府补贴，一部分向船舶征收，即参照陆上城市居民用水费用中加收排污费的做法，根据船舶吨位和用水量及在港停留时间核算其生活污水量，在船舶办理进港签证时提前征收污水接收处置费，在港期间收集污水不再收费。征收的排污费以略高于污水治理费（尤其是船舶生活污水处理装置的运行费）为宜，从而促进船舶生活污水的主动治理。

（3）加强监督和检查。港监部门应对在港的船舶实施检查，主要包括证书（如《防止生活污水污染证书》）及防污设备的检查。对没有配备防污设施的船舶按规定进行处理，同时采取相应的补救措施，如提供活动厕所或污水接收容器等。

3.3.3 港口污水主要处理措施

1）常用污水处理方法

废水中的污染物是多种多样的，往往需要采用几种方法的组合，才能处理不同性质的污染物和污泥，达到净化目的和排放标准，经济有效地完成处理任务。根据处理任务的不同，可将废水处理系统分为三级处理。一级处理有时也称机械处理，主要去除较大的悬浮物，采用的分离设备依次为格栅、沉砂池和沉淀池，截留于沉淀池的污泥可进行污泥消化或其他处理，条件许可时，出水可排放于水体或用于废水灌溉。二级处理也称生化处理或生物处理，是在一级处理的基础上根据需要再进行生物化学处理，其处理对象是废水中的胶体态和溶解态有机物，采用的设备有生物曝气池（或生物滤池）和二次沉淀池，产生的污泥经浓缩后进行厌氧消化或其他处理，出水可排放或用于灌溉。三级处理的主要对象是残留的污染物和营养物质（氮和磷）及其他溶解物质，所采用的方法有化学絮凝、过滤等，若要回用（如用作工业用水）时，其去除对象还包括废水中的细小悬浮物、难于生物降解的有机物、微生物等，可能采用的方法有吸附、离子交换、反渗透、消毒等。

按照原理可以分为物理处理法、物理化学处理法、化学处理法以及生物化学处理法等。

物理处理法是利用物理作用除去废水的漂浮物、悬浮物和油污等，同时从废水中回收有用物质的一种简单水处理法，处理过程中污染物的化学性质不发生变化。常用的物理处理法主要有：重力分离法，其处理单元有沉淀、上浮（气浮）等，使用的处理设备是沉淀池、沉砂池、隔油池、气浮池及其附属装置等；离心分离法，其本身是一种处理单元，使用设备有离心分离机、水旋分离器等；筛滤截留法，有栅筛截留和过滤两种处理单元，栅筛截留使用格栅、筛网，过滤使用砂滤池、微孔滤机等。

物理化学处理法（简称物化法）是利用物理化学作用分离回收废水中处于各种形态的污染物质，主要有混凝、气浮、吸附、离子交换、萃取、电渗析、反渗透、超滤等方法，多用于城市污水的深度处理或三级处理以及工业废水处理。

化学处理法是利用化学反应的作用以去除水中的杂质，主要有中和法、化学沉淀法、氧化还原法以及化学消毒等方法，其处理对象主要是废水中无机的或者有机的（难于生物降解的）溶解物质或胶体物质，多用于处理工业废水。

生物处理法是利用微生物的代谢作用，使废水中呈溶解、胶体状态的有机污染物转化为稳定的无害物质，主要有好氧氧化法和厌氧还原法，前者广泛用于处理城市污水及有机性生产废水，包括活性污泥法和生物膜法两种；后者多用于处理高浓度有机废水与废水处理过程中产生的污泥，现在也开始用于处理城市污水与低浓度有机废水。

2）船舶含油污水防治

(1) 装于含油污水上部。将油船的压载水和洗舱水集中于一两个舱内，经过一段时间的静置后油上浮并集中于水面，而舱底部油污水中的含油量可降低到 50 ppm，可将其直接排入外海，而浮在水面的污油液则留在舱内，到达油港装载同品种货油时就装于这些污油液的上部，或者将残油妥善处理。目前世界运输原油的大型油船 50%以上采用这种方式。这种方法不需要特殊设备，对没有专用防污设备的旧船特别适用，称为“装于上部”方式。但是，这种“装于上部”法有很多局限性，对于两个航次装载不同油类或运成品油时则不能采用。若航程短，没有足够的静置分离时间，则效果也不佳。

(2) 设置专用压载水舱。在油船上改进压载系统的设计同样也能达到防止油污染的目的。如在油船上设置专用压载水舱，在空载航行时将水装入，到装油港前将压载水排出舱外。这样虽占去一部分舱容，但可以缩短停泊时间（一般可缩短 1/3 左右），从而提高了营运的经济效益，因此是目前大、中型油船较现实的压舱载水防污办法之一，能从根本上避免产生含油的压舱载水。但是，在大风浪时，其所压载量难以满足油船返航的要求，所以必须和其他防污措施配合才能充分发挥其效能。

(3) 舱底水油水分离。舱底水含油量较大，为防止其形成油污染，可利用油水分离器将舱底水进行油水分离。舱底水的油水分离器多是小型的，用得最多的是处理量为 0.5～1 t/h 的。油水分离器的原理：重力式分离，在重力场的作用下，利用油和水的比重差，使其彼此分离，按其作用方式不同可分为静置分离、机械分离和离心分离三种；利用气泡分离，向油水混合物内充入空气，使油粒附着在水中所产生的气泡上，从而分离上升，按气泡产生方法可分为充气分离和加压上浮分离；加热分离，将油水混合物加热，由于油和水在温度升高时体积的变化不同以及油受热后黏性降低，从而使油滴易于上浮；超声波分离，对油性污水发射超声波，引起油粒振动，从而使微小油粒相互碰撞、聚集、扩大而分离上浮；过滤分离，使含油污水通过多孔性过滤元件，将油挡住而使水通过，从而得以油水分离；化学分离，为了使乳化油污水进行油水分离，掺入界面活性剂，或把石灰加到硫酸铁、硫酸铝等里面以产生氢氧化物的絮凝物，这种絮凝物在形成或沉淀时能带着油分离出来；电气分离，把乳化的油性污水倒进装有电极的舱柜中，由于消除了油粒的电荷，并使其往复运动，所以细小的油粒便易于聚集在一起而分离上升。

3）船舶生活污水处理

按污水排放方式可把船舶生活污水处理装置分为无排放型和排放型，前者通常包含有船舶贮存方式和再循环处理方式，后者必须按照国际公约和相关规定要求，经过相应处理后方可排放，相应处理方法主要有生物方法、物理化学方法、电化学方法及混合处理方法等。

（1）无排放型处理方式。

① 简单储存方式。最能满足 MARPOL73/78 公约及卫生标准要求的简单常用的方式就是在船上安装生活污水收集贮存柜。该贮存柜系统将船舶日常产生的生活污水收集贮存起来，在必要时将贮存可见的漂浮固体，不使水变色，那么可在任何地方排放。该系统包含生活污水的收集贮存和排放两部分(见图 3-2)，主要设备有贮存柜和排出泵，一般贮存柜通常设置两个以上，两个排出泵的管路采用并联方式，方便两台泵的调换使用。由于排出泵容易被坚硬粪便或碎纸片等固体物质堵塞，影响其正常运转而产生臭味，因此，该装置在排出口专门装设了粉碎机、充气风机和通风管。另外，该型处理装置的船舶在甲板上装有便于将生活污水排往外部接收设备的管路接头点。该方式结构简单，操作管理容易，且对水环境几乎无任何损害。该装置系统的主要缺点是：由于贮存舱、柜的容积较大，对于需在限制海区内长期航行或停泊的船舶，必然造成船舶有效装载容积的减少；为了防止系统在工作中散发臭味，需适时地进行投药处理，从而使药品的使用费增加；船舶过驳污水增加了停港或抛锚的时间，降低了船舶的营运效率；污水需排至陆上处理，增加了港口船舶污水的收集、处理费用。

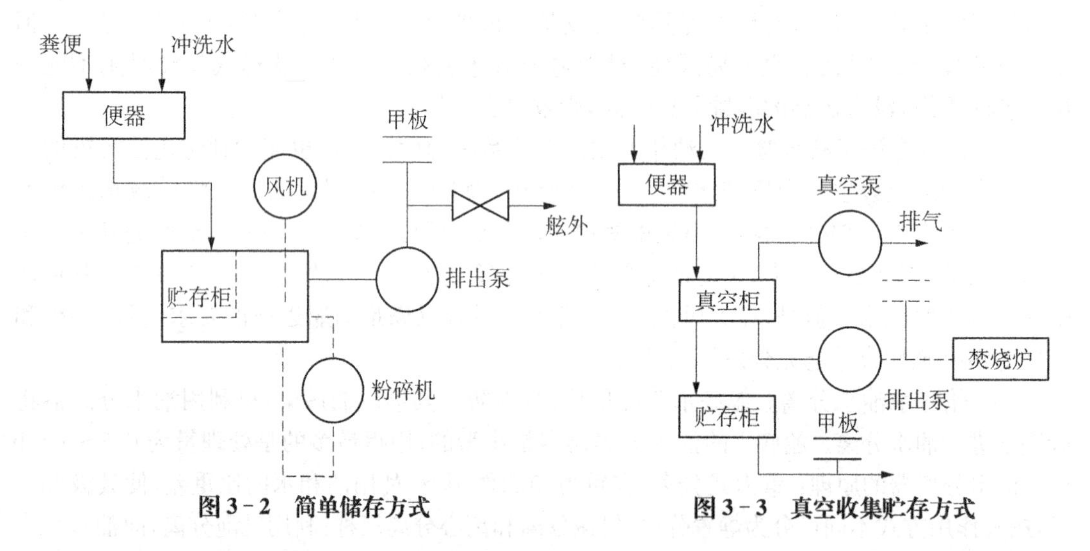

图 3-2　简单储存方式　　**图 3-3　真空收集贮存方式**

② 真空收集贮存方式。系统原理如图 3-3 所示。便器与保持一定真空的污水柜连通，便器的冲洗水是靠真空污水柜的真空抽吸作用流入污水柜的。由于该贮存方式每次的冲洗水量少，因此，污水柜的设计容积较小，有利于焚烧炉的焚烧处理。

③ 再循环处理方式。这种处理方式中可采用排泄污水中的液体作为冲洗介质来循环使用，而污水中的固体污物可用焚烧炉焚烧处理。IMO 要求冲洗介质中的粪便大肠杆菌不得超过 240 个/100 mL，因此，该冲洗介质再循环前通常需经过过滤净化和杀菌消毒处理，一般系统中设有专门的管理冲洗介质的设备。图 3-4 为一种再循环处理方式示意图，系统中除包含贮存方式处理装置中的常用处理设备以外，还设置了过滤器 7 和 2、5 两个消毒杀菌容器。另外，为便于再循环冲洗液的循环流动，系统中还设有压力罐 9，该容器靠供给压缩空气来保持其压力处于适当范围。

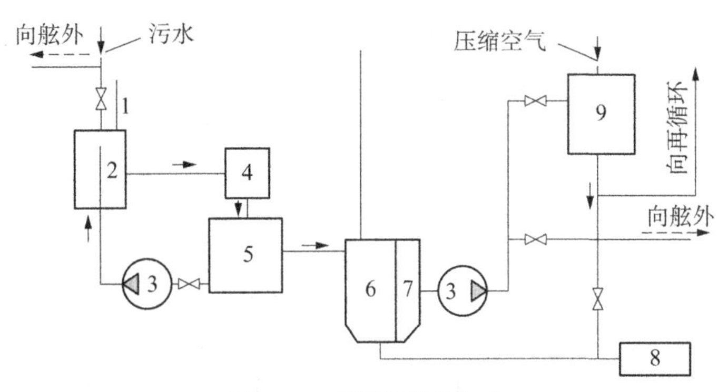

图3-4　再循环处理方式

1—带有保险装置的通风系统；2、5——一级和二级化学处理罐；3—泵；4—粉碎机；6—沉淀池；7—网状过滤器；8—淤泥池；9—压力循环罐

图3-5为一种无排放型物理化学处理方式，该方式先进行固液分离使大块粪便和纸屑从污水中分离出去，然后利用化学药剂使污水中的悬浮物质絮凝并将污水中的大肠菌群杀死，最后通过物理沉淀固液分离，净化后的污水被再循环作为冲洗水使用。该装置开始使用后，可立即发挥出所定性能。但该装置需要设置贮存污水、供给药剂及贮存和处理污泥的设备。

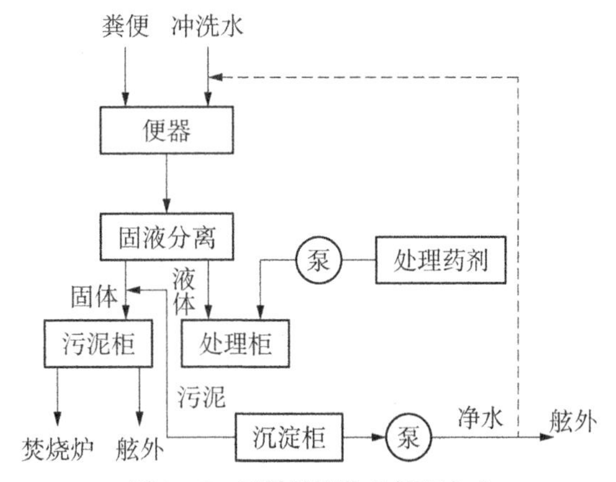

图3-5　无排放型物化处理方式

(2) 排放型处理方式。

① 生物学处理方式。该方式通过建立和保持微生物（细菌）生长的适宜条件，利用该微生物群体来消化、分解污水中的有机物，使之生成对环境无害的无机物二氧化碳和水，以此净化污水，而微生物在此过程中也得以繁殖。生物学处理方式有好氧生物法和厌氧生物法两大类。好氧生物法又分为活性污泥法和生物膜法两种。图3-6是活性污泥法处理生活污水的示意图。污水进入曝气池，在不断通入空气的情况下，活性污泥在此消化分解有机物，离开曝气池后的混合液进入沉淀池。在沉淀池中污泥沉淀分离，而澄清的水进入投有杀菌药剂的杀菌室，经杀菌后的净水排出舷外。从沉淀池中沉淀分离的污泥一部分流回曝气池，其余部分定期排出舷外。生物膜法中的接触氧化法是利用微生物群体附着在其他物体（填料）表面上呈膜状，让其与污水接触而使之净化的方法。生物处理法主要用来除去污水中溶解性和胶体性的有机物。厌氧处理法是在无氧条件下，借助于兼性菌及专性厌氧细菌来分解有机污染物，达到净化污水目的的一种方法，该方法分解的主要产物是以甲烷为主的沼气。生物处理装置结构简单、净化效果好、药剂用

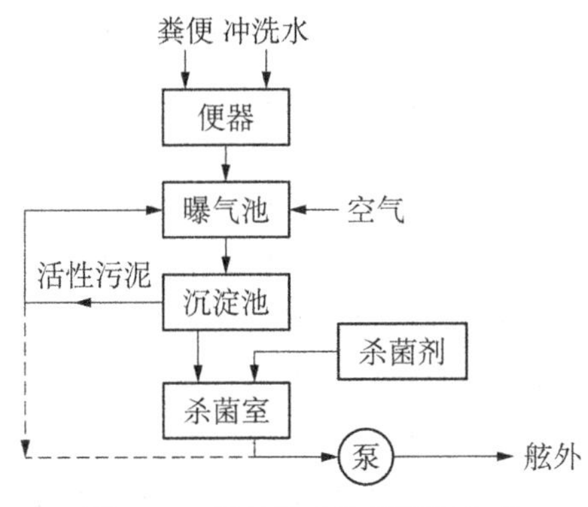

图3-6　活性泥生物学处理方式

量少、成本低。缺点主要是需连续不断地向曝气池中吹入空气，否则微生物就会死亡；若装置停用时间过长后，在启动前需用一个月左右的时间培养微生物；此外，这种装置对污水负荷的变化适应性较差，对水中的含盐量敏感，装置的体积也较大。

② 物理—化学处理方式。该处理方式的原理：通过凝聚、沉淀、过滤等过程消除水中的固体物质，使之与可溶性有机物质相脱离来降低生活污水的 BOD_5 值，然后让液体通过活性炭使之被消毒，最后将符合排放标准的处理后的污水排出舷外（见图 3－7）。分离出的固体物质可由船用焚烧炉焚烧处理或由岸上接收。也可以在此基础上将厕所冲洗系统和排水系统设计成闭式循环系统，利用净化后的污水作为冲洗介质来循环使用，进而实现“零排放”。利用这种方式处理生活污水的装置体积较小，使用灵活，对污水量的变化适应性较强，工作过程可全面实现自动化。但是，该处理方式的装置药剂使用量大、运行成本较高。

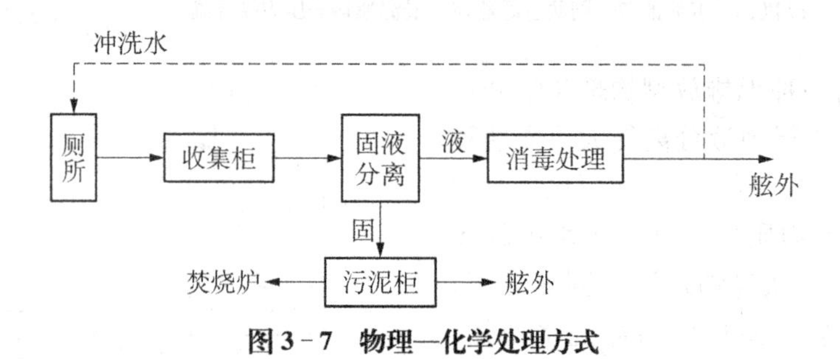

图 3－7　物理—化学处理方式

③ 电化学处理方式。这种方式处理生活污水也是通过凝聚、沉淀、过滤等手段来消除水中的固体物质，降低 BOD_5，通过消毒处理后再行排放的一种处理方式。但是使固体凝聚的方式与上面所述及的物理—化学处理方式不同，该方式依靠外部电场产生的凝结作用来完成凝结过程。因此，该处理方式能有效地减少化学试剂的消耗，而且该方式不易受压力、生态负荷变化以及污水中表面活性物质存在的影响。其主要缺点是，由于自动化程度高，操作比较复杂，对管理水平要求比较高，使其在船舶环境下的使用和推广受到了一定的限制。

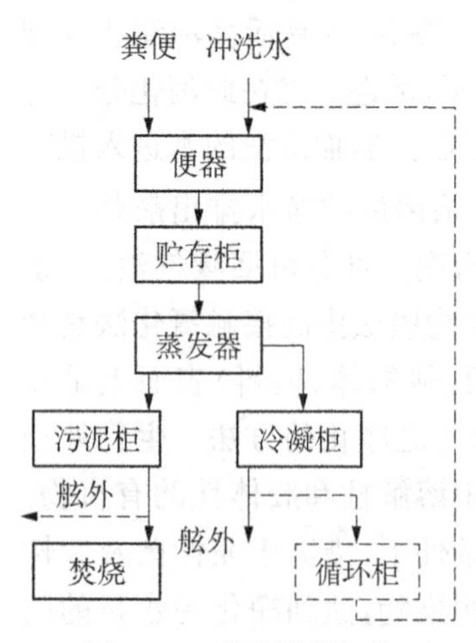

图 3－8　蒸发处理方式

④ 蒸发处理方式。该方式是将污水首先送入蒸发器中进行加热，使水分蒸发，然后再经冷凝器冷凝后排出舷外，或者排入循环柜中用于再循环使用（见图 3－8）。蒸发后浓缩的污泥由焚烧炉焚烧掉，或者直接排出舷外。该方式尽管不消耗化学药品，但工作中容易产生臭气，运转费用较高，再加之蒸发器这一高温设备容易腐蚀，因此，不适合船舶使用。

⑤ 比重差分离处理方式。该处理方式利用与粪便比重不同的冲洗液冲洗厕所，再将粪便与冲洗液的混合液送入重力式分离装置中，利用二者的比重不同，在重力场的作用下，或依靠强制重力使粪便等固体污染物与冲洗液分离，被分离出的冲洗液再循环使用，而粪便则被投入焚烧炉内烧掉。这种处理方式运转费用较高，还需要特别设置专用冲洗液的贮存容器，此外，还要装设一套海水或淡水清洗系统，以备装置发生故障时使用。所以，采用这种处理方式的装置比较复

杂，在船上使用比较困难。

⑥ 高压氧化方式。该种方式是先将含有固体有机物的生活污水经过预热后，引入高压容器中并在其中进行氧化反应，有机物氧化成二氧化碳和水的过程中还会释放出大量的能量，使得混合液的温度进一步增加，然后通过分离装置将气体和蒸汽分离排出，而被氧化消毒的二次混合液再经一系列的物理过程使其中的固体物质与水分离，固体杂质可投入焚烧炉燃烧或直接排出舷外，分离后比较洁净的水可做冲洗水，亦可直接排出。

⑦ 岸上接收处理方式。MARPOL73/78 公约要求各缔约国政府，要保证在其港口码头处设置船舶生活污水接收处理设施，这对于没有设置生活污水处理装置的船舶尤显重要。船舶生活污水要送至岸上处理，一般情况下，先将船舶所贮存的生活污水驳至污水接收船，再由污水接收船送至岸上的生活污水处理厂处理，或纳入城市粪便污水处理管网中去解决。通常这种收集船大多设计制造成多用途型，不但可以接受停港或港区内航行的船舶的生活污水、污油、粪便和垃圾等，并将其送至专门的处理场所处理，而且还可以承担救火及救助等多方面任务。而对于船舶的要求就是必须在船上设置污水柜的专用过驳排出管系，并采用符合要求的标准接头，以减少污水或其他废弃物过驳时可能出现的麻烦和不便。

4) 港口生产型污水处理

(1) 洗箱污水处理。洗箱污水成分复杂、数量小、浓度低等特点。洗箱废水分四类，实践中，采用不同污水分别处理的工艺：①重金属类废水，采用氢氧化物沉淀法；②酸碱类废水，采用中和法；③有机毒物类废水，采用絮凝气浮、活性炭吸附法，④动物油乳化废水，采用絮凝气浮法。

(2) 含化学品污水处理。含化学品污水按 MARPOL73/78 附则Ⅱ《控制散装有毒液体物质污染规则》的要求，由港口接收分类储存后，在有条件时送至生产该类有毒液体物质的工厂，或送处理该类有毒液体废水的处理站处理，我国通常是在港区建设相应的污水处理设施。由于含化学品污水品种繁多、成分复杂、污染物浓度高及处理难度大，所以必须根据各种化学物质的性质，分别采用不同的方法予以去除。如去除悬浮颗粒，油类物质可采用过滤、粗粒化装置、混凝、气浮、吸附等方法；去除溶解性有机物可采用气提、生物法、吸附、氧化还原等方法。

(3) SB/CO 生化反应系统。主要由序批式反应器(Sequencing Batch Reactor，SBR)与生物接触氧化反应器(Contact Oxidation Reactor，COR)组成。SBR 法去除有机物的基本原理与普通活性污泥法相同，不同点只是将普通活性污泥法的反应和污泥的絮凝沉淀集于一体，在一个反应器中有秩序按周期地进行。COR 工艺是在反应器内设置软性填料，污水从反应器底部流入充氧，充氧的污水浸没全部填料，并以一定的流速流经填料，与填料上生物膜相接触，从而使有机物氧化分解。在 SB/CO 系统中，有机物主要通过 SBR 去除。宁波港液体化工储运码头是我国沿海第一个散装液体化工码头，运输的化学品主要为苯类、醇类、酸类、酮类、酯类等，化学品污水 COD 浓度约为 3 000～10 000 mg/L，目前采用 SB/CO 生化处理系统，经几年的运行表明 SB/CO 污水处理系统运行灵活可靠。耐冲击性强，可处理高浓度、多品种混合化工污水，进水 COD 可达 2 500 mg/L，出水小于 150 mg/L，去除率达 92%以上。

(4) 含煤(矿石)污水处理。含煤(矿石)污水的主要处理指标是污水中的悬浮物，污水中所含悬浮物主要是煤粉(矿石粉)和泥沙。含煤(矿石)污水经堆场处理沟或渗沟等收集后，利用其密度与水的差异性，使比重大的颗粒沉淀下来达到清理的目的。为了节约水资源，特别是北方水资源紧缺地区，需考虑处理后的污水回收利用。对于含煤(矿石)污水的处理一般采用沉淀、絮凝的处理工艺，进一步提高处理效率，以作为防尘用水。由于污水临界凝聚浓度和临界稳定浓度都与 pH 值有关，所以在投加絮凝剂处理含煤(矿石)污水时必须对污水的 pH 值进行适当控制(一般在 5～10.5 之间)，以使污水处理得到较好的处理效果。此外，煤(矿石)堆场的污水量大而不均，因而在污水处理中一般设有调节池，可使污水处理设施的能力小一些。例如，在 MSC 型成套含煤污水处理设备系统中，污水由煤水调节池用泵吸入变速混凝反应装置内，即可在水利条件下产生化学反应，凝聚后的水进入层分离区并随水流流速的变化，污水进行生化分解和沉淀，初步处理达标后的水进入过滤池，再通过活性滤料滤床时被进一步吸附筛滤氧化去除，以达到水质净化回用的目的(见图 3-9)。

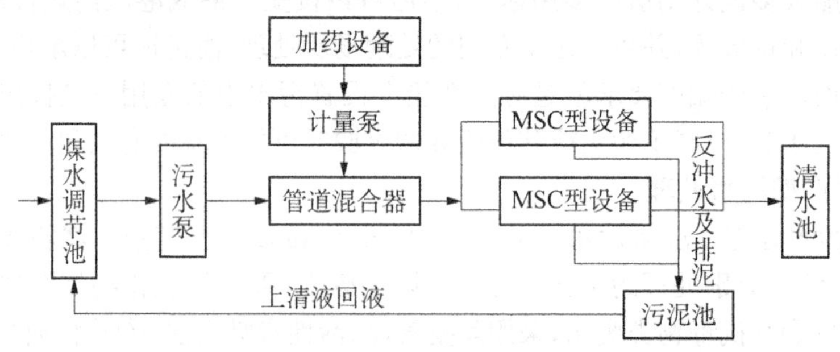

图 3-9　MSC 型成套含煤污水处理设备系统工作原理

(5) 疏浚悬浮物的防治。目前，国内外防止疏浚物环境影响大致采取以下防治措施。①控制疏浚悬浮物发生量：选择悬浮物发生量少的疏浚设备，精确定位、减少挖泥量。②减少疏浚悬浮物扩散的措施：增设泥浆旁通装置；吹填区选择合理的溢流口位置，控制泥浆浓度；挖泥船到位倾倒，必须严格按照划定的倾倒区界区内进行倾倒作业。③促使悬浮物沉降：防污膜迫降，使用凝固剂将悬浮物凝成块，从而加速沉降。④选择合理的挖泥工艺：选用吹填造陆处理疏浚泥对环境影响较小，在已选好的吹填区采用比较合理的挖泥工艺(如绞吸式挖泥船)，用输泥管输送泥浆。⑤科学合理地选择倾倒区：最大限度地避开敏感区，选择在沉降型的低能海区，选择在海洋环境处于正常状态的海区，选择在海底生物匮乏的海区，选在不影响航道、锚地、倾倒作业方便安全的海区，选在距挖泥区较近的海区，较经济。

5) 溢油控制回收处理

溢油控制回收处理的一般思路为：首先，防止石油继续溢漏；其次，抑制溢油的扩散；然后，采取适当措施将溢油回收；最后，在不可回收情况下采取果断措施(现场焚烧、分散剂处理、强化生物降解等)将溢油消除。

(1) 溢油控制。根据溢油地的环境，溢油控制可分为陆地溢油控制和水体溢油控制。对于地面溢油的控制多采用土筑堤坝、开坑筑堤、构筑堤坝和吸附拦截等方法。而对于水体溢油通常采用围油栏(常用的围油栏有固体浮子式、充气式、混合浮子式等三种类型)围堵(典型的围油栏布放方式有单船布放、两船布放和三船布放等三种形式，图 3-10)、凝油剂圈堵、吸附剂控制、拦油索拦截等方法控制溢油。一旦发生溢油事故，采用的控制方法主要取决于油质和环境条件。对于轻质油，采用围油栏、撇油器、吸油带、分散剂等较合理；对于含蜡原油，需要采用拖油网、燃烧型围油栏，因为它们会形成如巧克力奶糕一样的油水混合物，可以利用燃烧型围油栏围住后再点燃的方式，直接在海上焚烧。

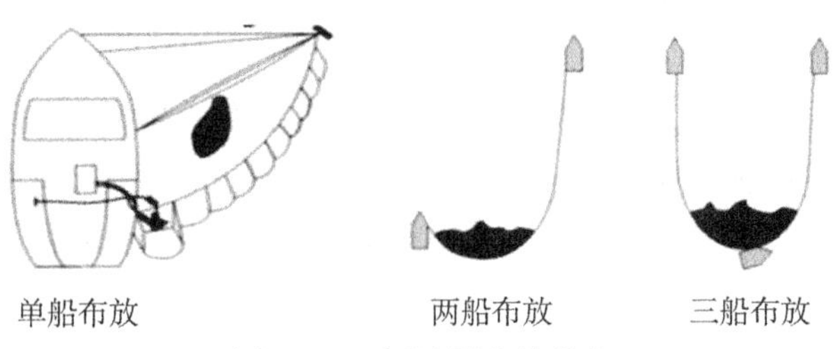

图 3 - 10　围油栏布放形式

(2) 溢油回收。溢油回收主要是采用机械方法，选用专业溢油回收设备(如带式撇油器，工作原理见图 3 - 11)或泵等抽吸设备，回收大量溢油。而对于少量泄漏，较薄的油层，如在开放海域则可以选择使用化学分散剂清除，而对于内陆水域，由于法律规定不允许使用分散剂，故多采用吸附剂、聚油剂和凝油剂等。对于地面少量溢油的清理因不同环境选用不同方式，例如，对于建筑地面选择吸附剂、高压水冲洗、热洗等不破坏地面的方式进行；对于植被茂密的地表或农田宜采用吸附剂或添加微生物营养盐的方式，促进其自然降解，避免地表植被的破坏。

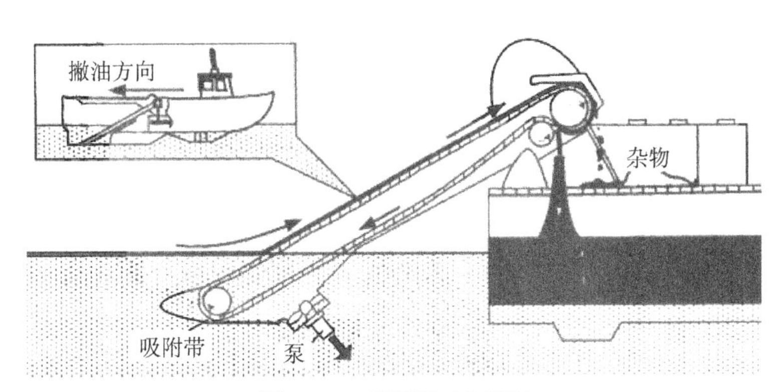

图 3 - 11　撇油器工作原理

(3) 污染物处理。污染物主要指回收的油品、污水、使用后的吸附剂、溢油污染的固体物质、回收的污染土壤等。对于回收的油品主要选择管道回注或再利用；少量的污水可以交由污水处理厂或自行处理；使用过的吸附剂、固体物质可以采用焚烧、掩埋或交垃圾处理厂处理；对于回收的少量的污染土壤，可以选择生物堆腐法处理。

(4) 港口水域溢油处理。码头、港湾水域的特点是风、浪、流较小，技术设备容易得到，因此，一般的油回收设备都能适用。但是，由于码头地形复杂，边角较多，更适合于小型油回收装置。同时，码头、港湾附近岸线上建筑物比较集中，防火、防爆方面的要求也相应提高。在码头装卸作业的油船首先必须用围油栏将其围住，一旦发生溢油事故，即可防止溢油扩散。然后识别和发现溢油源，及时处理，防止继续溢油。对于轻质原油，由于其挥发性组分较多，溢油区域充满了油气，极易发生火灾。在这种情况下，应该迅速使用凝油剂(油膜厚度 0.05～0.3 cm、海况恶劣无法用回收设备)固化溢油，减少挥发，同时用网式油回收装置回收固化油块。如果没有凝油剂,也可使用溢油分散剂(适用于外海或海水交换好的海域、中低黏度的油品,油膜 0.05 cm 以下)来消除火灾危险。如果没有火灾危险,则主要采用机械回收方法来回收溢油,可根据溢油的种类和周围的自然环境选择油回收船或不同种类的集油器来回收溢油。

(5) 航道、河流溢油处理。在狭窄航道及河流等地发生溢油时,可用围油栏将水路封闭,防止溢油扩散,然后进行回收。但一般情况下由于流速太大,可将围油栏与流向呈一定角度铺设,以对河流和航道进行保护。为了不影响船舶航行,可以自两岸将两条围油栏交错铺设。

第4章　港口固体废物污染及防治

4.1　固体废物污染概述

4.1.1　固体废物的概念及特点

1）基本概念

固体废物是指在生产、生活和其他活动中产生的丧失原有利用价值或者虽未丧失利用价值但被抛弃或放弃的固态、半固态和置于容器中的气态的物品、物质以及法律、行政法规规定纳入固体废物管理的物品、物质。

为了便于环境管理，国际上将装在容器内的危险性废液、废气也定义为固体废物，并把它们划入固体废物管理范畴，执行有关固体废物的环境管理法规。

固体废物的利用。固体废物的利用包括在产品生产工艺过程中的循环利用、回收利用，以及交由其他单位的综合利用。我国常用综合利用一词概括这三种利用方式。

固体废物的处理。固体废物的处理指采取一定的防止污染措施后，排放于允许的环境中；或暂储于特定的设施中，待具备适宜的经济技术条件时，再加以利用或进行无害化的最终处置。

固体废物的处置。固体废物的处置指固体污染物的最终处理。

2）分类及特点

固体废物是固态或半固态废弃物的总称，可按固体废物的来源、性质与危害、处理处置方法等，从不同角度进行分类。按来源可分为生活垃圾和工农业生产中所产生的废弃物；按化学成分，可分为有机垃圾和无机垃圾；按热值，可分为高热值垃圾和低热值垃圾；按危害特性，固体废物可分为有毒有害固体废物和无毒无害固体废物两类；按处理处置方法，可分为可资源化垃圾、可堆肥垃圾、可燃垃圾和无机垃圾等。

其中，工业固体废物是指在工业生产活动中产生的固体废物；生活垃圾是指在日常生活中或者为日常生活提供服务的活动中产生的固体废物以及法律、行政法规规定视为生活垃圾的固体废物；危险废物是指列入国家危险废物名录或者根据国家规定的危险废物鉴别标准和鉴别方法认定的具有危险特性的固体废物，包括医院垃圾、废树脂、药渣、含重金属污泥、酸碱废物等。

固体废物的特点：①无主性，即被丢弃后，不再属于谁，找不到具体负责者，特别是城市固体废物；②分散性，丢弃、分散在各处，需要收集；③危害性，对人们的生产和生活产生不便,危害人体健康;④错位性(资源性),一个时空领域的废物在另一个时空领域是宝贵的资源。

4.1.2 固体废物污染总体情况

1) 全球概况

固体废物治理不足已经成为公共卫生、经济发展和生活环境领域的重大问题。在全球,每年有70～100亿吨固体废物产生,30亿人缺乏有效的废弃物处理设施。

2012年6月6日世界银行《何谓废物:固体废物管理的全球回顾》(What a Waste: A Global Review of Solid Waste Management)显示,世界所有城市大概每年生产13亿吨固体垃圾,即每人每天产生1.2 kg,其中有一半来自OECD(Organization for Economic Co-operation and Development,经合组织)国家。城市固体废物量增长最快的是中国(2004年已超过美国成为世界最大的固体废物产生国)、东亚其他地区以及东欧和中东部分地区。报告称,到2025年,全球垃圾年产量将达22亿吨,人均每天产生1.4 kg垃圾,如果掩埋处理这些固体垃圾,费用将高达3 750亿美元。联合国环境规划署和国际固体废物协会(The International Solid Waste Association)于2015年9月7日发布的《全球固体废物治理展望》(Global Waste Management Outlook)报道,在人口增长、城市化进程和消费增长的刺激下,亚非国家低收入城市产生的固体废物体积很可能在2030年翻番。美国安大略省大学和加拿大多伦多大学的研究人员研究指出,人类产生的固体废物总量将于2100年达到顶峰,每天产出1 100万吨左右,接近今天的三倍。

2) 中国概况

伴随工业化与城市化进展的加快,经济不断增长,生产规模不断扩大,以及人们消费需求的不断提高,固体废物产生量也在不断增加。根据《2015年全国环境统计公报》,2015年全国一般工业固体废物产生量32.7亿吨,综合利用量19.9亿吨(综合利用率为60.3%),贮存量5.8亿吨,处置量7.3亿吨,倾倒丢弃量55.8万吨。全国工业危险废物产生量3 976.1万吨,综合利用量2 049.7万吨,贮存量810.3万吨,处置量1 174.0万吨,全国工业危险废物综合利用处置率为79.9%。另据《2 015中国环境状况公报》,2015年全国设市城市生活垃圾清运量为1.92亿吨,城市生活垃圾无害化处理量1.80亿吨(占93.7%);卫生填埋处理量为1.15亿吨,占63.9%;焚烧处理量为0.61亿吨,占33.9%;其他处理方式占2.2%。

根据《2016年全国大、中城市固体废物污染环境防治年报》,2015年全国246个大、中城市一般工业固体废物产生量达19.1亿吨(排名前10位的城市占23.6%),综合利用量11.8亿吨,处置量4.4亿吨,贮存量3.4亿吨,倾倒丢弃量17.0万吨;一般工业固体废物综合利用量占利用处置总量的60.2%,处置和贮存分别占比22.5%和17.3%。一般工业固体废物产生量排在前三位的省是山西、内蒙古、辽宁。246个大、中城市工业危险废物产生量达2 801.8万吨(排名前10位的城市占34.9%),综合利用量1 372.7万吨,处置量1 254.3万吨,贮存量216.7万吨;工业危险废物综合利用量占利用处置总量的48.3%,处置、贮存分别占比44.1%和7.6%。工业危险废物产生量排在前三位的省是山东、湖南、江苏。246个大、中城市生活垃圾产生量18 564.0万吨(排名前10位的城市占27.4%),处置量18 069.5万吨,处置率达97.3%。城市生活垃圾产生量最大的是北京市,产生量为790.3万吨,其次是上海、重庆、深圳和成都,产生量分别为789.9万吨、626.0万吨、574.8万吨和467.5万吨。

4.2 港口固体废物类型及危害

4.2.1 港口固体废物排放清单

港口的固体废物从来源上主要分为船舶垃圾和陆域垃圾两大类。船舶垃圾是指船舶在营运生产过程中要不断地或定期地予以处理的各种食品、日常用品和工作用品的废弃物，包括固体生活垃圾、油渣/炉渣、包装材料、垫舱/隔舱/扫舱物料，以及船上损耗报废的工具、机器零件等，一般可分为生活垃圾和工业垃圾。陆域垃圾包括岸上的生活垃圾、粪便、工业固体废物，另外还有港区及航道的疏浚弃土等。港口固体废物排放清单如表4-1所示。

表4-1 港口固废排放清单

项目	污染源
陆域垃圾	岸上的生活垃圾
	粪便
	工业固体废物
船舶垃圾	船员生活垃圾
	垫舱物料
	扫舱物料
	固体散货残余物以及残旧物资
施工垃圾	港区及航道的疏浚弃土

4.2.2 固体废物的污染途径及越境迁移

1) 固体废物的污染途径

固体污染物除直接占用土地和空间外，其对环境的影响大部分是通过大气、水体和土壤进行的，是大气、水体和土壤环境污染的“源头”，其污染途径如图4-1所示。

2) 固体废物的越境迁移

全世界每年产生的危险废物5亿多吨，大部分产生于工业发达国家。而发达国家日趋严格的环境标准，污染处理的成本急剧上升，发达国家开始以废物出口贸易为名向别国转移或偷运固体废物，特别是危险废物。另一方面，我国某些企业或个人环保意识薄弱，为谋求个人利益给发达国家转嫁废弃物提供了机会。再加上环境保护法律不完善，执法不严，致使大量固体废物越境转移输入我国。

电子垃圾是进口废物中的主要组成部分。虽然中国已禁止电子垃圾进口，而且国际条约《控制危险废料越境转移及其处置巴塞尔公约》(简称《巴塞尔公约》)已规定全面禁止通过任何理由从发达国家向发展中国家出口所有有害废物，但电子垃圾在我国的蔓延趋势仍令人担忧。据报道，全世界数量惊人的电子垃圾中，有80%出口至亚洲，而其中又有90%进入中国。进口电子垃圾的港口主要分布在广东、浙江、福建，有广东南海港、黄埔港、厦门港、温

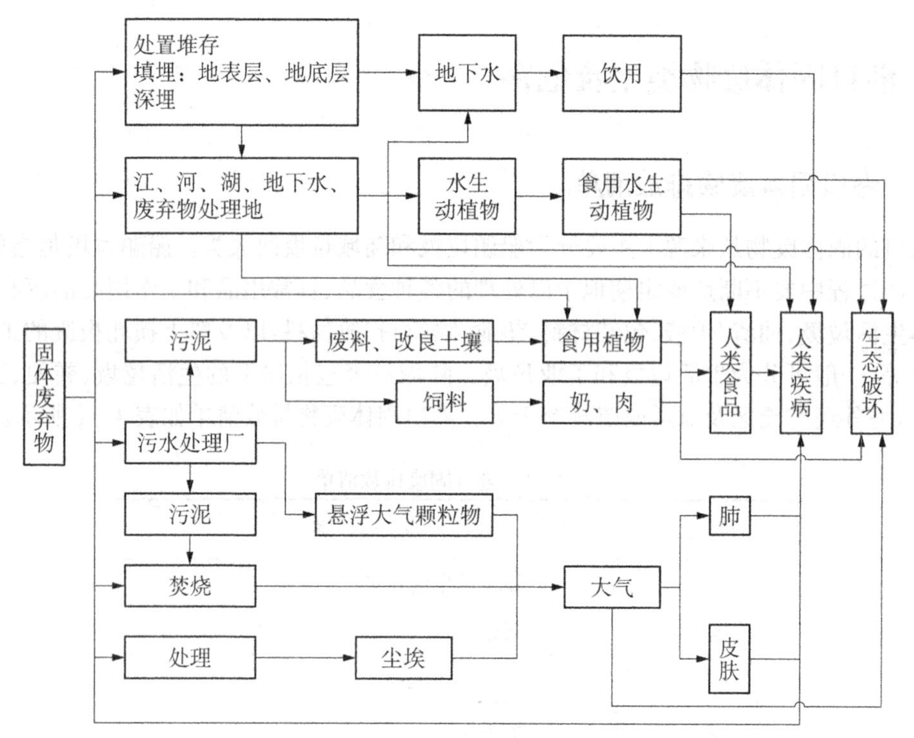

图 4－1　固体废物污染途径

州港、台州港、上海港、宁波舟山港、天津港、连云港港等。这些非法转移进入我国的固体废物，特别是毒害性强的危险废物，不仅占用了大量宝贵的土地，而且污染了土壤和地下水，严重破坏了我国的生态环境，更重要的是，这种污染短期内难以消除，多具有潜在危害性。

4.2.3　港口固体废物的危害

1) 危害方式

(1) 占用大量土地资源。固体废物的露天的堆放和填埋处置，需占用大量宝贵的土地资源，固体废物产生越多，累积的堆积量越大，填埋处置的比例越高，所需的面积也越大，如此一来势必加剧耕地面积短缺的矛盾。我国许多城市利用城郊设置的垃圾堆放场，也侵占了大量农田。

(2) 污染大气环境。露天堆放的固体废物，其中的微细颗粒和粉尘能够随风飞扬，对空气造成污染。由于固体废物中一些有机物质的生物分解与化学反应，能够不同程度地产生毒气或恶臭，造成局部空气的严重污染。固体废物的填埋场会逸出沼气，影响附近植物的正常生长，尤其是当废物中含有重金属时，会更大程度地抑制附近植物的生长。

(3) 污染水体环境。固体废物任意向水体投放，会使水体受到严重的污染，堆积的固体废物经过雨水的浸渍、其中有机成分及有害化学物质溶解、转化，其渗滤液将使附近的包括地下水在内的水体受到污染。

(4) 污染土壤环境。固体废物及其淋洗和渗滤液中所含有的有害物质能够改变土壤的性质和土壤的结构，并将对土壤中微生物的活动产生影响。这些有害成分的存在，不仅有碍植物根系的发育与生长，而且还会在植物有机体内积蓄，通过食物链危及人体健康。在固体废物污染的危害中，最为严重的是危险废物的污染，其中的剧毒性废物会对土壤造成持续性的危害。

(5) 危害人体健康和生态系统。在一定条件下，固体废物会发生物理、化学或生物的转化，对周围环境造成一定的影响。如果处理、处置不当，污染成分就会通过水、气、土壤、食物链等途径污染环境，危害人体健康。通常，工业、矿业等废物所含的化学成分会形成化学物质型污染，人畜粪便和有机垃圾是各种病原微生物的滋生地和繁殖场，形成病原体型污染，危害人体健康和自然生态系统。

2) 船舶垃圾危害

船舶垃圾若直接扔进水域，有些漂浮于水面，遮挡悬浮生物所需的阳光，漂浮垃圾多时，不仅影响水环境"容貌"，而且会堵塞某些鱼类的鳃、损伤船壳和螺旋桨，直接影响到船舶航行安全；有些垃圾会沉入水底，使水底慢慢变成一个"垃圾场"，破坏水底的生态环境；有些垃圾会把病菌、毒物带入水体；有些垃圾在水中慢慢分解，消耗水中溶解氧或产生毒物。此外，船舶垃圾来源广泛，种类复杂，可能含有国外传入的致病菌等。

3) 港口陆域垃圾危害

浮游垃圾会恶化港口或海滩(用于休养、捕鱼或人类其他活动)的卫生条件，引起疾病、影响美观。溶解垃圾要消耗水中氧气，改变水的颜色，使海水和所捕的鱼沾上异味。沉积垃圾会改变动、植物的自然生存条件，也可能是造成某种生物消失的原因，并影响海上捕鱼。密度不大的垃圾，会在水下漂移，并积聚在沿海一带不流动的水域，或者被涌向岸边破坏环境。海洋生物会因误食塑料制品或被废渔网缠绕而死。

4.3　港口固体废物污染防治

4.3.1　港口固体废物污染防治要求

1) 固体废物污染防治标准

固体废物污染防治标准主要包括《一般工业固体废物贮存、处置场污染控制标准》《生活垃圾填埋场污染控制标准》《生活垃圾焚烧污染控制标准》《危险废物填埋污染控制标准》《危险废物焚烧污染控制标准》《危险废物贮存污染控制标准》等。此外，我国于2018年1月16日发布的《船舶水污染物排放控制标准》规定了船舶垃圾的排放要求(见表4-2)。

表4-2　船舶垃圾排放规定

<table>
<tr><th colspan="2">排放区域</th><th>排放要求</th></tr>
<tr><td colspan="2">内河</td><td>禁止倾倒船舶垃圾
在允许排放垃圾的海域，根据船舶垃圾类别和海域性质，分别执行相应的排放控制要求</td></tr>
<tr><td rowspan="2">沿海</td><td>≤3 n mile</td><td>食品废弃物、货物残留物、动物尸体应收集并排入接收设施</td></tr>
<tr><td>(3 n mile，12 n mile]</td><td>食品废弃物粉碎或磨碎至直径不大于25 mm时可排放
货物残留物、动物尸体应收集并排入接收设施</td></tr>
</table>

（续表）

排放区域	排放要求
>12 n mile	食品废弃物、动物尸体、不含危害海洋环境物质的货物残留物方可排放
任何海域	将塑料废弃物、废弃食用油、生活废弃物、焚烧炉灰渣、废弃渔具和电子垃圾收集并排入接收设施 对于货舱、甲板和外表面清洗水，其含有的清洁剂或添加剂不属于危害海洋环境物质的方可排放，其他操作废弃物应收集并排入接收设施 对于不同类别船舶垃圾的混合垃圾的排放控制，应同时满足所含每一类船舶垃圾的排放控制要求

2）MARPOL73/78 附则要求

MARPOL73/78 附则Ⅴ《防止船舶垃圾污染规则》于 2010 年 7 月 1 日生效，2011 年修正案于 2013 年 1 月 1 日生效。该附则对防止船舶垃圾污染作了具体要求（见表 4－3）。

表 4－3　MARPOL73/78 附则Ⅴ对防止船舶垃圾污染的要求

垃圾种类	所有船舶		海上平台
	在特殊区域外	在特殊区域内	
塑料制品，包括合成缆绳、渔网及塑料垃圾袋	禁止处理入海	禁止处理入海	禁止处理入海
能漂浮的垫舱物料、衬料和包装材料	距最近陆地 25 n mile 以外处理入海	禁止处理入海	禁止处理入海
纸张、破布、玻璃、金属、瓶子、陶器和类似废弃物	距最近陆地 12 n mile 以外处理入海	禁止处理入海	禁止处理入海
经过粉碎或磨碎的所有其他垃圾（包括纸张、破布、玻璃等）	距最近陆地 3 n mile 以外处理入海	禁止处理入海	禁止处理入海
未经粉碎或磨碎的饮品废弃物	距最近陆地 12 n mile 以外处理入海	距最近陆地 12 n mile 以外处理入海	禁止处理入海
经过粉碎或磨碎的食品废弃物	距最近陆地 3 n mile 以外处理入海	距最近陆地 12 n mile 以外处理入海	距最近陆地 12 n mile 以外处理入海
混合垃圾	按其中处理要求最严格者处理	按其中处理要求最严格者处理	按其中处理要求最严格者处理

4.3.2　港口固体废物污染防治思路

1）总体思路

对固体废物污染环境的防治，实行减少固体废物的产生、充分合理利用固体废物和无害化处置固体废物的总体思路。

减量化。减量化即采取措施，减少固体废物的产生量，最大限度地合理开发资源和能源，这是治理固体废物污染环境的第一要求和首选措施。

资源化。资源化是指对已产生的固体废物进行回收加工、循环利用或其他再利用等。

实现资源化不但减轻了固废的危害，还可以减少浪费，获得经济效益。

无害化。无害化是指对已产生但又无法或暂时无法进行综合利用的固体废物进行对环境无害或低危害的安全处理、处置，还包括尽可能地减少其种类、降低危险废物的有害浓度、减轻和消除其危险特征等，以此防止、减少或减轻固体废物的危害。

2）基本原则

全过程管理。全过程管理是指对固体废物的产生、运输、贮存、处理和处置的全过程及各个环节上都实行控制管理和开展污染防治工作，一般被称为从“摇篮”到“坟墓”的管理原则。固废环境管理是一项系统工程，废物产生者、承运者、贮存者、处置者和有关过程中的其他操作者都要分担责任。

分类管理、危废优先。固体废物种类繁多，危害特性与方式各有不同，因此，应根据不同废物的危害程度与特性区别对待，实行分类管理。对含有特别严重危害性质的危险废物，实行严格控制的优先管理制度，对其污染防治需提出比一般废物的污染防治更为严厉的特别要求，并实行特殊控制。

集中处置。根据固体废物污染防治的经验，对固体废物的处置，采取社会化区域性控制的形式，不但可以从整体上改善环境质量，又可以较少投入获得尽可能大的效益，还利于监督管理。国家鼓励支持有利于保护环境的集中处置固体废物的措施，比如针对医疗垃圾建设区域专业性集中处置设施。

4.3.3　港口固体废物主要处理措施

1）固体废物常用处理处置方法

压实方法。压实是一种通过对废物实行减容化、降低运输成本、延长填埋寿命的预处理技术，是应用最普遍的固体废物的预处理方法，适于压实减少体积处理的固体废物。例如，汽车车身、易拉罐、塑料瓶等通常先采用压实处理。对于那些可能使压实设备损坏（如建筑垃圾）的固体废物，或者某些可能引起操作问题的废弃物（如焦油、污泥或液体物料），不宜作压实处理。

破碎方法。为了使进入焚烧炉、填埋场、堆肥系统等废弃物的外形减小，必须预先对固体废物进行破碎处理。经过破碎处理的废物，由于消除了大的空隙，不仅尺寸大小均匀，而且质地也均匀，在填埋过程中另令压实。固体废物的破碎方法很多，主要有冲击破碎、剪切破碎、挤压破碎、摩擦破碎等。此外，还有专有的低温破碎和混式破碎等。

分选方法。固体废物分选是实现固体废物资源化、减量化的重要手段，通过分选将有用的充分选出来加以有效利用，将有害的充分分离出来进行无害化处置。另一种意思是指，利用物料的某些特性方面的差异，将不同粒度级别的废弃物加以分离。例如，利用废弃物中的磁性和非磁性差别进行分离；利用粒径尺寸差别进行分离；利用比重差别进行分离等。根据不同性质，可设计制造各种机械对固体废物进行分选，分选包括手工拣选、筛选、重力分选、磁力分选、涡电流分选、光学分选等。

固化处理。固化技术是通过向废弃物中添加固化基材，使有害固体废物固定或包容在惰性固化基材中的一种无害化处理过程，经过处理的固化产物应具有良好的抗渗透性、良好的机械性以及抗浸出性、抗干湿、抗冻融特性。根据固化基材的不同，固化处理可分为沉固化、沥青固化、玻璃固化及胶质固化等。

焚烧热解。焚烧法是固体废物高温分解和深度氧化的综合处理过程,好处是大量有害的废料分解而变成无害的物质。由于固体废物中可燃物的比例逐渐增加,采用焚烧方法处理固体的废弃物,利用其热能已成为必然趋势。这种处理方法占地少,处理量大,通常设有能量回收系统回收利用热能。日本由于土地紧张,采用焚烧法逐渐增多,焚烧过程获得的热能可以用于发电,利用焚烧炉生产的热量,可以供居民取暖,用于维持温室室温等。日本及瑞士每年把超过65%的都市废料进行焚烧而使能源再生。但是焚烧法也有缺点,如投资较大,焚烧过程排烟造成二次污染,设备锈蚀现象严重等。热解是将有机物在无氧或缺氧条件下高温(500℃~1 000℃)加热,使之分解为气、液、固三类产物,与焚烧法相比,热解法则是更有前途的处理方法,它最显著的优点是基建投资少。

生物处理。生物处理技术是利用微生物对有机固体废物的分解作用使其无害化,该技术可以使有机固体废物转化为能源、食品、饲料和肥料,还可以用来从废品和废渣中提取金属,是固化废物资源化的有效的技术方法,如今应用比较广泛的有:堆肥化、沼气化、废纤维素糖化、废纤维饲料化、生物浸出等。

填埋处置。填埋处置就是在陆地上选择合适的天然场所或人工改造出合适的场所,把固体废物用土层覆盖起来的技术,分为卫生土地填埋和安全填埋两类。卫生土地填埋用于一般城市垃圾与无害化工业废渣,将被处置的固体废物进行土地填埋,以减少对公众健康及环境卫生的影响。安全填埋主要是处理有毒有害固体废物的处置,从填埋场结构上更强调了对地下水的保护、渗出液的处理和填埋场的安全监测。

2)船舶垃圾常用处理方法

船舶垃圾处理流程如图 4-2 所示。

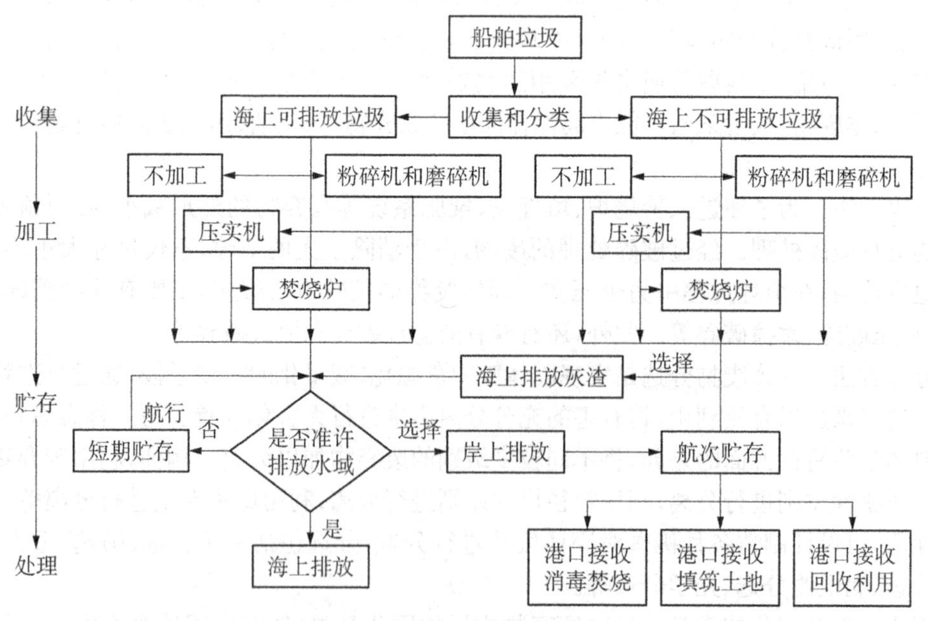

图 4-2 船舶垃圾处理流程

船舶垃圾处理方法主要有暂时收存、粉碎处理和焚烧处理等三种。我国多采用第一种方法,许多港口都设有垃圾处理站或把收到的垃圾送往城市垃圾处理场,其他方法的费用偏高，目前不适于我国。

暂时收存。暂时收存方法就是在船上设置固体垃圾收存柜、垃圾集装箱或使用聚乙烯材料制成的垃圾存放袋，排出的各种垃圾收存在这些柜、袋中。当船舶进港后再将收存的垃圾送交岸上的垃圾处理单位处理（亦可在锚地将其驳送到垃圾回收船上），或船舶航行到非限制海域时投弃入海。垃圾在船上的储存时间不能太长，否则会影响船舶环境，造成空气污染。送交岸上处理（或驳至垃圾回收船）都需要交付一定的处理费用。而外海投弃过程中要注意该方法不适合处理如塑料制品等禁止入海的垃圾。

粉碎处理。根据 MARPOL73/78 附则Ⅴ和《船舶水污染物排放控制标准》，大部分垃圾经过粉碎即能在离岸 3 n mile 以外排放入海。粉碎处理方法先将废弃物高温消毒、除臭，然后利用粉碎机将废弃物粉碎成允许排放的粒度，再排放入海。这种方法可用于食品废弃物和小块木屑的粉碎处理，但一般多用于不可燃烧的玻璃器皿、金属罐、盒等物品的粉碎处理。

焚烧处理。焚烧处理是将可燃的垃圾送入焚烧炉内焚烧，垃圾燃烧后的残渣几乎没有污染，可在任何海域自由排放。因此，船上不需要设置很大的空间来存放垃圾，也不存在垃圾变质发臭的污染问题。但是，焚烧处理垃圾时需消耗一定量的燃料，而燃烧产生的热能目前还未得到很好利用。一般货船不设置生活垃圾专用焚烧炉；多数船舶是将安装在机舱内的废油焚烧炉兼作垃圾焚烧炉。目前多数船舶安装的焚烧炉，焚烧废油的能力为 50～80 kg/h，焚烧生活垃圾的能力为 25～40 kg/h。据统计，20～30 名船员的货船，平均每小时产生的生活垃圾一般不会超过 10 kg。因此，废油焚烧炉有足够的能力焚烧生活垃圾。焚烧废弃物产生的烟尘无疑会造成大气污染，但其燃烧物产量相对于船舶锅炉和主机来讲则很小，因此其危害亦很小。少数船舶在厨房附近安装有专用生活垃圾焚烧炉，需特别注意采取措施防止烟气、臭气或火灾等危害。

对于不同的垃圾，应根据其特性和投弃海域的管制规则和处理设备费用等，进行全面考虑，选择最合适的方法处理船舶相应种类的垃圾。表 4 - 4 列出了船舶垃圾最适宜的处理方法。

表 4 - 4　船舶垃圾最适宜处理方法

处理方法	处理费用	船舶废弃物的种类			
		食物残渣	碎木片、纸片、布片、柿纱头	玻璃、瓶、陶瓷、金属等	塑料袋
暂时收存	最便宜	在管制海域内保存在船内，在非管制海域不经任何处理直接排入海洋	这类废弃物具有飘浮性，如投弃入海会造成污染和不美观现象	量少，保存不会产生腐烂臭气等不卫生问题	量少，保存不会产生不卫生问题，不能直接投弃入海
粉碎处理	便宜	粉碎后的食物残渣可在 3 n mile 外排放入海；可成为海洋生物的食物；不会污染海洋	粉碎后投弃入海也会污染海洋，大块木料等也不易粉碎	玻璃、瓶子及陶瓷粉碎后排出可沉入大海	不能投弃入海

（续表）

处理方法	处理费用	船舶废弃物的种类			
		食物残渣	碎木片、纸片、布片、柿纱头	玻璃、瓶、陶瓷、金属等	塑料袋
焚烧处理	费用较高	处理后的残渣不会污染海洋	可完全燃烧	不能燃烧	焚烧最理想，不会产生二次污染
最适合的处理方法		粉碎处理	焚烧处理	直接投弃或粉碎处理	焚烧处理或船内保存

3）港口陆域垃圾处理方法

根据相关法律法规的要求，针对陆域固体垃圾的污染，港口要专门配备相应处理能力的固体垃圾焚烧场、垃圾处理船、船舶垃圾处理站以及专业化的焚烧设施。对于垃圾的焚烧，要尽可能采用先进的无害化设备，避免排出的废气产生二次污染。焚烧产生的废渣要做填埋等统一处理。对于规模较小的港口，如果没有条件配备专业的处理设施，可以将产生的垃圾转运到附近有处理能力的垃圾处理场来进行处理，同时要注意在转运途中垃圾不要泄漏。进行这些处理后，一般可以把固体废物对港区和海域造成的影响降低到规定的范围内。

除上述垃圾外，开槽和维护性疏浚产生的疏浚弃土也是港口正常运行会产生的固体废物。一般疏浚弃土大部分被运至外海，而疏浚挖出的废弃物很可能成为污染源，其处理也是一个难点。当港口有了较大的疏浚工程时，港口方面不可避免地要预留出大量的地方来放置疏浚弃土。这在一定程度上也影响了港口的效益。目前比较可行的方法是将部分弃土用作围垦的填沙，将被污染的泥沙排放到封闭的围垦地域。

第 5 章　港口其他污染及防治

5.1　港口噪声污染及防治

5.1.1　噪声污染概述

1) 声音及度量

声音是自然界的一种物理现象，它是由物体振动产生的声波通过气体、液体、固体等介质传播形成的运动。物体每秒钟振动的次数称为声波的频率(Hz)。一般来说，人耳只能听到频率为 20～20 000 Hz 的声音，通常把这一频率范围的声音叫音频声。低于 20 Hz 的声波叫次声波，高于 20 000 Hz 的声波称超声波，人耳不能听到次声和超声。

声压与声压级。有声波时，媒介中的压力与静压的差值称为声压。声压的大小与物体的振动状况有关，物体振动的振幅愈大，压力的变化就愈大，声压也愈大。声压是衡量声音大小的客观尺度，用牛顿每平方米(N/m^2)或微巴(μbar)计量。为了便于使用，引入一个对数值来表示声音的大小，这就是声压级。所谓声压级，就是声压的二次方与频率为 1 000 Hz 纯音听阈声压二次方比值的对数值(单位为贝儿，B)。由于声压级的单位太大，实践中常采用 1/10 的贝儿(即分贝，dB)来表示。声压级的计算公式如下式所示。一般来讲，声压级在 30～40 dB 范围内是比较安静的环境，超过 50 dB 就会影响睡眠和休息，以上干扰人们的谈话，使人心烦意乱，精力不集中，而长期工作或生活在 90 dB 以上的噪声环境，会严重影响听力和导致其他疾病的发生。

$$L_p = 10 \cdot \lg \frac{p^2}{p_0^2} = 20 \cdot \lg \frac{p}{p_0} \tag{5-1}$$

式中：L_p 为对应声压 p 的声压级，dB；p 为声压，N/m^2；p_0 为基准声压，等于 2×10^{-5} N/m^2，是 1 000 Hz 中的听阈声压。

响度与响度级。人耳对声音强弱的感觉，不仅同声压有关，而且同频率有关。例如，人耳听声压级为 67 dB、频率为 100 Hz 的声音，同听 60 dB、1 000 Hz 的声音主观感觉是一样响。因此，为确定声音大小的客观量度同人的主观感觉之间的关系，人们引入了响度和响度级的概念。响度，通俗地说即音量，表示人耳感受到的声音大小，是人对声音大小的一个主观感觉量。按人耳对声音的感觉特性，依据声压和频率定出人对声音大小的主观感觉量，称为响度级，单位为方。若某一声音听起来与基准音(1 000 Hz 纯音)一样响时，基准音的声压级称为该声音的响度级。响度级既考虑声音的物理效应，又考虑声音对人耳听觉的生理效应，是人们对评价声音大小的主观指标。

等响曲线。把多数听者主观上感觉到的不同频率、不同声压级、但具有相同响度级的声音绘制成一簇曲线，即等响曲线(见图 5 - 1)。图中纵坐标为声压级，横坐标为频率，每一个曲线上表示的声音，即使它们的声压级和频率不同，但听起来响度是一样的。最下面的曲线是听阈曲线，最上面的曲线是痛阈曲线。从等响曲线上可以看出：在声压级较低时，频率越低，声压级与响度级的差别越大。人耳对频率为 3～4 kHz 的高频声特别敏感，而对低频声及 8 kHz 以上的特高频声不敏感；在声压级较高时，曲线较为平直，说明声音强度达到一定程度后，声压级相同的各频率声音响度几乎是一样的。

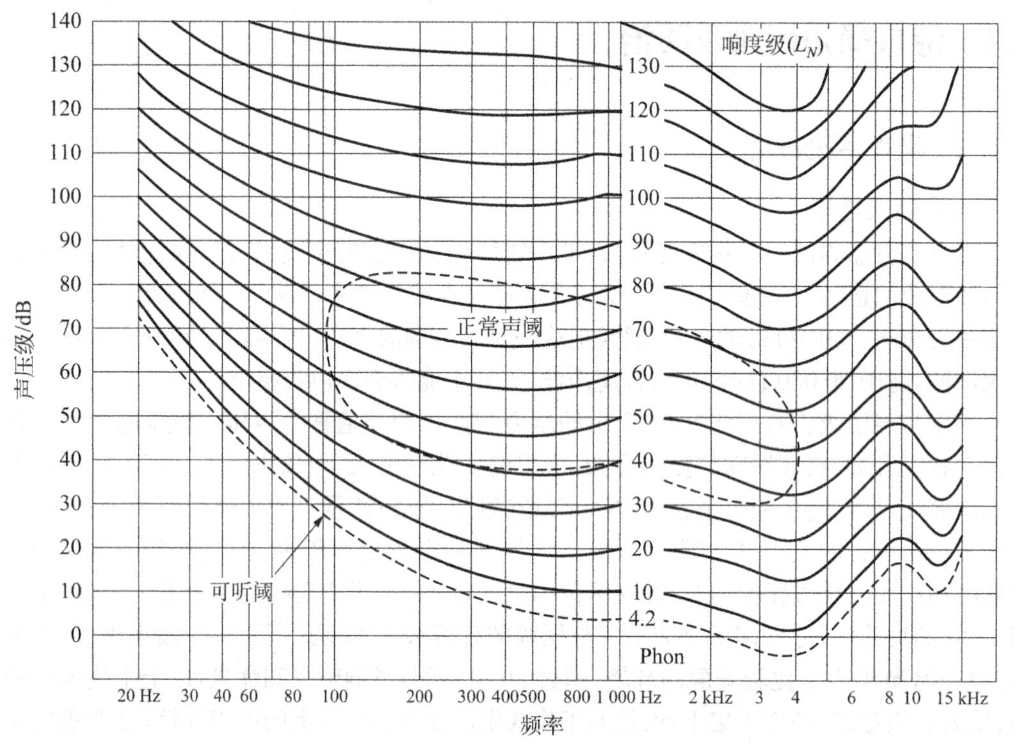

图 5 - 1　等响曲线

A 计权声级。声压级只有平直的频率响应，没有反映出频率的影响。为了使仪器反映的读数与人的主观响度感觉一致，需要对不同频率的客观声压级给以适当增减，这种对不同频率给以适当增减的方法称为频率计权。经频率计权后测量得到的分贝数称为计权声级。一般情况下，参考等响曲线，在声级计上设三套修正电路(A、B、C 三种计权网络)，对人耳敏感的区域加以强调，对人耳不敏感的区域加以衰减，从声级计上可以直接读出反映人耳对噪声感觉的数值。其中，最常用的是 A 计权网络，它模拟等响曲线中的 40 方曲线设计，较好地反映了人耳对低频段不敏感、而对 1～5 kHz 频段敏感的特点。用 A 计权网络测量出的分贝读数来表示声音的大小，称 A 计权声级，简称 A 声级，记作 dB(A)。由于 A 声级是单一数值，易直接测量，并且是声音所有频率成分的综合反映，与人主观反应接近，因此在声音测量中得到了广泛应用。类似地，B 计权曲线相应于近似 70 方等响曲线的倒置，C 计权曲线相应于近似 100 方等响曲线的倒置，测得的分贝读数分别为 B 计权声级和 C 计权声级。

2) 声音传播及衰减

声音只有在媒介中才能传播。如果没有媒介传播，我们无法听到声音。声音可以在空气中传播，真空中却什么也听不到。声音也可以在液体、固体等媒介中传播。声音在液体和固体中的传播速度一般要比在空气中快很多，如在空气中声速约为 344 m/s，而在水中声速则为 1 450 m/s，在钢中则为 5 000 m/s。

声音在传播过程中，声压和声强(单位时间内通过单位面积的声能量，W/m^2)随着距离的增加而不断衰减。一方面，当声波从声源向四周辐射时，波阵面面积随距离增加而不断扩大，声强将随着传播距离的增加而衰减，即传播衰减。另一方面，当声波遇到壁面或其他障碍物时，一部分声能被壁面或障碍物吸收转化为热能而消耗，从而造成声波衰减，即吸收衰减。例如，在 70 m 以上，稀疏树林大约每 100 m 衰减 3 dB，草地、灌木丛或浓密树林大约每 100 m 衰减 23 dB。此外，风速梯度和温度梯度对声音的折射，雨、雾等引起的声波散射也会引起声能衰减，即散射衰减，大约每 1 000 m 衰减 0.5 dB。

3) 噪声及分类

噪声也称为环境噪声，是指在工业生产、建筑施工、交通运输和社会生活中所产生的干扰周围生活环境的声音。从物理学观点来看，噪声是指频率和声强的变化都无规律、杂乱无章的声音；从心理学观点来说，凡是使人厌烦和不悦、对人体有害的或人们不需要的声音都属于噪声。

噪声的分类方式有很多种。按产生机理划分，有机械噪声、空气动力性噪声和电磁性噪声三大类；按其随时间的变化划分，可分成稳态噪声和非稳态噪声两大类，其中非稳态噪声包括瞬态噪声、周期性起伏噪声、脉冲噪声和无规则噪声等；按噪声源划分，可分为工厂噪声、交通噪声、施工噪声、社会生活噪声以及自然噪声 5 类。其中，施工噪声和社会生活噪声的传播影响范围通常呈面状，交通噪声的传播影响范围通常呈线状。

4) 噪声污染及特点

噪声污染，是指所产生的环境噪声超过有关的环境噪声排放标准，并干扰他人正常生活、工作和学习的现象。环境噪声只有当声源、传播途径和接受者三者同时存在时才构成污染。声源就是振动的物体，从广义上说它可能是振动的固体，也可能是液体；传播途径是指通过空气或固体对声音的传播；接受者可以是人，也可以是精密仪器。

与水污染和空气污染相比较，噪声污染有一些特殊。首先，噪声污染是一种物理污染，而其他两种污染是化学污染。其次，当水和空气受到污染后，将对环境产生长期的影响，而噪声是由发声物体的振动向外界辐射的一种声能，若声源停止振动发声，噪声污染随之终止，同时噪声扩散影响的范围具有局限性，这些特点有利于噪声的治理。第三，噪声危害是慢性的和间接的，不会像水和空气污染那样对生命产生直接影响，因此往往缺乏对噪声治理的足够重视。第四，噪声污染源分布非常分散，噪声污染的形成涉及多方面的因素，使得噪声治理工作量较大，难以集中管理和解决。

5.1.2　港口噪声排放清单

港口噪声，是指机动车辆、铁路机车、机动船舶、港口装卸机械、港口输送设备等在其运行时所产生的干扰或可能干扰周围声环境的声音。

港口的噪声来源可分为两大类：岸上噪声，包括各种机械设备、车辆运行产生的噪声；船舶噪声，包括机舱内机械撞击、气流振动产生的噪声等，前者主要是影响港口生产工作人员的身心健康、影响城镇居民的正常工作和休息，后者主要影响船员的身心健康。

港口主要噪声来源如表 5－1 所示。

表 5－1　港口主要噪声来源

项目	噪声污染环节和产生形式
机械作业	集装箱码头作业区的主要噪声源为港口机械，如轮胎式集装箱龙门起重机、集装箱叉车及集装箱牵引车、拖挂车等 散货码头斗轮式堆取料机、装车楼、装船机、皮带机等大型机械作业会产生连续工作噪声，往往昼夜工作，属中等强度机械噪声
车辆、流动机械	堆场散装煤炭、矿石运输车辆、装车机和其他辅助用车辆产生面源交通噪声，往往昼夜工作，运输车辆噪声较强
主要道路车辆	进港道路、港内主要运输道路产生线源较强的连续噪声，并往往昼夜工作
进出港船舶	进出港船舶产生动力、机电噪声(不强)
各类风机泵机	各类通风设备、空调机、转接塔会产生连续强点源噪声，泵机、电机运转时产生间断性一般噪声

5.1.3　港口噪声的危害

由于在港口、锚地和通航密集的江河、运河等特殊水域中会大量集结营运船舶，船舶噪声会直接影响到周围的环境，当噪声超过一定的标准值(36 dB 以上)时，会使长期身在其中的人发生头昏、耳鸣或产生烦躁情绪等症状，严重者还会导致耳聋或引发其他疾病的发生。船舶超标噪声的存在会给周围的他人产生影响，也给作业人员带来极大的健康损害。在我国的长江流域一带的运河水域，由于长期存在挂桨机船舶，这种简单安装柴油机的简易船在营运中因机器排气产生极大声响，当这些船舶沿着运河穿越城镇时，沿岸的居民都深受影响，不能专心学习和工作，更不能休息和睡眠，这是典型的环境噪声污染损害。另据统计，船上工作人员中，长期任职轮机人员的听力远不如驾驶人员，这也说明了噪声污染损害对船舶环境本身也是十分严重的。噪声对人的危害概括有以下几个方面：

1) 妨碍语言交流

语言清晰度，一般是指能听懂发言者所讲的无连贯意思的单字百分率。如以正常声音准确的发音发出 100 单字，对方听到 70 个字，那么，其清晰度为 70%。在无法进行交谈的船舶机舱，其语言清晰度几乎接近 0%。通常，声级在 50 dB 以下的环境算是安静的。当噪声声级达 55 dB，语言清晰度只有 68%，会话距离只有 2 m 左右；当噪声达 60 dB 时，语言清晰度只有 62%，会话距离缩小到 1 m。在 84 dB 的噪声环境里，人们交谈已很困难，而在 90 dB 的噪声环境里则无法交谈。语言清晰度，对某些有声学要求的场合，如陆上电台广播室、影剧院、船上无线电室、驾驶室、会议室、上课教室等，则是一个很重要的声学指标。

2) 影响休息质量

人在休息或睡眠时，如果安静的环境被破坏，而不能得到休息和入睡。实验表明，连续的噪声可以加快熟睡到轻睡的回转，使人熟睡时间缩短；突然的噪声可使人惊醒。一般40 dB的连续噪声可使10%的人受影响，70 dB时可使50%的人受影响。突然噪声达到40 dB时，使10%的人惊醒，60 dB时可使70%的人惊醒。休息不好则会使人烦恼，其烦恼程度还涉及每个人复杂的心理状态和不同的主观因素，并与噪声性质、发生时间等有关。如人对脉冲噪声比连续噪声更感到讨厌。而讨厌程度又取决于脉冲声强度、发生次数、频率以及每个人的主观反应。如夜间听觉灵敏度较白天高，所以当夜间遇到强噪声时，就觉得比白天响得多，也更为讨厌，更使人烦躁。

3）造成听觉损伤

噪声损伤听觉，最常见的是"听觉疲劳"，即在噪声作用下，使人的听觉灵敏度暂时下降，过后很快就会恢复。这种现象也称"暂时性听力损失"。而当听觉长期暴露在强噪声环境中，会使听觉灵敏度下降变成长期的，以后不能再全部恢复，即造成"永久性听力损失"，或称"永久性噪声耳聋"。听觉损伤程度主要取决于噪声的强度、频率及听觉暴露时间，噪声的强度大、频率高，人的听觉暴露时间长，则导致听力损失的可能性就大。通常，在大于90 dB(A)的噪声环境下长期工作，就会导致人听觉迟钝和永久性听觉损伤，造成噪声耳聋。所以，国内外一般都把90 dB(A)作为听力保护标准。随着环境科学和噪声控制技术的发展，目前趋势是把听力保护标准提高到85 dB(A)。

4）影响工作效率

噪声影响人的休息、睡眠，使人烦躁，这是影响工作的一个重要方面。噪声的干扰还会分散人的注意力。处于阅读、计算、教学、医疗、办公等工作状态的每一个人，每一时刻都在进行思考，噪声干扰将直接影响其思考过程，致使其工作发生差错；在进行复杂的设备操作管理过程，强噪声的干扰，可能造成操作事故。不连续的高声调比连续性噪声更为有害。突然而来的强噪声，会使人惊恐、工作失手，甚至发生事故。

5）危害人体健康

人长期暴露在强噪声环境中，除造成暂时性或永久性听力损失外，还会导致生理失调甚至诱发疾病。根据卫生部门的研究，长期强噪声环境会引起人体肾上腺活动增加，影响新陈代谢，容易使人产生疲劳、头脑发胀、神经过敏等现象，更为严重的是还可能引起某些疾病。例如，几十赫兹的低频强噪声，可引起人体各部位共振，从而影响呼吸、脉搏、血压、肠胃蠕动，会造成人头晕、视力不清等；高频强噪声能引起人神经错乱、神经机能衰退，间歇性强噪声则能使人恐惧、惊慌、心律失调。实践证明，长期在噪声严重的环境中工作的人，大多数容易得头晕、失眠、多梦等神经衰弱症和恶心、呕吐、消化不良等肠胃病以及血压升高、心跳加快、心律不齐等心血管系统病。此外，噪声还将影响儿童的智力发育，比如，吵闹环境中儿童智力的发育比安静环境中低20%。

5.1.4　港口噪声污染控制

噪声对人和环境造成的影响被视为公害之一。噪声的危害是多方面的，不仅干扰人们的正常工作和生活，还会给人体健康带来危害，如损害人的听力、影响人的中枢神经系统、影响人的消化系统和心血管系统。同时噪声还会影响和破坏建筑物及仪器设备的正常工作，因此，对噪声必须加以控制。

1) 噪声污染控制要求

通用性标准主要包括《声环境质量标准》和《社会生活环境噪声》。《声环境质量标准》规定了五类声环境功能区的环境噪声限值,其中交通干线两侧一定距离之内为 4 类声环境功能区,需要防止交通噪声对周围环境产生严重影响,但不包括机场周围受飞机通过(起飞、降落、低空飞越)噪声影响的区域。《社会生活环境噪声》规定了营业性文化场所和商业经营活动中可能产生环境噪声污染的设备、设施边界噪声排放限值,适用于其产生噪声的管理、评价和控制。

与港口噪声污染防治相关的行业性标准包括《城市港口江河两岸环境噪声标准》《内河船舶噪声级规定》《海洋船舶噪声级规定》《工业企业噪声卫生标准》《建筑施工场界环境噪声排放标准》《铁路边界噪声限值及测量方法》。其中,港口建设施工过程中场界环境噪声昼间、夜间最高不超过 70 dB(A)、55 dB(A),夜间频发、偶发噪声的最大声级超过限值的幅度不得高于 10 dB(A)、15 dB(A);港口运营过程中休息房间的昼间、夜间噪声不超过 45 dB(A)、35 dB(A),办公房间的昼间、夜间噪声不超过 50 dB(A)、40 dB(A);船舶机舱区、驾驶区、起居区的最大噪声限值如表 5-2 和表 5-3 所示。

表 5-2 内河船舶噪声级的最大限制值

部位		最大限制值/dB(A)			
		Ⅰ	Ⅱ	Ⅲ	内河高速船
机舱区	有人值班机舱主机操纵处		90		/
	有控制室的或无人的机舱		110		
	机舱控制室		75	/	
	工作间		85		
驾驶区	驾驶室	65		69	70
	报务室	65		/	/
	卧室	60	65	70	/
起居区	医务室	60	65	/	/
	办公室、休息室、座席客舱	65	70	75	75～78
	厨房	80		85	/

注:Ⅰ类船指船长大于等于 70 m 且连续航行时间大于等于 24 h,Ⅱ类船指船长大于等于 70 m 且连续航行时间大于等于 12 h 但小于 24 h,或者船长大于等于 30 m 但小于 70 m 且连续航行时间大于等于 12 h,Ⅲ类船舶指船长小于 30 m 或连续航行时间大于等于 2 h 但小于 12 h。

表 5-3 海洋船舶噪声级的最大限制值

	部 位	限制值 L_{PA}/dB(A)
机舱区	有人值班机舱主机操纵处	90
	有控制室或无人机舱	110
	机舱控制室	75
	工作间	85

（续表）

部位			限制值 L_{PA}/dB(A)
驾驶区	驾驶室		65
	桥楼两翼		70
	海图室		65
	报务室		60
起居区	卧室		60
	医务室、病房		60
	办公室、休息室、接待室等舱室		65
	厨房	机械设备和专用风机不工作	70
		机械设备和专用风机正常工作	80

2）噪声污染控制思路

噪声污染的控制总体上包含两个层面：一是管理控制，即通过行政管理和技术管理控制噪声；二是工程控制，即用技术手段治理噪声。从技术的角度上，环境噪声只有当声源、传播途径和接受者三者同时存在时才构成污染。因此，控制噪声污染必须把声源、传播途径和接受者三部分作为一个系统来考虑。

控制噪声源是降低噪声的最根本和最有效的方法。在声源处消除噪声，即便只是消除部分，也可使传播途径减噪和接受者听力保护的工作大为简化。噪声源有很多，要对噪声源采取降噪措施，首先需要了解各种声源的特点，然后再确定控制方法。比如工业生产的机器和交通运输的车辆是环境噪声的主要噪声源，那么消除噪声污染的根本途径是减少设备和车辆本身的振动和噪声。通过研制和选择低噪声设备，改进生产加工工艺，提高机械零部件的加工精度和装配技术，合理选择材料等，都可达到从噪声源处控制噪声。

控制噪声传播途径。目前的技术和经济水平，要将噪声源噪声完全消除至人们满意的水平几乎是不可能的，因此往往需要在噪声传播途径中采取控制措施，即在传播途径上阻断或屏蔽声波的传播，或使声波传播的能量随距离衰减等。一般可以利用地形和声源的指向性降低噪声；利用绿化降低噪声；采用声学控制手段降低噪声。常用噪声声学控制措施的降噪原理与应用范围如表 5－4 所示。各种噪声控制的技术措施，都有其特点和适用范围，在噪声控制传播途径中，采用何种措施，要在调查测量的基础上，根据噪声源的实际情况和传播途径，分清主次，有针对性地选择，只有综合治理才能达到预期的效果。同时还要综合考虑这些措施的可行性和经济性。

表 5－4　常用噪声声学控制措施的降噪原理与应用范围

措施	降噪原理	应用范围	减噪效果/dB
吸声	利用吸声材料或结构，降低厂房、室内反射声，如悬挂吸声体等	车间内噪声设备多且分散	4～10

（续表）

措施	降 噪 原 理	应 用 范 围	减噪效果/dB
隔声	利用隔声结构，将噪声源和接受点隔开，常用的有隔声罩、隔声间和隔声屏	车间工人多，噪声设备少，用隔声罩；反之，隔声间；二者均不行，用隔声屏	10～40
消声器	利用阻性、抗性、小孔喷柱和多孔分散等原理，消减气流噪声	气动设备的空气动力性噪声，各类放空排气噪声	15～40
隔振	把具有振动的设备，原与地板刚性接触改为弹性接触，隔绝固体声传播，如隔振基础、隔振器	设备振动厉害，固体传播远，干扰居民	5～25
减振(阻尼)	利用内摩擦、耗能大的阻尼材料，涂抹在振动构件表面，减少振动	机械设备外壳、管道振动噪声严重	5～15

接受者的防护。如果在声源和传播途径控制上无法采取措施，或采取了措施仍达不到预期的效果，就需要对噪声环境中的操作工人或精密仪器设备进行防护。对操作工人防护，让工人配备个人防噪用品，以使感受声级降低到允许水平。个人防噪用品有耳塞、耳罩、防声头盔和防声棉等。强噪声对人的头部神经系统有严重的危害，为了保护头部免受噪声危害，常采用戴软式或硬式防声帽。在极强噪声的环境下，还要考虑穿防护衣。防护衣是由玻璃钢或铝板，内衬多孔吸声材料制作的，可以防噪声和防冲击波。对于精密仪器设备可将其安置在隔声间内或隔振台上。

3) 港区噪声控制措施

为了环境和人员的健康，一般港口作业区域的噪声要控制在 85 dB(A)以下，确保机械设备工作时距机械 1 m 处噪声不超过 85 dB(A)。过高的噪声污染不但会影响环境质量，更重要的是会严重损害港区内人员的健康，使人性情急躁，工作效率低下，事故发生率提高，形成潜在的风险。

我国港口处理噪声污染的主要方法有：严格规定作业人员工作时间，保证足够的休息，高噪声作业部位采用个人听力保护措施；对产生高分贝噪声较集中的地区加装隔离设备；选择高效低噪声机械设备，对产生噪声较大的落后设备严格规定运行时段和功率，必要时进行迁移或淘汰。

(1) 加强施工期声环境治理。合理安排施工进度与作业时间，选择性能良好的高效低噪施工设备等来减少港口建设施工对声环境的影响，使其达到《建筑施工场界噪声限值》标准范围之内。在打桩机、挖掘机等高噪声声源附近施工的人员佩戴防噪声耳罩，在高噪声场所施工的人员采用轮流值班方式，工作时间不得超过 4 h，并要经常对施工机械进行保养。

(2) 合理布置港区内设施。在港口规划时，总体布局要符合噪声要求，合理布局港内设施，合理选择新建集疏运通道路线。通常应将高噪声的作业场所与车间布置在距离港界 60～80 m 以内；疏港道路尽量不要穿越市区或尽可能地减小穿越路段长度，疏港路线注意避让噪声敏感区。集装箱等高噪声作业区尽量远离港界，控制距离在 120 m 以外较为合理，其他作业区距离港界的控制距离在 40 m 以外较为合理。对港口附近工业园区的布局进行系统论证和合理防护，保证噪声在国家规定的范围内。

(3) 合理布置噪声敏感区。港区内的办公场所和员工休息场所应尽可能远离码头作业区和堆场作业区。通常要求疏港道路两侧 100 m 以内，禁止新建居民区、文教区、疗养区、医院、风景区、名胜古迹区及其他噪声敏感区。对无法避让或已经存在的噪声敏感区，必须采用隔声屏障、植被屏障、增加地面曲率等方式减声降噪。在新建、扩建疏港通道时，在无法改变路线的情况下，尽量减少高架路，减少高架桥，多采用地堑形式立交，增加疏港通道两侧的植被覆盖。同时，对港界内、港界周边及疏港通道周边的敏感地区增加噪声监测，以保持港口良性运转。

(4) 改进管理与技术。选用先进的港口机械与高效的工作流程，降低装卸作业噪声；对固定设备尽量考虑采取消声、隔声措施，以减少设备正常运行的噪声；对港区装卸机械和其他生产设备，应加强管理，组织定期检修，及时更换不合要求的配件，保持其良好运行，淘汰落后和超期服务的设备设施，防止噪声的扩大；选择安装隔声罩、减振装置等减少噪声。

(5) 港区绿化。做好港区的绿化工作既是前面所提到的一项环境空气保护措施，也能起到港区内减噪的作用，同时也可以改善港区景观。港区陆域土地资源极其宝贵，不可能做过多的绿化，因此需做专项设计，最大限度地利用空间。

4) 船舶噪声控制措施

(1) 选用低噪声的新设备。降低船舶机械噪声首先要从源头抓起，尽量选用低噪声的设备以减低声源的声级和振级。设计合理、制作精良的机械，其特点是运动部件的质量较轻，并能保持良好的静平衡与动平衡状态，齿轮传动啮合精准，多以滑动轴承代替滚动轴承，润滑良好等，因而能达到较低的噪声水平。为此，建议船厂在订货或采购机械设备时选用技术力量雄厚的配套厂生产的产品，并将噪声这一综合技术指标作为衡量机械质量的技术条件写入购货合同，作为验收购货的依据。

(2) 设备安装应注意减振降噪。主动力装置在船上定位、安装须严格按照轴系拉线、镗孔，遵循安装工艺。其他机械设备也须按其安装工艺精工细作，并尽可能采取一切减振降噪措施。对主机的结构噪声，一般通过选用减振、隔振材料，使主机与机座间的刚性接触变为弹性连接，以防止或减弱对振动能量的传播。小型高速主机上可采用弹性支承，如橡胶或特殊塑料，将机器与船体隔开，从而达到降低噪声的目的。试验验收时须将噪声作为一个重要的验收指标(单个设备测量噪声有困难时，可通过舱室噪声来规范)，否则后患无穷。

(3) 加强机舱噪声控制。机舱是船舶动力装置的集中地，在以大型低速柴油机为主机的机舱里，噪声主要是空气噪声；以中速柴油机为主机的机舱，其噪声由强度相当的空气噪声和结构噪声混成；以高速柴油机为主机的机舱里，则主要是结构噪声。机舱控制噪声的主要措施有：对机器进排气口、管壁的空气噪声或辐射空气动力性噪声最强的部位加装消音器和采用绝缘层，对小型机器或产生高噪声的设备装设封闭隔音罩将其全部围起来，对已有的机械设备噪声应采取隔振、减振和阻尼涂层等办法降低其振动(结构噪声)，对于空气噪声应采用吸声结构、隔声结构或使用隔声罩及消声器等予以控制，对主辅机、锅炉等的进、排气和空调通风系统的气流噪声主要采用在进、排气管路上安装消声设备的办法降低噪声，对传递从机械设备发出的振动和噪声的管路系统采取弹性(挠性)软管连接设备与管路、用减振吊架将管路同船体结构隔开、在管路外表面包敷橡胶阻尼层等措施，在机舱设置装配式预制轻质结构的恒温隔声集控室。

(4) 种植绿化林带。有关管理部门对于船舶交通密度大且市民居住比较集中的内河河段，在河的两岸种植绿化林带，达到降噪的效果。有关资料表明，高度超过视线 4.5 m 以上的稠密树林，其深入 30 m 可降噪 5 dB，深入 60 m 可降噪 10 dB，树林的最大降噪值可达 10 dB。

（5）加强监督管理。交通管理部门开展专项整治工作，合理安排船舶交通流，实施交通管制，对在内河航行的影响人休息环境的小型高速柴油机、噪声大的船舶，采取在每天的某个时间段和河段限制船舶航行，或要求这类小型船舶改道航行的措施，可达到减少噪声污染的目的。其次，还应从源头上人手，严把准入关。通过立法，限制小型高速柴油机、噪声大的船舶投入营运，淘汰不符合国家环境噪声排放标准的简易挂桨机船舶；加强对船舶的设备检验，确保船舶机器设备能按国家相关的技术标准出厂、安装和使用，确保船舶动力装置等噪声符合国家标准。此外，强化船员培训和做好对船员正确操作和维护保养船舶的能力检查，以确保船员适任水平和确认船员的实际操作能力符合相关标准。

5.2 港口其他污染类型及防治

5.2.1 港口放射性污染及防治

1）港口放射性污染及来源

凡具有自发地放出射线特征的物质，即放射性物质。这些物质的原子核处于不稳定状态，在其发生核转变的过程中，自发地放出由粒子或光子组成的射线，并辐射出能量，同时本身转变成另一种物质，或是成为原来物质的较低能态。其所放出的粒子或光子将对周围介质包括机体产生电离作用，造成放射性污染和损伤。

港口一般建在天然海湾的湾口岬角，为岩石海岸，地形、地貌、地质均为天然的；有些是利用贴近深水处海岸的荒地、劣地建港；有的利用陆上有大面积的滩地或低洼地开挖港池。上述这些地带广泛地存在天然放射性元素铀和钍，而这些陆地上的放射性元素可以随雨水流入港口水域，少量放射性元素可以通过大气尘埃和降水而带入海洋，而海底本身也可向水体输送少量放射性元素。

港口码头、仓库、货场堆放和贮存大量的煤炭、矿石、水泥及其他具有低放射性物质，这也给港口带来放射性污染；在港区内及其周围有核动力舰船活动、核电站、核事故或放射性医疗、科研单位产生的含放射性废渣、粉尘、污泥、器具、劳保用品和建筑材料等都可带来放射性污染。

2）放射性污染的危害

放射性物质进入人体后，要经历物理、物理化学、化学和生物学四个辐射作用的不同阶段。当人体吸收辐射能之后，先在分子水平发生变化，引起分子的电离和激发，尤其是大分子的损伤。有的发生在瞬间，有的需经物理的、化学的以及生物的放大过程才能显示所致组织器官的可见损伤，因此时间较久，甚至延迟若干年后才表现出来。对人体的危害主要包括三方面：

（1）直接损伤。放射性物质直接使机体物质的原子或分子电离，破坏机体内某些大分子如脱氧核糖核酸、核糖核酸、蛋白质分子及一些重要的酶。

（2）间接损伤。各种放射线首先将体内广泛存在的水分子电离，生成活性很强的 H^+、

OH^-和分子产物等，继而通过它们与机体的有机成分作用，产生与直接损伤作用相同的结果。

(3) 远期效应。主要包括辐射致癌、白血病、白内障、寿命缩短等方面的损害以及遗传效应等。根据有关资料介绍，青年妇女在怀孕前受到诊断性照射后其小孩发生唐氏综合征的几率增加9倍。又如，受广岛、长崎原子弹辐射的孕妇，有的就生下了弱智的孩子。根据医学界权威人士的研究发现，受放射线诊断的孕妇生的孩子小时候患癌和白血病的比例增加。

3) 放射性废物防治对策

(1) 重视放射性废气处理。核设施排出的放射性气溶胶和固体粒子，必须经过过滤净化处理，使之减到最小，符合国家排放标准。

(2) 强化放射性废水处理。铀矿外排水必须经回收铀后复用或加以净化后排放；水冶厂废水应适当处理后送尾矿库澄清，上清液应返回复用或达标排放；核设施产生的废液要注意改进和强化处理，提高净化效能，降低处理费用，减少二次废物的产生量。放射性废水的排放要保持在可以合理实施的最低水平，必须根据单位治理设施建立核定限值和年排放限值，实际排放浓度必须低于核定的浓度限值。

(3) 妥善处理固体放射性废物。废矿石应填埋，并覆土、植被作无害处理；尾砂初期用当地土、石，后期用尾砂堆筑，顶部须用泥土、草皮和石块覆盖。

4) 放射性废物处理方法

根据放射性只能依赖自身衰变而减弱直至消失的固有特点，对高放及中、低放长寿命的放射性废物采用浓缩、储存和固化的方法进行处理；对中、低放短寿命的放射性废物则采用净化处理或滞留一段时间，待减弱到一定水平再稀释排放。另外，从废物中回收有利用价值的核素、酸、碱或化学药剂，循环使用生产过程中的低度污染水也是减轻放射性污染的有效措施。

处理放射性废液的方法除置放和稀释之外，主要还有化学沉淀、离子交换和蒸发等三种类型。处理放射性废气的方法主要过滤法、吸附法、放置法。放射性固态废物的处理根据期比活度水平和性质，可选用以下方法：焚烧法、压缩切割法、包装法、去污法。放射性废物的处置可采用扩散型处置法、管理型处置法、隔离型处置法和再利用处置法。具体方法参见《海洋环境保护概论》(史建刚，中国石油大学出版社，2010)。

5.2.2　港口生物入侵及防治

1) 生物入侵概述

生物入侵是指生物由原生存地经自然的或人为的途径侵入到另一个新的环境，对入侵地的生物多样性、农林牧渔业生产以及人类健康造成经济损失或生态系统破坏的过程。一般而言，主动引进加以培养、种植养殖，以便丰富人们餐桌或用于保护生态、美化环境等，不属于生物入侵。不是主动引进，对本土农业、生态环境和人畜健康产生不利影响，才能称为生物入侵。

对于特定的生态系统与栖境来说，任何非本地的物种都叫作外来物种(Alien species)。外来物种是指那些出现在其过去或现在的自然分布范围及扩散潜力以外的物种、亚种或以下的分类单元，包括其所有可能存活、继而繁殖的部分、配子或繁殖体。外来入侵物种具有生态适应能力强，繁殖能力强，传播能力强等特点；被入侵生态系统具有足够的可利用资源，缺乏自然控制机制，人类进入的频率高等特点。

外来物种包括：入侵微生物，主要是指对农作物、林木及经济鱼虾类带来危害的病原微生物，不包括人类和家畜疾病；入侵植物，主要是指在农业、林业、湿地、草原、淡水、海洋等不同生态系统中带来危害与威胁的有害植物，如草本、藤本、灌木、藻类等植物及部分有明显危害性的乔木；入侵动物，主要是指对农林牧渔业生产带来危害的有害昆虫、螨、鱼、两栖爬行类动物等。

2）港口生物入侵危害

港口作为区域交通货运的枢纽，存在着大量的物质流、能量流交换，由此产生的国际贸易和游客往来是外来物种的便携途径。如此便利的港口及陆域交通，一旦稍有疏忽，则可能有意或无意地引进更多的外来物种，其中少数甚至可能造成危害。根据 2001 年 12 月至 2003 年 10 月完成的全国外来物种入侵调查报告，我国外来入侵物种共计 283 种，其每年造成的直接及间接经济损失高达 1 198. 76 亿元，为国内生产总值的 1. 36%，其中 76. 3%的外来入侵动物是由于检查不严、随贸易物品或运输工具传入我国的。

大型散货船、石油运输船为了航行的需要，在空载时必须灌入大量的压载水，而在到达目的港需要装货之前，又必须把压载水放掉。由于压载水中含有大量的海洋生物，如各种鱼虾、蛞蝓、海星、贻贝和海藻等，它们有的会危害有用和有益的海洋生物，因而带来了严重的环境污染和食物链破坏问题。国际航行船舶压载水排放引发的外来生物入侵已受到各国公众的指责，并被联合国全球环保基金组织(GEF)列为海洋面临的“四大危害”之一。以 20 万吨的散货船通常需要 6 万吨压载水来推算，每年全球航行船舶携带的压载水已超过 100 亿吨，而全球船舶压载水含有各种细菌、不同生物的卵、胞和幼虫等达 4 500 种，平均每立方米有浮游动植物 1. 1 亿个。少数的生物能够存活，到达目的港后，随压载水排放进入新的水域环境，遇到合适的条件便会生长繁殖。外来物种的转移会造成港口国水域生态平衡的破坏，并给地区经济带来损失，有的还会影响公众的健康。

受压载水影响最严重的国家是澳大利亚。过去通常认为澳大利亚远离其他工业发达的大陆，相对来说较少受到污染，是地球上难得的一片净土，但是近年来由于大量出口矿石，尤其是向日本出口，空船返回就势必带来大量的压载水。据估计，澳大利亚海域每年要接收 6 000 万吨左右的压载水，其中 50%来自日本。在澳大利亚至少已经有 14 种海洋生物被证明是通过压载水迁移来的。一种日本海藻已有取代当地海藻的趋势，而且已经严重影响了当地鲍鱼和海胆的产量。有毒的海星已在霍巴特港(位于澳大利亚东南部塔斯马尼亚岛南海岸的德温特河口)大量繁殖，致使当地的牡蛎汛期一年内缩短到只有 6 个月。另外来自日本的海星已成为澳大利亚当地贝类的食物，因此对食物链也产生了严重的影响。船舶压载水的危害不仅发生在澳大利亚。20 世纪 80 年代后期欧洲的斑纹贻贝随着压载水而移居到北美地区，大量繁殖导致取水管道被堵塞，并且对灌溉系统造成了威胁。

3）港口生物入侵的防治

(1) 严格执行压载水更换及处理标准。2004 年 2 月，国际海事组织(IMO)通过了《船舶压载水及其沉积物控制和管理国际公约》。2016 年 9 月 8 日，随着芬兰加入《压载水公约》，其生效条件(至少有 30 个国家加入，其商船合计总吨位不少于世界商船总吨位的 35%)已经满足，从满足条件之日起 12 个月后即 2017 年 9 月 8 日，公约正式生效。该公约要求：航行时，船舶应在深海、开阔水域并尽可能远离海岸处进行压载水更换，需距离最近陆地至少200 n mile和水深至少200 m以上，其原理是近岸(包括港口和河口)生物被排放到深海中，或深海生物排放到近岸水域时，不能快速适应剧烈的环境变化，因而不能存活以至形成危害。此外，该公约还规定了对压载水的处理效果，即至少要到达：个体大小大于等于50 μm的可"存活"生物体个体数小于10个/m^3；个体大小小于50 μm并大于等于10 μm的可"存活"生物体个体数小于10个/mL，以降低外来物种入侵的可能性。

(2) 压载水置换和隔离。由于压载水处理技术的研发需要时间，因此很长一段时间内，压载水置换法曾被IMO认可和推荐使用。置换法就是船舶在即将到达规定海域之前把船上装载的压载水换掉，分为顺序置换法和径流置换法。这种方法对于船舶来说比较简单易行，对减少压载水中的外来生物也起到了一些作用，但是研究表明，这个方法并不总是行之有效，而且受到很多外部因素的影响。另外，隔离法也是处理压载水的方法之一，通过将压载水排放到专门的陆上收集装置中或封闭在船舱中不排放来控制压载水的排放。但是这种方法并不适合所有情况，例如散货船、油船和集装箱船等必须排放压载水后才能装货，而空载状态则会增加船舶安全风险；若将压载水排放到专门的陆上收集装置中，对于一些大型港口来说，压载水的排放量将十分巨大，如果达不到排放要求则可能造成船舶在港口排队的现象，影响正常通行，所以隔离法并不适合所有船舶。

(3) 加强压载水处理。由于置换法和隔离法不能达到公约要求的处理效果，所以为了从根本上消除压载水的危害，部分沿海国家和IMO开展了船舶压载水处理技术的研究。目前比较流行的压载水处理技术主要分为几大类：机械处理法，包括过滤、旋流分离法等；物理处理法，包括加热、紫外线、超声波、伽马射线照射、放电处理、磁化处理等；化学处理法，包括氯化、臭氧、丙烯醛、脱氧、硫酸自由基、电解等。

5.2.3　港口废热污染及防治

1) 港口废热来源

废热污染主要来源于含有一定热量的工业冷却水。工业冷却水大量排入水体使部分水域温度产生了变化，这种变化与排出口位置、排水量、水温以及外界条件(包括气候季节、风速、浪速等因素)有关。向水体排放温热水量最大的企业是电力部门，其次为冶金、石油、化工、造纸及机械等。以火力发电厂为例，由于它的热效率一般在37%～38%，其废热中的10%～15%自烟囱逸散，余下部分则以冷却水的形式排入水体。核电站的热效率因反应堆型而异，轻水堆大约为33%，气冷堆大约为39%～41%。这些例子说明，不同类型电厂所生产的热量约有2/3不得不弃于环境。对水环境而言，如此大量的工业废热混入受体，势必使水体温度升高、水质受到影响。

2) 港口废热影响

对水质的影响。当温度上升时，由于水的黏度降低、密度减小，水中沉淀物的空间位置和数量会发生变化，导致水库、流速平缓的江河与港湾中的污泥沉积量增多。水温升高，还引起氧的溶解度下降，其中存在的有机负荷会因消化降解过程增快而加速耗氧，出现氧亏。此时，可能使鱼类由于缺氧导致死亡。此外，接受有机废水的河流，河水中溶解氧的含量随废水排出口运移距离的延伸而迅速下降。水体中热量的增加将使水中化学物质的溶解度提高，并使其生化反应加速，从而影响在一定条件下存活的水生生物的适应能力。

对水生生物的影响。水提供了多种生物的存活环境。通常水体温度、化学组分和流速的变化，将不同程度地影响赖其生存的水生生物的数量和种群。有些细菌如生活污水主要指生物大肠杆菌，在温度升高时有最佳的生长条件。此外，反映生物氧化速率的重要指数BOD也是随着温度的升高而增加的，在30°C左右达到最高点。在有机物污染的河流中，水温上升时，一般可使细菌的数量增高。此外，水温对水体中优势种群的生长也有很大的影响。例如，在未受污染的河流中，最适宜于硅藻生长的温度为18～20℃，绿藻为30～35℃，而蓝绿藻为35～40℃，若水温由10℃升至38℃，占生长优势的种群将由硅藻变为绿藻，再变为蓝绿藻。随着温度的上升，一些属于某种藻群中的较耐高温的物种可与占优势的藻群（如蓝绿藻）继续存在，而此类藻群中的若干耐热性差的种群则将与消亡的藻类（如硅藻和绿藻）一起死掉，这种现象也会因季节的改变而发生。

对鱼类的影响。水温变化对鱼类和其他冷血水生动物的生长和生理学关系同水生植物一样具有重要作用。水生动物的生殖周期、消化率、呼吸率及其他过程，在一定程度上与温度有关。由于水生物种各有不同的最佳适宜温度范围，对某一水生物种而言，原来的冷水经过加温所产生的影响可能对它是有利的，但若持续升温，特别当温升幅度过高、过快时，则可能对此物种的幸存机会有所减少，而对另一物种的发育趋势会有所增加。经验表明，若适当控制热排量，某些具有商品价值的水生物种的繁殖能力将强化，同时，其成熟期的时间提前。但若已为鱼类所适应的温度突然降低，则将使之失去均衡状态而造成灾难。出现在热电站启动或停车时所排冷却水的水温会引起受体水域产生急剧的温度变化，严重影响存活于其中的水生生物。总之，水温升高的增热效应是导致死亡率升高的重要原因。在严寒季节，受体水温较低，这种现象尤为明显。

3）废热污染的控制标准

为了防止热污染对水体产生的不利影响，通常采用控制温度升高范围的办法。具体措施：一种是限制水体受热排后水温的升高额度；另一种是限制热排污染带的规模。国际上有些国家基于保护渔业生产的自的，对水体温升做出限制。例如，美国环境保护单位建议控制废热的排放，并提出废热水排入水体经混合后的水温升高不得高于以下数值：河水2.83℃；湖水1.66℃；海水：冬季2.2℃，夏季0.83℃。

我国尚无专门的冷却水排放标准，但在有些水环境质量标准中对水体的温升提出了明确规定。如《地面水环境质量标准》(GB 3838—2002)中，在水温项规定“人为造成的环境水温变化应小于(等于)1℃(夏季周平均最大温升)或小于(等于)2℃(冬季周平均最大温降)”，又如《海水水质标准》(GB 3097—1997)中规定水温最高“不超过当地、当时水温4℃”，《农田灌溉水质标准》(GB 5084—2005)中规定“水温必须不超过35℃”等。

4）港口废热污染防治

（1）制定废热排放标准，加强监督和管理。随着工业发展及冷却水排出量的增加，水体的热污染现象日趋明显。为减轻其可能产生的危害，必须对我国不同地区水体接纳废热后水生生物的生理及生态变化，开展广泛的调查与研究，以积累资料，制定结合实际、经济可行的允许标准，以供参照施行。此外，还应将水环境的热污染作为重要的常规监督项目，加强监管，减少或避免港口废热污染现象发生。

（2）提高降温技术水平，减少废热排放量。在电站的冷却水设计中应针对所在地的自然状态与条件，选用切实可行的降温技术。对于不具备直排条件的水域，需采用冷却池或冷却塔设施使蒸汽冷却水中的废热量通过雾化散热冷凝后循环使用。目前，有的电力及冶金企业已将冷却设备改水冷式为气冷式，既可以减少水量消耗，又可以避免热量被混入水体，是一种非常有效的热污染防治方法。

(3) 水体中排入废热源的综合利用。对于电站等排入水体中的冷却水，其中的剩余热量可作为热源加以利用。如利用部分温水进行水产养殖、农业灌溉、冬季供暖、预防水运航道和港口结冰等。废热的综合利用有广阔的前景可待开发，但需注意季节性限制、电站停机期间的调剂等问题。

5.2.4　拆船污染及防治

船舶拆解是一项减少废弃船舶污染、重复利用资源、变废为宝的生产活动，被称为“无烟冶金工业”，是循环经济的组成部分。据测算，用拆船废钢代替矿石炼钢，可减少气体污染86%、水污染76%、耗水量40%，同时减少采矿废弃物97%。一艘废船几乎全身都是宝，其中船板占47%，型钢占25%，废钢占20%，还有5%的仪器设备和1%的有色金属，废物占比仅2%。然而，拆船业也是国际公认的环境污染较大的行业之一，废旧船上的石棉、玻璃纤维、废油和废水等，如处理不当，管理、技术措施不到位，本身又会给周围环境造成严重的破坏。因此，近年来全球对拆船厂的环保要求越来越严格。

1) 拆船过程及污染源

拆船厂目前常用的拆船工艺主要有离岸水上抛锚拆解法、靠泊位拆解法、冲滩拆解法和船槽拆解法。拆船作业的典型工艺流程为废船洗舱→排污→清舱→测爆→拆解→提取有用物料。

拆船过程中产生的污染主要源于两方面，一是废船自身所携带的各种废弃物所造成的污染，二是船舶在拆解过程中所形成的污染。废船在拆解前一般自身都带有一定数量的污油和含油污水，如机舱中的残剩重油、柴油、润滑油、压载水、洗舱水、舱底水、粘有油污的固体废物。其次是各种非油废弃物，包括石棉、玻璃纤维、瓷砖、水泥、瓦砾、耐火砖、木屑、纸屑、泡沫塑料、生活垃圾等。这些污染物的数量因船而异，但种类大致相同(如表 5 - 5 所示)。此外，船舶在拆解过程中，还会产生各种废气以及固体废物等。

表 5 - 5　废船污染的种类及数量

<table>
<tr><th>项目
船名</th><th>门斯特</th><th>伊未佛斯</th><th>新城</th><th>新丝</th><th>伊纳雅玛</th></tr>
<tr><td>船型</td><td>杂货船</td><td>散货船</td><td>客货船</td><td>冷藏船</td><td>油船</td></tr>
<tr><td>轻吨(t)</td><td>6 003</td><td>5 801</td><td>4 632</td><td>5 051</td><td>16 514</td></tr>
<tr><td>残渣废油(t)</td><td>100</td><td>110</td><td>81</td><td>27</td><td>430</td></tr>
<tr><td>压载水(t)</td><td>3 740</td><td>4 300</td><td>1 000</td><td>117</td><td>26 300</td></tr>
<tr><td>机舱水(t)</td><td>2</td><td>3</td><td></td><td></td><td>2.5</td></tr>
<tr><td>舱底水(t)</td><td></td><td></td><td>120</td><td></td><td></td></tr>
<tr><td>石棉(t)</td><td rowspan="2">4</td><td rowspan="2">6</td><td>8</td><td></td><td rowspan="2">0.58</td></tr>
<tr><td>玻璃纤维(t)</td><td>1</td><td>192</td></tr>
</table>

（续表）

船名 \ 项目	门斯特	伊未佛斯	新城	新丝	伊纳雅玛
泡沫塑料(t)			2		
水泥废物(t)			120		
生活垃圾(t)	1.6	1.6	3	72	1.3

2）拆船污染的危害

拆船厂一般都建在沿江沿海地区，对水域和水生动物会造成污染和危害，拆解后的危险废物如不妥善处理会对人体健康造成严重损害。

油污染对生物的危害。各种原油由于产地不同，对生物的杀伤力也各不相同。如伊拉克原油对东方小藤壶的毒性比我国原油的毒性大得多。石油中各种组成对生物的毒性也是不一样的，其中以芳族烃的毒性最大。对人体和其他生物来讲，低沸点芳族烃，如苯、甲基苯和二甲苯毒性最强，而高沸点芳族烃为长效毒物，并为致癌物质。所以人类食用受石油污染的水产品，有潜在的危害。各种成品油对对虾的致死浓度均不一样。其中以汽油的毒性最大，柴油次之，原油和润滑油相对比较低。高浓度的油污染可引起滩涂生物的大批死亡；低浓度的长期影响可导致生态系统组成的改变——敏感品种和名贵品种的减少和消失，食物链中断，耐污品种的增加和赤潮的诱发。区域性的油污染可减少鱼虾贝藻类的生长繁殖空间，进一步影响其资源量。污染后的水产品还会降低其食用价值。对渔业生产来讲，油类对渔业生产工具的污染也会影响渔业生产，特别是对近岸作业的定量张网渔业和滩边作业的渔具，危害更为明显，最为直接的影响是拆船厂附近的水产养殖业。1990 年 6 月乍浦拆船厂的一次溢油事故，使 4 km 外的水产养殖场泵房取水口含油高达 8.5 mg/L，以致 5 天不能换水，导致霉菌繁殖，虾身长毛不能游动，造成经济损失。

重金属的危害。根据调查分析，拆船厂的金属污染，主要存在于厂区附近的底质中，其中以铜、锌、铁、钙为主。铜和锌在整个海域有较高的背景值，所以，拆船业的金属污染应以铁、钙为主。在乍浦拆船厂的潮间带底质中，铁离子高达 30 000 mg/kg 以上，钙离子高达 17.0 mg/kg 以上。铁离子在水中沉淀后，能使底质变硬，以乍浦拆船厂为例，周边底质硬度由厂区向湾外逐渐变软。变硬的底质再加上重金属离子的毒性可对底栖的穴居动物产生危害，使生态系内物种的多样性受到破坏，有品种单一化发展趋势。铁和钙的氢氧化合物都是碱性物质，能改变海水的 pH 值，从而进一步对生物造成危害。pH 值过高能使鱼鳃黏膜凝结、呼吸困难。pH 值的变化还能改变其他有毒物质的毒性。如果 pH 值偏低（酸性），则水中的某些酸可透过鱼体表面改变血液的 pH 值，降低红细胞和 CO_2 的结合能力，降低整个机体的呼吸代谢机能。

3）拆船污染防治要求

(1) 国际公约要求。由于废船通常由发达国家向发展中国家出口，发展中国家拆解废船涉及废物的越境转移。因此国际社会注意到废船拆解对发展中国家可能造成的环境污染，在 1999 年 4 月召开的《控制危险废料越境转移及其处置巴塞尔公约》（简称《巴塞尔公约》，1992 年 5 月正式生效）第 15 届技术工作组会议和在 1999 年 6 月召开的《巴塞尔公约》

特设工作组委员会议上通过了关于废船拆解的决议，涉及的主要内容为废船进出口拆解的法律问题和废船拆解环境无害化技术导则。2009 年 5 月，IMO 在香港举行“国际安全与无害环境拆船公约外交大会”，并通过新的拆船国际公约，即《2009 年香港国际安全与无害环境拆船公约》(简称《香港公约》)。《香港公约》对船舶设计和建造、经营、拆解等全过程进行规范和约束，要求新旧船舶准备有害物质清单，目的在于确保船舶在退役后的拆解中不会对环境和人员产生危害，促进退役船舶科学循环利用。2013 年 10 月 22 日，欧洲议会通过《欧盟拆船法案》。该法案的适用对象为悬挂欧盟成员国船旗的大型商用海船(500 总吨位及以上)以及所有到欧盟港口或锚地的第三国船籍船舶，主要要求包括：①所有访问欧盟成员国港口或锚地的非欧盟船旗船舶，必须制定有害物质清单并持有主管机关或其认可的组织签发的有害物质清单证书；②船龄在 20 年以上的船舶必须在规定限期内制定拆船计划，船舶实际有害物质含量明显高于有害物质清单记录时，船东要如实报告并支付相应的费用，当船舶设备与有害物质清单记录名次按不符时，应进行详细的港口国监督检查。

(2) 我国法律法规要求。为加强对拆船业的管理，1983 年国家成立了由中央有关部委负责人参加的中国拆船领导小组，之后又组建了中国拆船总公司，并相继出台了《关于拆解进口废船的几项暂行规定》(1985 年颁布)、《关于船舶拆解监督管理暂行办法》(1987 年颁布)、《防止拆船污染环境管理条例》(1988 年颁布)、《拆船业安全生产与环境保护工作暂行规定》(1988 年颁布)、《防止拆船污染环境管理规定》(1989 年颁布)、《绿色拆船通用规范》(2005 年发布，2018 年修订)等一系列法规，对拆船业的运作进行规范和引导。其中，《绿色拆船通用规范》除了对拆船行业明确规范性引用文件和术语、定义外，主要对船舶拆解过程中的环境保护、安全生产、人员健康保障、绿色拆船管理以及绿色拆船企业认定等提出了具体要求。

4) 拆船污染防治措施

强化防污措施。主要包括：①加强管理，定点拆解；②建立废油污水处理设施，以防止废油污水污染；③加强宣传石棉废物对人体造成的危害，拆解废石棉时一定要对工人有防护措施，拆下来的废石棉集中存放，统一处理；④处理好生活固体废物；⑤逐步推广应用混合工业气体切割工艺，淘汰电石发生乙炔气，以减少或防止电石渣污染。

完善应急措施。拆船厂必须具备应急措施，以防万一发生溢油事故。比如，拆船厂应根据拆船规模，合理配备围油栏、吸油毡、油拖把、溢油分散剂、油水分离器、油污水三级沉淀池等。大规模的拆船厂还应配备防污船、防污作业班，经常出航，在厂区水域巡逻，一方面禁止渔船等在厂区排污，另一方面可及时回收浮油或漂浮物，使场区水保持清净。

科学合理拆解。合理的工艺、科学的拆解及严格遵守操作规程，是防止拆船污染必不可少的技术手段。在废钢船冲滩以后，首先要考虑一个合理拆解流程，这样可以避免人为因素造成的污染。在流程中首先考虑将废钢船中剩余的燃油、污油水驳到岸上。采取先上后下，先内后外，左右前后平衡的拆船方法，做到有计划、有步骤地拆解，最大限度地控制拆解过程中污染事故的发生。

发展绿色拆船。主要措施包括：①在现有基础上重构我国拆船厂布局规划，定点拆解进口废船，并给予优惠政策；②更新和改造现有拆船设施和设备，采用符合国际环保标准的拆船工艺和流程；③不定期对拆船企业进行监督检查，发现问题及时纠正，如有违法行为则取消定点资格；④健全安全环保规章制度，建立安全环保管理系统，有计划地开展技术、技能培训,并适时地开展安全环保教育;通过多种形式,使管理人员、操作人员、当地居民了解国家和地方有关安全环保的方针政策,了解企业的规章制度,增加安全环保知识;⑤要求对每艘废船都制定符合国际环保标准的拆解工艺方案,并严格执行;同时制定切实可行的安全环保工作计划,配置必要的环保监测设备、仪器,定期监测,进行记录;⑥严格控制购买废船的品质,进口废船要符合国家《进口废物环境保护控制标准供拆卸的船舶及其他浮动结构体》的要求,进口废船的种类应与企业的拆解能力相适应,⑦尽可能使我国的拆船业获得国际组织的认可,制定与国际组织相协调的技术导则,从而可以获得发达国家船公司的支持,得到更多的废船来源和技术设备支持;⑧与国际大型船公司联合,取得这些公司的支持和帮助,尤其在拆船环保设备和环境的建设方面争取这些公司的投资和共同建设,以期在解决国外船公司废船出路的同时,增强我国废船拆解的环保能力。

第6章　港口环境管理法规

6.1　港口环境管理

6.1.1　环境管理的概念及分类

1) 概念

环境管理从20世纪70年代初开始形成,并逐步发展成为一门新兴学科。

环境管理有狭义和广义之分。狭义的环境管理是指采取各种措施控制污染的行为总称。例如,通过制定法律、法规和标准,实施各种有利于环境保护的方针、政策,控制各种污染物的排放。广义的环境管理于1974年在墨西哥召开的"资源利用、环境和发展战略方针"专题研讨会上首次被正式提出,其核心是实现经济、社会与环境的协调发展,即依据国家的环境政策、法律、法规、标准和技术规范等,坚持宏观综合决策与微观执法监督相结合,从环境与发展综合决策入手,运用各种有效管理手段,调控人类的各种行为,协调经济、社会发展同环境保护之间的关系,限制人类环境质量的活动以维护区域正常的环境秩序和环境安全,实现区域社会可持续发展的行为总体。

2) 分类

(1) 根据环境管理范围可分为流域环境管理和区域环境管理。

流域环境管理是以特定流域为管理对象,以解决流域环境问题为主要目的的一种环境管理。例如,长江流域环境管理为典型的跨省域的流域环境管理,而滇池流域和巢湖流域的环境管理为省域内跨市域、跨县域的流域环境管理。

区域环境管理是以行政区划为归属边界,以特定区域为管理对象,以解决该区域环境问题为主要目的的一种环境管理,包括省域环境管理、市境管理、经济开发区、自然保护区环境管理等。

(2) 根据环境管理属性可分为资源环境管理、质量环境管理和技术环境管理。

资源环境管理是指依据国家资源政策,以资源的合理开发和持续利用为目的,以实现可再生资源的恢复与扩大再生产、不可再生资源的节约使用和替代资源的开发为内容的环境管理。如流域环境管理、污染总量控制等为典型的资源环境管理。

质量环境管理是指以环境质量标准为依据,以改善环境质量为目标,以环境质量评价和环境监测为内容的环境管理,其特点是管理者只关心环境质量问题,在完全法制化国家容易实施,而在发展中国家由于受经济和科技发展水平等因素制约和影响,实践性较差。

技术环境管理是指通过制定环境技术政策、技术标准和技术规程，以调整产业结构、规范企业生产行为、促进企业技术革新为内容，以协调技术经济发展与环境保护关系为目的的环境管理，其特点是对程序性、规范性、严谨性和可操作性有明确要求。

(3) 根据环保部门工作领域可分为规划环境管理、建设项目环境管理和环境监督管理。

规划环境管理是指依据规划或计划而开展的环境管理。这是一种超前的主动管理，又称环境规划管理，其主要内容包括：制定环境规划，将环境规划分解为环境保护年度计划，对环境规划的实施情况进行检查和监督，根据实际情况修正和调整环境保护年度计划，改进环境管理对策和措施。

建设项目环境管理是指依据国家环保产业政策、行业政策、技术政策、规划布局和清洁生产工艺要求，以管理制度为实施载体，以建设项目(包括新建、扩建、改建和技术改造等)为管理内容的环境管理。

环境监督管理是指从环境管理的基本职能出发，依据国家和地方政府的环境政策、法律、法规、标准及有关规定，对一切污染环境和破坏生态行为以及对依法负有环境保护责任和义务的其他行政主管部门的环境保护行为，依法实施的监督管理。

6.1.2 环境管理的基本理论

1) 可持续发展理论

1987 年世界环境与发展委员会在《我们共同的未来》报告中第一次阐述了可持续发展的概念，得到了国际社会的广泛共识，即可持续发展(Sustainable Development)是一种既满足当代人的需求，又以不损害后代人的需求为前瞻的发展模式。我国于 1994 年编制了《中国 21 世纪人口、资源、环境与发展白皮书》，首次把可持续发展战略纳入我国经济和社会发展的长远规划；2002 年党的十六大把“可持续发展能力不断增强”作为全面建设小康社会的目标之一。2015 年，联合国可持续发展峰会通过了《2030 年可持续发展议程》，一共提出了 17 项可持续发展目标。

(1) 基本思想。

不否定经济增长，尤其是穷国的经济增长，但需要重新审视如何推动和实现经济增长；

要求以自然资源为基础，同环境承载力相协调；

以提高生活质量为目标，同社会进步相适应；

承认并要求在产品和服务的价格中体现出自然资源的价值；

以适宜的政策和法律体系为条件，强调“综合决策”和“公众参与”。

(2) 三大原则。

持续性原则，即人类经济和社会的发展不能超越资源和环境的承载能力；

公平性原则，即本代人之间的公平、代际间的公平和资源分配与利用的公平；

共同性原则，即各国可持续发展的模式虽然不同，但公平性和持续性原则是共同的。

(3) 三大要素。

经济要素，即尽量减少对经济的损害，只有经济上有利可图的发展项目才有可能得到推广；

社会要素，即要满足人类自身的需要；

生态要素，即尽量减少对生态环境的损害。

三大要素重点强调经济、社会、生态等三方面的协调发展，避免一方面的受益以牺牲其他方面的发展和社会总体受益为代价。

2）三种生产理论

物质生产、人口生产、环境生产的协调是实现可持续发展的一个重要前提。为使三种生产的运行关系维持和谐，必须协调好三种生产之间的联系方式和内容，协调好各个生产环节内部运行的目标和机制。

（1）基本内涵。

物质生产，即劳动生产，是指人类利用技术手段从环境中索取自然资源，并将其转化为人口生产和环境生产所需物质的总过程。

人口生产，指人类生存和繁衍的总过程，包括人口的再生产（繁衍、生育）以及人口在其生存过程中对物质资料的消费。

环境生产，是指环境在自然力作用下产生自然资源和消纳污染的总过程。

（2）指导意义。

阐明了人与环境关系的本质：在三种生产中，环境生产是人口生产和物质生产存在的前提，物质生产是物质转化、能量流动的途径，人口生产是系统运行的原动力。

揭示了环境问题的实质与产生原因：环境生产在输入输出上的不平衡；人为的开发和破坏活动，导致自然环境的生态功能不断“透支”。

指明了环境管理的主要目标和任务：推动人类社会建立一个新的生存方式，将对自然资源的开发强度、废弃物的排放强度与环境生产力匹配起来。

明确了环境管理的主要领域和调控对象：环境管理的主要领域为自然、地理、行政等相互交叉的界面；环境管理的调控对象为物质生产、人口生产、环境生产等三种生产系统的状态参量。

指出了解决环境问题的基本方法：协调人与自然的关系，实现三个系统间的同步发展。

3）管理科学理论

管理科学的发展经历了科学管理、行为科学、管理丛林阶段。特别是2000s初，新的管理科学领域和理论不断提出，如组织管理、信息管理、风险管理、网络管理、生态管理、资源环境管理等，新的管理领域和理论发展都需要管理科学进一步与其他学科交叉、融合和创新。

管理科学理论认为，环境管理是一项极其重要的管理活动，它与人类社会的生存与发展紧密联系在一起，在人类演化进程中，人类从没有停止过对自身行为的管理，特别是对作用于“自然环境行为的管理”。

环境管理具有极为显著的复杂性特征，其核心是管理人作用于环境的行为。一方面涉及人类行为的复杂性，另一方面也涉及自然环境的复杂性。

管理科学理论为环境管理提供了理论和方法指导。借鉴、应用和发展管理学的成熟理论与方法，构建环境管理学的理论和方法体系，是其发展的重要趋势。

4）其他环境管理理论

区域系统控制理论。区域系统是一个由人口、资源、环境、社会和经济发展等要素构成的统一整体，其平衡与发展需要与外部不断进行物质、能量与信息资源等交换；区域发展是动态可控的过程，人作为系统主体具有能动性，可以从各种错综复杂的动态关系中区分出确定与不确定因素，有利与不利因素，实现对系统过程有目的的调控；信息是最活跃、最基本的要素,区域发展调控需要借助信息,具体操作中通过信息反馈来实现。

生态经济学理论。生态系统是客观存在,它具有不以人类的意志为转移的客观规律;人类的经济活动和社会行为对生态系统产生影响,并改变着生态系统的结构和功能;人类必须深刻认识生态规律,掌握和运用生态规律去改造环境,使之更适合人类的生存和发展。

冲突协同理论。在人类社会理性行为的作用下,通过子系统之间的协同,将冲突控制在一定的程度和范围内,充分发挥冲突的积极作用,限制冲突消极作用的发挥。

6.1.3 港口环境管理的职能和措施

1) 港口环境管理的职能

港口建设属于海岸工程项目,部分施工作业发生在海上,同时作为海陆运输衔接枢纽,部分生产作业在岸上。因此港口环境管理问题既涉及岸上,也涉及海上。从港口规划、建设、运营的视角分析,港口环境管理涉及港口环境保护法律法规和规划规范的制定、港口建设项目环境影响评价、港口工程环境保护设施验收、港口营运环境检测、港口工程海洋影响检测、海洋倾倒废弃物监督、船舶及港口污染事故调查处理、船舶污染港口应急设施及方案、港区海域生物鱼类生态环境监管等职能。从行政管理部门的视角看,港口环境管理涉及的国家行政主管部门包括交通运输部、生态环境部、中国海事局、国家海洋局、渔业渔政管理局等及地方相应主管部门,其中,国家主管的部分职能由地方相应主管部门负责当地港口企业的具体监管和指导。

交通运输部的主要职能有:

统筹水路相关法律法规草案的起草工作,组织拟订并监督实施水路行业发展战略、规划、政策和标准,组织制定水路运输有关政策、准入制度、技术标准和运营规范并监督实施;

按规定负责港口规划和岸线使用管理工作;

拟订水路工程建设相关政策、制度和技术标准并监督实施,组织协调水路有关重点工程建设和工程质量、安全生产监督管理工作;

负责水上交通管制、船舶及相关水上设施检验、登记和防止污染、水上消防、航海保障、救助打捞、通信导航、船舶与港口设施保安及危险品运输监督管理等工作;

负责中央管理水域水上交通安全事故、船舶及相关水上设施污染事故的应急处置,依法组织或参与事故调查处理工作;

指导水路行业安全生产和应急管理工作;

指导水路行业环境保护和节能减排工作。

生态环境部主要负责:

统一负责生态环境监测和执法工作;

按国家规定审批重大开发建设区域、项目环境影响评价文件;

统筹协调国家重点流域、区域、海域污染防治工作,指导、协调和监督海洋环境保护工作;

组织制定主要污染物排放总量控制和排污许可证制度并监督实施,提出实施总量控制的污染物名称和控制指标,督查、督办、核查各地污染物减排任务完成情况,实施环境保护目标责任制、总量减排考核并公布考核结果;

拟订生态保护规划,组织评估生态环境质量状况,监督对生态环境有影响的自然资源开发利用活动、重要生态环境建设和生态破坏恢复工作；

组织对环境质量状况进行调查评估、预测预警，组织建设和管理国家环境监测网和全国环境信息网，建立和实行环境质量公告制度，统一发布国家环境综合性报告和重大环境信息；

开展环境保护科技工作，组织环境保护重大科学研究和技术工程示范，推动环境技术管理体系建设；

组织、指导和协调环境保护宣传教育工作，制定并组织实施环境保护宣传教育纲要，开展生态文明建设和环境友好型社会建设的有关宣传教育工作，推动社会公众和社会组织参与环境保护。

中国海事局的主要职能包括：

拟订和组织实施国家水上交通安全监督管理、船舶及相关水上设施检验和登记、防治船舶污染和航海保障的方针、政策、法规和技术规范、标准；

负责禁航区、航道(路)、交通管制区、锚地和安全作业区等水域的划定和监督管理，管理沿海航标、无线电导航和水上安全通信，维护水上交通秩序，核准与通航安全有关的岸线使用和水上水下施工、作业；

负责船舶、海上设施检验行业管理以及船舶适航和船舶技术管理，核定船舶靠泊安全条件，负责外国籍船舶入出境及在我国港口、水域的监督管理，负责船舶载运危险货物及其他货物的安全监督；

监督管理船舶所有人安全生产条件和水运企业安全管理体系，调查、处理水上交通事故、船舶污染事故及水上交通违法案件，承担水上搜寻救助组织、协调和指导有关工作，管理沉船沉物打捞和碍航物清除，指导船舶污染损害赔偿工作。

国家海洋局的职能如下：

负责起草涉及海域使用、海洋生态环境保护等法律法规、规章草案，组织拟订并监督实施海洋发展战略以及海洋事业发展、海洋主体功能区、海洋生态环境保护等规划；

处置海上突发事件，参与海上应急救援，依法组织或参与调查处理海上渔业生产安全事故，按规定权限调查处理海洋环境污染事故等；

组织拟订海洋生态环境保护标准、规范和污染物排海总量控制制度并监督实施，制定海洋环境监测监视和评价规范并组织实施，发布海洋环境信息，承担海洋生态损害国家索赔工作；

负责拟订海洋观测预报和海洋灾害警报制度并监督实施，组织编制并实施海洋观测网规划，发布海洋预报、海洋灾害警报和公报，建设海洋环境安全保障体系，参与重大海洋灾害应急处置。

渔业渔政管理局主要负责：

拟订渔业发展战略、政策、规划、计划并指导实施；起草有关法律、法规、规章并监督实施；

拟订养护和合理开发利用渔业资源的政策、措施、规划并组织实施，负责渔船、渔机、渔具、渔港、渔业航标、渔业船员、渔业电信的监督管理；

负责渔业资源、水生生物湿地、水生野生动植物和水产种质资源的保护，指导水生生物保护区的建设和管理；

负责渔业水域生态环境保护，组织和监督重大渔业污染事故的调查处理工作，组织重要涉渔工程环境影响评价和生态补偿工作；

协调处理重大渔业突发事件和涉外渔事纠纷，代表国家行使渔政渔港和渔船检验监督管理权；

指导渔业节能减排工作。

2）港口环境管理的措施

加强顶层设计。建立、健全港口环境管理相关法律法规和标准规范体系，制定港口环境管理发展规划，为港口环境管理提供依据。

提供技术支撑。以信息技术为基础，以现代管理技术、环境监测技术、设施建设技术、设备制造技术等为支撑，为港口环境管理提供保障。

进行舆论引导。加强舆论引导，组织开展港口环境管理相关主题宣传，广泛宣传港口环境管理工作的成效和做法，交流推广成功经验，积极营造促进港口环境管理发展的良好氛围。

注重专业培训。加强从业人员港口环境管理知识和专业技能的培训教育，强化船员、码头职工等一线人员的环保意识，确保各项港口环境管理工作在全行业得到有效开展。

6.2 港口环境保护相关法规

6.2.1 港口环境保护相关法律法规体系

1）国际公约

国际公约（International Convention）是指国家间有关政治、经济、文化、技术等方面的多边条约。公约通常为开放性的，非缔约国可以在公约生效前或生效后的任何时候加入。与港口环境管理相关的国际公约，主要由 IMO 组织制定和修改，具体工作由其所属的海洋环境保护委员会（Marine Environment Protection Committee，即 MEPC，1985 年被提高到完整的宪法地位）履行。

我国在 1983 年 7 月 1 日加入了国际海事组织《关于 1973 年国际防止船舶造成污染公约的 1978 年议定书》（1978 年 2 月 17 日通过，1983 年 10 月 2 日生效）。除此以外，我国还分别于 1980 年 1 月 30 日加入了《1969 年国际油污损害民事责任公约》（1969CLC 公约，1969 年 11 月 29 日通过，1975 年 6 月 19 日生效），1985 年 11 月 14 日加入《1972 年防止倾倒废物和其他物质污染海洋公约》（1972 年 11 月 13 日通过，1975 年 8 月 30 日生效），于 1990 年 2 月 23 日加入《1969 年国际干预公害油污事故公约》（1969 年 11 月 29 日通过，1975 年 5 月6 日生效）和《1973 年干预公海非油类物质污染议定书》（1973 年 11 月 2 日通过，1983 年 3 月 30 日生效），于 1996 年 5 月 15 日批准《联合国海洋法公约》（1982 年 12 月 10 日通过，1994 年 11 月 16 日生效），于 1998 年 3 月 30 日加入《1990 年国际油污防备、反应和合作公约》（1990 年 11 月 30 日通过，1995 年 5 月 13 日生效），于 1999 年 1 月 5 日加入《1971 年设立国际油污损害赔偿基金公约》（1969 年 11 月 29 日通过，1978 年 10 月 16 日生效），于 2008 年 11 月 17 日加入《2001 年国际燃油污染损害民事责任公约》（2001 年 3 月 23 日通过，2008 年 11 月 21 日生效），于 2009 年 11 月 19 日加入《2000 年有害和有毒物质事故防备、反应和合作议定书》(2000年3月15日通过,2007年6月14日生效)。除此以外,与港口、船舶污染防治相关的国际公约还有《1996年国际海运有害有毒物质损害责任和赔偿公约》(1996年5月3日通过)、《国际船舶压载水和沉积物控制与管理公约》(2004年2月9日通过,2017年9月8日生效)。

2) 国家法律法规

在我国,法律是指由享有立法权的立法机关(全国人民代表大会和全国人民代表大会常务委员会)行使国家立法权,依照法定程序制定、修改并颁布,并由国家强制力保证实施的强制性规范。我国的法律一般需要国家主席签署主席令,以中华人民共和国XX法的形式发布,它是宪法的具体化,其效力仅次于宪法。我国法律可划分为基本法律和普通法律,前者是指由全国人大制定和修改的刑事、民事、国家机构和其他方面的规范性文件,后者是指由全国人大常委会制定和修改的规范性文件。与港口环境管理相关的法律主要是普通法律,主要有《港口法》(2003年6月28日通过,2003年6月28日发布,2004年1月1日起施行)、《航道法》(2014年12月28日发布,2015年3月1日起施行,2016年7月2日修订)、《环境保护法》(1989年12月26日通过,2014年4月24日修订,2015年1月1日起施行)、《环境影响评价法》(2002年10月28通过,2016年7月2日修订,2016年9月1日起施行)、《海洋环境保护法》(1982年8月23日通过,2000年4月1日起施行,2017年11月4日第3次修正)、《大气污染防治法》(1987年9月5日发布,2015年8月29日第3次修订,2016年1月1日起施行)、《水污染防治法》(1984年5月11日通过,2008年2月28日修订,2008年6月1日起施行)、《固体废物污染环境防治法》(1995年10月30日通过,1996年4月1日起施行,2016年11月7日第4次修订)、《环境噪声污染防治法》(1996年10月29日通过,1997年3月1日起施行)等。

行政法规是指国务院根据宪法和法律,按照法定程序制定的有关行使行政权力,履行行政职责的规范性文件的总称。行政法规一般需要国务院总理签署国务院令,并以条例、办法、实施细则、规定等形式发布,其效力次于法律、高于部门规章和地方法规。与港口环境管理相关的行政法规主要有《防治船舶污染海洋环境管理条例》(2009年9月9日发布,2010年3月1日起施行,2018年3月19日第六次修订)、《中华人民共和国防止拆船污染环境管理条例》(1988年5月18日发布,1988年6月1日起施行)、《中华人民共和国防治海岸工程建设项目污染损害海洋环境管理条例》(1990年6月25日发布,1990年8月1日起施行,2017年3月1日第2次修订,自2008年1月1日起施行)、《防治海洋工程建设项目污染损害海洋环境管理条例》(2006年8月30日通过,2006年11月1日起施行,2017年3月1日修订)、《中华人民共和国防治陆源污染物污染损害海洋环境管理条例》(1990年5月25日通过,1990年6月22日发布,1990年8月1日起施行)、《中华人民共和国海洋倾废管理条例》(1985年3月6日发布,1985年4月1日起施行,2017年3月1日第2次修订)、《中华人民共和国海洋石油勘探开发环境保护管理条例》(1983年12月29日发布,自发布之日起施行)、《放射性物品运输安全管理条例》(2009年9月7日通过,2010年1月1日起施行)、《规划环境影响评价条例》(2009年8月17日发布,2009年10月1日起施行)等。

3) 行政规章与地方法规

行政规章是指国务院各部委以及各省、自治区、直辖市的人民政府和省、自治区的人民政府所在地的市以及设区市的人民政府根据宪法、法律和行政法规等制定和发布的规范性文件。国务院各部委制定的称为部门行政规章，其余的称为地方行政规章。《规章制定程序条例》第六条规定，规章的名称一般称“规定”“办法”，但不得称“条例”，其效力低于宪法、法律和行政法规。与港口环境管理相关的行政规章主要有《港口规划管理规定》(2007年11月30日通过，2007年12月17日发布，2008年2月1日起施行)、《港口建设管理规定》(2007年1月25日通过，2007年4月24日发布，2007年6月1日起施行)、《港口经营管理规定》(2009年11月6日发布，2010年3月1日起施行，2016年4月19日第2次修订)、《中华人民共和国船舶及其有关作业活动污染海洋环境防治管理规定》(2010年11月16日发布，2011年2月1日起施行，2017年5月17日第3次修订)、《交通运输行业公路水路环境监测管理办法》(2008年06月25日发布)、《中华人民共和国防治船舶污染内河水域环境管理规定》(2015年12月15日通过，2015年12月31日发布，2016年5月1日起施行)、《中华人民共和国航运公司安全与防污染管理规定》(2007年5月9日通过，2007年5月23日发布，2008年1月1日起施行)、《中华人民共和国船舶污染海洋环境应急防备和应急处置管理规定》(2011年1月27日发布，2011年6月1日起施行，2016年12月13日第4次修订)、《中华人民共和国海上船舶污染事故调查处理规定》(2011年9月22日通过，2011年11月14日发布，2012年2月1日起施行)、《上海港船舶污染防治办法》(地方行政规章，2015年3月30日通过，2015年4月2日公布，2015年6月1日起施行)。

地方法规由省、自治区、直辖市和设区的市人民代表大会及其常务委员会，根据本行政区域的具体情况和实际需要，在不与宪法、法律、行政法规相抵触的前提下制定，由大会主席团或者常务委员会用公告公布施行的文件。地方性法规在本行政区域内有效，其效力低于宪法、法律和行政法规。例如，《上海市推进国际航运中心建设条例》(2016年6月23日通过，2016年6月23日发布，2016年8月1日起施行)、《上海港口条例》(2005年12月29日通过，2006年3月1日起施行)、《浙江省港口管理条例》(2007年5月25日通过，2007年10月1日起施行)、《上海市内河航道管理条例》(2001年11月15日发布，2002年1月1日起施行)、《上海市环境保护条例》(1994年12月8日通过，2016年7月29日第2次修订，2016年10月1日起施行)、《上海市大气污染防治条例》(2014年7月25日修订通过，2014年7月25日发布，2014年10月1日起施行)。

6.2.2 港口环境保护相关法规的基本原则

制定港口环境保护相关法规的目的是保护和改善环境，防治污染和其他公害，保障公众健康，推进生态文明建设，促进经济社会可持续发展；其基本原则是坚持保护优先、预防为主、综合治理、公众参与、损害担责的原则。

1) 保护优先原则

保护和改善生产环境与生态环境、防治污染和其他公害，是中国的一项基本国策。保护优先就是在港口规划建设和生产经营中把生态环境保护放在优先位置，在生态利益和其他利益发生冲突时，优先考虑生态利益，满足生态安全的需要。其核心是港口规划建设和生产经营应当优先考量生态环境的承载能力，在环境保护优先的前提下发展港口产业。具体到国家层面，基本的要求是环境保护立法优先、规划优先、环评优先、投入优先、考核优先，使港口环境破坏与损害行为应优先在源头进行预防和整治。

2）预防为主原则

预防为主就是预先设定和采取防范措施，防止港口环境问题与环境损害事件的发生。其特点是以事先的措施防范控制环境损害的发生，相对于损害发生后的恢复与治理，负担、环境代价、经济成本要小。预防的目的是减少环境损害，最大限度保护环境。根据经济社会发展经验、依靠科学的预测判断，大量港口环境损害事件可以预防。港口建设项目环境影响评价就属于预防性制度，是落实预防为主原则的重要制度。

3）综合治理原则

综合治理指对已经发生的港口环境损害进行整体、系统、全程和多种环境介质的治理，治理对象是影响人类生存和发展的各种天然的和经过人工改造的自然因素的总体，其中包括港口规划建设和生产经营活动带来的环境损害。由于主客观原因，港口环境损害无法彻底避免，但可以预防、控制，可以进行综合治理。

4）公众参与原则

公众参与原则指港口环境保护应当依靠群众的广泛参与，参与解决生态问题的决策，参与环境管理并对环境管理部门以及与生态环境有关的行为进行监督。公众的广泛参与既是表达自己愿望的民主途径、坚持人民主体地位的要求，也是社会监督政府及环保主管部门执法、有关主体是否守法的重要途径。环境信息公开是保障公众环境知情权的前提，保障公众的环境知情权是依法监督的基础，严密的监督是新环保法落地的重要保证。所以，公众参与不仅是环保法的一项原则，也体现了知情、表达、监督和参与等环境权利和民主制度的内容。

5）损害担责原则

损害担责指对港口环境造成不利影响的港口规划、设计、建设、经营相关企业、事业单位和其他生产经营者，应当承担恢复环境、修复生态、支付相关费用的法律责任，其目的不是处罚，而是保护环境。因污染港口环境和破坏港口生态造成损害的，应当依照《中华人民共和国侵权责任法》的有关规定承担侵权责任。

6.2.3　港口环境保护相关法规的法律责任

法律责任是指行为人由于违法行为、违约行为或者由于法律规定而应承受的某种不利法律后果。法律责任具有国家强制性，其履行由国家强制力保证，承担法律责任的最终依据是法律。根据违法行为的一般特点，港口环境保护相关法规的法律责任构成要件可概括为主体、过错、违法行为、损害事实和因果关系五个方面。其中：法律责任主体指造成港口环境损害的违法主体或者承担法律责任的主体，违法行为是指违反口环境保护相关法规所规定的义务、超越权利的界限行使权利以及侵权行为的总称，损害事实即港口环境受到的损失和伤害的事实，主观过错即法律责任主题承担法律责任的主观故意或者过失，因果关系即法律责任的违法行为与港口环境损害之间的因果关系。

根据港口环境损害相关违法行为所违反的法律的性质，可以把港口环境保护相关法规的法律责任分为民事责任、刑事责任、行政责任、国家赔偿责任等。其中，民事责任是指由于违反民事法律、违约或者由于民法规定所应承担的一种法律责任，包括停止侵害、排除妨碍、消除危险、返还财产、恢复原状、修理、重做、更换、赔偿损失、支付违约金、消除影响、恢复名誉、赔礼道歉等 10 种；刑事责任是指行为人因其犯罪行为所必须承受的，由司法机关代表国家所确定的否定性法律后果，包括管制、拘役、有期徒刑、无期徒刑、死刑等主刑，以及罚金、剥夺政治权利、没收财产、驱逐出境等附加刑;行政责任是指因违反行政法规定或因行政法规定而应承担的法律责任,分为行政处分(内部制裁措施,包括警告、记过、记大过、降级、撤职、开除)和行政处罚(包括警告、罚款、没收违法所得、没收非法财物、责令停产停业、暂扣或吊销许可证、暂扣或者吊销执照、行政拘留,以及法律、行政法规规定的其他行政处罚)两种;国家赔偿责任是指在国家机关行使公权力时由于国家机关及其工作人员违法行使职权所引起的由国家作为承担主体的赔偿责任。

港口环境保护相关法规涉及的法律责任大部分为民事责任,如责令停止违法行为、限期整改、停产整治、责令恢复原状、经济处罚、暂扣或者吊销许可证等等。例如,港口、码头、装卸站及船舶未配备防污设施、器材的,应按《海洋环境保护法》规定,由依照该法规定行使海洋环境监督管理权的部门予以警告,或者处以罚款;船舶、石油平台和装卸油类的港口、码头、装卸站不编制溢油应急计划的,由依照《海洋环境保护法》规定行使海洋环境监督管理权的部门予以警告,或者责令限期改正;根据《防治船舶污染海洋环境管理条例》,船舶污染物接收单位从事船舶垃圾、残油、含油污水、含有毒有害物质污水接收作业,未编制作业方案、遵守相关操作规程、采取必要的防污染措施的,由海事管理机构处 1 万元以上 5 万元以下的罚款;造成海洋环境污染的,处 5 万元以上 25 万元以下的罚款;《上海港船舶污染防治办法》规定,对于向禁止排放水域排放生活污水、含油污水或者压载水的,处 2 万元以上 5 万元以下的罚款;情节严重的,处 5 万元以上 20 万元以下的罚款。

港口环境保护相关法规涉及的法律责任也有少部分为行政责任和刑事责任,如《上海港船舶污染防治办法》规定,海事管理机构及其工作人员未依法履行船舶污染防治监督检查职责或接到船舶污染事故报告后未采取应对措施并造成后果的,或者无法定依据或者违反法定程序执法的,由所在单位或者上级主管部门依法对直接负责的主管人员和其他直接责任人员给予记过或者记大过处分;情节严重的,给予降级或者撤职处分。《环境保护法》规定,对于违反本规定,构成犯罪的,依法追究刑事责任,最高法院、最高检察院也于 2013 年 6 月 19 日发布了《关于办理环境污染刑事案件适用法律若干问题的解释》,明确了 14 种“严重污染环境”的入刑标准。《海洋环境保护法》规定,对于海洋环境监督管理人员滥用职权、玩忽职守、徇私舞弊,造成海洋环境污染损害的,依法给予行政处分;构成犯罪的,依法追究刑事责任。

6.3 港口环境保护相关标准

环境标准,是指有关控制污染、保护环境的各项标准的总称。它在环境管理中起着重要作用,它在控制污染、保护环境中的作用,主要表现在:①制定环境规划、计划的重要依据。在制订环境保护相关规划时,需要有一个明确的目标,而环境目标就是根据环境质量标准提出来的。有了环境质量标准和排放标准,国家、地方和企业就可以较为容易地根据它们来制定控制污染、改善环境的规划、计划,也就便于将环境保护工作纳入国民经济和社会发展计划中。②环境执法的尺度。环境标准是环境保护的技术规范和法律规范的有机综合体,因此它也是环境法规的组成部分。而环境法规的执法过程与实施环境标准是同一过程,如果没有各类标准,这些法律将难于具体执行。据有关资料报道,世界上制定环境标准的近百个国家中,半数以上国家的标准都属于法律范畴。③科学管理环境的技术基础。环境标准是环境立法执法的尺度，是环境决策和环境规划所确定的环境质量目标的体现，是环境影响评价的依据，是监测、监视环境质量和污染源排污能否符合要求的标尺。因此，环境标准是科学管理环境的技术基础，是评判环境质量优劣的依据。

6.3.1　港口环境保护相关标准体系

经过四十余年的发展，我国目前已形成两级五类的环保标准体系，分别为国家级和地方级标准①，类别包括环境质量标准、污染物排放（控制）标准、环境监测类标准、环境管理规范类标准和环境基础类标准。其中环境质量标准和污染物排放（控制）标准为强制性标准（主体标准），环境监测类标准、环境管理规范类标准和环境基础类标准为推荐性标准（技术支持标准）。截至"十二五"末期，累计发布国家环保标准 1 941 项（其中"十二五"期间发布 493 项），废止标准 244 项，现行标准 1 697 项。

1）环境质量标准

环境质量标准是为保障人群健康、维护生态环境和保障社会物质财富，并考虑技术、经济条件，对环境中有害物质和因素所作的限制性规定。环境质量标准是一定时期内衡量环境优劣程度的标准，从某种意义上讲是环境质量的目标标准。我国现行环境质量标准有 16 项，其中与港口环境质量密切相关的有《环境空气质量标准》（GB3095—2012）、《海水水质标准》（GB3097—1997）、《渔业水质标准》（GB11607—1989）、《声环境质量标准》（GB3096—2008）。

2）污染物排放（控制）标准

污染物排放（控制）标准是指根据国家环境质量标准以及适用的污染控制技术，并考虑经济承受能力，对排入环境的有害物质和产生污染的各种因素所做的限制性规定。污染物排放（控制）标准是对污染源控制的标准，它是实现环境质量标准的重要保证，也是控制污染源的重要手段。实践中，污染物排放标准又分为综合性排放标准（如大气污染物综合排放标准、污水综合排放标准等）和行业性排放标准（如炼铁工业大气污染物排放标准、海洋石油开发工业含油污水排放标准等），但两者不交叉执行，即有行业性排放标准的执行行业排放标准，没有行业排放标准的执行综合排放标准。我国现行污染物排放（控制）标准 161 项，其中与港口环境污染物排放（控制）密切相关的如下。

综合类：《船舶水污染物排放标准》（GB3552—2017）；《车用柴油有害物质控制标准（第四、五阶段）》（GWKB1. 2—2011）；《船舶工业污染物排放标准》（GB4286—1984）；《石油化学工业污染物排放标准》（GB31571—2015）；《石油炼制工业污染物排放标准》（GB31570—2015）。

大气污染物排放控制类：《大气污染物综合排放标准》（GB16297—1996）；《非道路移动机械用柴油机排气污染物排放限值及测量方法（中国Ⅲ、Ⅳ阶段）》（GB20891—2014）；《车用压燃式发动机和压燃式发动机汽车排气烟度排放限值及测量方法》（GB3847—2005）；《车用压燃式、气体燃料点燃式发动机与汽车排气污染物排放限值及测量方法（中国Ⅲ、Ⅳ、Ⅴ阶段）》（GB17691—2005）；《船舶发动机排气污染物排放限值及测量方法（中国第一、二阶段）》

---

① 地方级标准是指省、自治区、直辖市人民政府为控制环境质量的恶化趋势，对国家标准进一步的补充和完善，可严于国家标准与行业标准，但机动车船大气污染物地方排放标准严于国家排放标准的，须报经国务院批准。

(GB15097—2016);《汽油运输大气污染物排放标准》(GB20951—2007);《炼钢工业大气污染物排放标准》(GB28664—2012);《炼铁工业大气污染物排放标准》(GB28663—2012);《储油库大气污染物排放标准》(GB20950—2007)。

污水排放控制类:《污水综合排放标准》(GB8978—1996);《海洋石油开发工业含油污水排放标准》(GB4914—1985);《污水海洋处置工程污染控制标准》(GB18486—2001);《钢铁工业水污染物排放标准》(GB13456—2012);

噪声排放控制类:《建筑施工场界环境噪声排放标准》(GB12523—2011);《工业企业厂界环境噪声排放标准》(GB12348—2008);社会生活环境噪声排放标准(GB22337—2008)。

固废排放控制类:《生活垃圾填埋场污染控制标准》(GB16889—2008);《生活垃圾焚烧污染控制标准》(GB18485—2014);《一般工业固体废物贮存、处置场污染控制标准》(GB18599—2001);《危险废物贮存污染控制标准》(GB18597—2001);《危险废物填埋污染控制标准》(GB18598—2001),《危险废物焚烧污染控制标准》(GB18484—2001)。

3) 环境监测类标准

环境监测类标准是指为监测环境质量和污染物排放,对规范采样、分析测试、数据处理等所做的统一规定(如分析方法、测定方法、采样方法、试验方法、检验方法、生产方法、操作方法等。我国现行环境监测类标准 1001 项,与港口海洋环境监测关系密切的有:《船舶污水处理排放水水质检验方法第 5 部分: 水中油含量检验法》(CB/T3328. 5—2013);《船舶机舱舱底水、生活污水采样方法》(JT/T409—1999);《环境空气挥发性有机物的测定便携式傅里叶红外仪法》(HJ919—2017);《恶臭污染环境监测技术规范》(HJ905—2017);《重型汽车排气污染物排放控制系统耐久性要求及试验方法》(GB20890—2007);《柴油车加载减速工况法排气烟度测量设备技术要求》(HJ/T292—2006);《水质挥发性石油烃(C6—C9)的测定吹扫捕集/气相色谱法》(HJ893—2017);《水质总大肠菌群和粪大肠菌群的测定纸片快速法》(HJ755—2015);总氮水质自动分析仪技术要求》(HJ/T102—2003);《总磷水质自动分析仪技术要求》(HJ/T103—2003);《环境噪声监测技术规范噪声测量值修正》(HJ706—2014);《声屏障声学设计和测量规范》(HJ/T90—2004);《铁路边界噪声限值及测量方法》(GB12525—2008)等。

4) 环境管理规范类标准

环境管理规范类标准是指为达到预期环境管理目标,对环境功能区划分、环境保护规划、环境保护设计、环境保护验收、环境影响评价等环境管理工作的内容、程序、方法、要求等所做的统一规定。我国现行环境管理规范类标准 481 项,与港口环境管理密切相关的有:《港口建设项目环境影响评价规范》(JTS105 - 1—2011);《港口工程环境保护设计规范》(JTS149 - 1—2007);《建设项目竣工环境保护验收技术规范港口》(HJ436—2008);《船舶污染海洋环境风险评价技术规范(试行)》;《储油库、加油站大气污染治理项目验收检测技术规范》(HJ/T431—2008);《建设项目竣工环境保护验收技术规范石油炼制》(HJ/T405—2007);《生态环境状况评价技术规范(试行)》(HJ/T192—2006);《近岸海域环境功能区划分技术规范》(HJ/T82—2001);《声环境功能区划分技术规范》(GB/T15190—2014);《自然保护区管理评估规范》(HJ913—2017)等。

5) 环境基础类标准

环境基础类标准是指对环境标准工作中,需要统一的技术术语、符号、代号(代码)、图形、指南、导则、量纲单位及信息编码等所做的统一规定，是制订其他环境标准的基础。现行环境基础类标准38项，如《环保物联网术语》(HJ929—2017)；《环境噪声监测点位编码规则》(HJ661—2013)；《环境管理体系要求及使用指南》(GBT24001—2015)；《环境工程设计文件编制指南》(HJ2050—2015)；《环境影响评价技术导则总纲》(HJ2.1—2011)；《规划环境影响评价技术导则总纲》(HJ130—2014)；《建设项目环境影响技术评估导则》(HJ616—2011)；《污染防治可行技术指南编制导则》(HJ2300—2018)；《建设项目环境风险评价技术导则》(HJ/T169—2017)；《海洋工程环境影响评价技术导则》(GB/T19485—2014)；《固体废物处理处置工程技术导则》(HJ2035—2013)等。

6.3.2　环境保护相关标准的制定

为防治环境污染，维护生态平衡，保护人体健康，国务院环境保护行政主管部门和省、自治区、直辖市人民政府依据国家有关法律规定，对环境保护工作中需要统一的各项技术规范和技术要求，制定环境标准。

1）制定原则

尽管各类环境标准的内容不同，但制定标准的出发点和目的是相同的。为了使每个标准制定得既有科学依据，又符合我国经济发展的技术水平，要遵循一些基本原则。根据《环境标准管理办法》，制定环境标准应遵循下列原则：

以国家环境保护方针、政策、法律、法规及有关规章为依据，以保护人体健康和改善环境质量为目标，促进环境效益、经济效益、社会效益的统一；

环境标准应与国家的技术水平、社会经济承受能力相适应，即技术上先进、经济上合理，有利于合理利用国家资源和持续发展，推广科学技术成果，提高经济效益；

从实际出发，做到切实可行，各类环境标准之间应协调配套；

借鉴适合我国国情的国际标准和其他国家的标准，以利于与国际接轨，促进对外经济合作和对外贸易；

应便于实施与监督。

2）制定程序

国家标准化管理委员会和国家质量监督检验检疫总局对环境标准化工作实行领导，负责组织国家环境标准的制定、审批、发布，并根据科学技术的发展和环境建设的需要适时进行复审，以确认现行标准继续有效或予以修订、废止。

省、自治区、直辖市人民政府对国家环境质量标准和污染物排放标准中未作规定的项目，可以制定地方环境质量标准和污染物排放标准。对国家环境质量标准和排放标准中已作规定的项目，根据当地特殊条件和技术经济分析结果可以制定严于国家环境标准的地方标准。

环境保护相关标准的制定应遵循以下程序：

(1) 编制标准制(修)订项目计划。

组织拟订标准草案。受委托拟订标准的组织应具有熟悉国家环境保护法律、法规、环境标准和拟订环境标准相关业务的专业技术人员、具备拟订环境监测方法标准相适应的分析实验手段；

环境基准研究。通过基础实验和对他人基准资料进行研究、综合分析，主要确定分级界限值，如我国制定《海水水质标准》时，就大量参考了《美国联邦水质基准》，并补充开展了大量基础实验工作。

污染现状调查及评价。主要内容是调查、分析、研究历年的监测资料和各部门掌握的数据。确定环境介质中的主要污染物、背景值、污染现状水平和扩散稀释的特点和规律。目的是确定标准中污染物项目，掌握待定分级、分区标准的基础资料。

监测方法研究。包括布点、频率、采样、分析测试、数据处理等的方法，这是必须与标准同时确定的。

技术经济调查。初步掌握要达到各级标准的污染物削减量和与之对应的工艺、技术和综合防治手段，并考察其经济性。

初拟分级标准。在全面调查和专题研究的基础上，进行综合分析，初步拟定分级标准值。

(2) 对标准草案征求意见。

(3) 组织审议标准草案。

(4) 审查批准标准草案。

按照各类环境标准规定的程序编号、发布，省、自治区、直辖市人民政府环境保护行政主管部门可根据地方环境管理需要，组织拟订地方环境标准草案，报省、自治区、直辖市人民政府批准、发布，地方环境标准草案应征求国家环境保护主管部门的意见，地方环境标准必须自发布之日起两个月内报国家环境保护主管部门备案。

国家环境标准实施后，环境保护主管部门应根据环境管理的需要和国家经济技术的发展适时进行审查，发现不符合实际需要的，应予以修订或者废止，省、自治区、直辖市人民政府环境保护行政主管部门应根据当地环境与经济技术状况以及国家环境标准、环境保护部标准制(修)订情况，及时向省、自治区、直辖市人民政府提出修订或者废止地方环境标准的建议。

3) 制定方法

每个国家都根据本国的实际情况制定环境标准，各类标准因其特殊性而有不同的制定方法。如根据环境基准值制定环境质量标准，按照污染物扩散规律或最佳技术法制定污染物排放标准等。下面以大气环境质量标准、大气污染物排放标准为例，具体说明制定方法。

(1) 大气环境质量标准的制定。目前世界上已有 80 多个国家颁布了大气环境质量标准。1963 年世界卫生组织和世界气象组织提出飘尘、二氧化硫、氮氧化物、氧化剂和一氧化碳五种主要大气污染物的环境标准。随后我国颁布的《工业企业设计卫生标准》对居住区大气中 34 种有害物质规定了最高允许浓度，1982 年颁布了《环境空气质量标准》(GB3095—1982)，并于 1996 年、2000 年、2012 年进行了三次修订。

① 以科学基准为基础。为了保护人民群众的健康，改善大气环境质量，首先对环境中各种污染物浓度对人体、生物及对建筑物的危害影响进行综合分析研究，必要时进行工业毒理学实验和流行病学调查。分析污染物剂量与环境效应之间的相关性，通常人们把这种相关性的系统资料称为环境基准①，环境基准随研究对象不同可分为卫生基准和生物基准等。

① 基准和标准在概念上是不同的。基准是科学实验和社会调查的研究结果，是环境污染物与特定对象之间“剂量—反应”关系的科学总结，不考虑社会、经济、技术等人为因素，不具有法律效力；而标准则是以基准为依据，考虑社会、经济、技术等人为因素，经综合分析而制定的、并由政府颁布具有法律效力的法规。

世界卫生组织在总结各国资料的基础上不断提供一系列污染物的卫生基准，这是各国制定环境质量标准的重要依据。例如，我国1996版《环境空气质量标准》制定时主要参考的世界卫生组织于1987年发布的《欧洲环境空气质量准则》。实践中，环境质量标准规定的污染物允许剂量和浓度原则上应小于或等于相应的基准值。

② 以合理可行为准则。制定环境质量标准应考虑本国的经济、技术条件和国情。大气环境质量标准是要求在规定期限内达到的大气环境质量，不是一般性参考目标。制定时应充分估计在规定期限内实现这一质量要求所具备的经济、技术条件，在满足环境基准要求的前提下，考虑技术经济的合理性和可行性。为此，各国制定的大气环境质量标准中对污染物浓度的规定差别很大。例如我国在2012年修订1996版《环境空气质量标准》时，充分考虑到三类区和三级标准已经不能适应我国当前产业结构优化调整和生态文明社会建设的需要，取消了三类区和三级标准，同时还取消了氮氧化物指标、增设了臭氧8小时平均浓度限制，使修订后的标准更加符合我国经济技术的发展状况。

③ 以区域差别为导向。我国幅员辽阔，地理、气象、水文情况差异很大，制定国家环境质量标准时，按照区域差别导向对环境空气质量功能区和环境空气污染物限制进行分类、分级。2012版《环境空气质量标准》根据我国的地理、气候、生态、政治和经济的情况以及大气污染的程度，将环境空气质量功能区分为一类区（为自然保护区、风景名胜区和其他需要特殊保护的区域）和二类区（为城镇规划中确定的居住区、商业交通居民混合区、文化区、工业区和农村地区），将环境空气污染物限值分为一级限值（适用于一类区）和二级限值（适用于二类区）；未分级的环境空气污染物限值适用于所有区域。

(2) 大气污染物排放标准的制定。保护人体健康、维持生态平衡、满足大气环境质量标准的要求是制定大气污染物排放标准的主要依据。此外，还必须考虑所规定的允许排放量在治理技术上的可行性和经济上的合理性，考虑污染源所在地的自然环境特点（如环境的自净能力等），考虑当地污染源的分布、数量和特点等。通常情况下，可以按污染物扩散规律或按“最佳技术法”来制定排放标准，前者应用较少，后者又可分为最佳实用技术法和最佳可行技术法。最佳实用技术法是以国内能普及的工艺和技术为基础制定排放指标；最佳可行技术法是以国内已证明在技术和经济上可行、代表工艺改革和防治技术的方向，但尚未普及的工艺、技术为基础制定排放指标。由此可以看出，最佳可行技术法比最佳实用技术法要求更严格。

用“最佳技术法”制定排放标准，建立在现有污染防治技术可能达到的最高水平上，而且经济上是可行的，也就是说这种技术在现阶段实际应用中属于效果最佳，又有可能在同类企业中推广。这种方法不与环境质量标准直接发生联系，但它具有客观示范作用，起到积极的推动作用。应用“最佳技术法”的步骤如下：

做好调查研究工作调查研究生产工艺技术水平、企业管理状况、综合利用、回收资源和能源的能力，了解能有效减少或控制污染物排放的先进工艺技术和净化设备情况，了解监测技术、排放去向、经济状况等情况；

计算最佳技术的投资和运转费用，估计在较大范围内推广的可能性；

推算最佳技术普遍使用后的环境质量状况，为进一步修订标准做好准备；

按环境总量控制法制定污染物排放标准。一个地区污染物允许的排放总量是根据本地区的环境自净能力，本地区的气象、水文、地形，污染物的迁移转化规律及环境质量的要求而规定的。

6.3.3 港口主要污染物排放标准

目前，我国还没有专门针对港口的污染物排放标准，与港口环境污染物排放控制关系密切的主要污染物排放标准已在 6.3.1 中说明，本小节仅以与港口环境保护关系最为密切的《船舶水污染物排放控制标准》(GB3552—2018，详见附录 4)为例，简要说明控制排放的船舶污染物类别、排放控制标准和排放方式。

1) 控制排放污染物类型

含油污水(Oily Waste Water)是指在船舶运营中产生的含有原油、燃料油、润滑油和其他各种石油产品及其残余物的污水，包括机器处所油污水和含货油舱货油残余物的污水。

生活污水(Sewage)是指船舶上主要由人员生活产生的污水，包括：任何形式的厕所的排出物和其他废物；医务室(药房、病房等)的洗手池、洗澡盆和这些处所排水孔的排出物；装有活的动物处所的排出物；混有上述排出物或废物的其他污水。

有毒液体物质(Noxious Liquid Substances)是指对水环境或者人体健康有危害或者会对水资源利用造成损害的物质，包括在《国际散装运输危险化学品船舶构造和设备规则》的第 17 或 18 章的污染物种类列表中标明的，或者根据《国际防止船舶造成污染公约》附则Ⅱ第 6.3 条暂时被评定为 X 类、Y 类或 Z 类物质的任何物质。其中：X 类物质是指对海洋资源或人体健康产生重大危害、禁止排入水体的物质；Y 类物质是指对海洋资源或人体健康产生危害、或对海上休憩环境或其他合法利用造成损害、需严格限制排入水体的物质；Z 类物质是指对海洋资源或人体健康产生的危害较小、限制排入水体的物质。

船舶垃圾(Garbage From Ships)是指产生于船舶正常营运期间，需要连续或定期处理的废弃物，包括各种塑料废弃物、食品废弃物、生活废弃物、废弃食用油、焚烧炉灰渣、操作废弃物、货物残留物、动物尸体和废弃渔具，《国际防止船舶造成污染公约》附则Ⅰ、Ⅱ、Ⅲ、Ⅳ、Ⅵ所适用的物质除外，也不包括以下活动过程中的鲜鱼(含贝类)及其各部分：航行过程中捕获鱼产品(含贝类)的活动；将鱼产品(含贝类)安置在船上水产品养殖设施内的活动；将捕获的鱼产品(含贝类)从船上水产品养殖设施转移到岸上加工运输的活动。

2) 污染物排放标准及方式

前文已经对船舶含油污水、船舶垃圾的排放限值作了介绍，这里仅以船舶排放含有毒液体物质的污水为例加以说明。

船舶在沿海排放含有毒液体物质的污水，应在沿海的船舶按规定程序卸货，并按规定预洗、有效扫舱或通风后排放，并应满足下列条件：

在距最近陆地不小于 12 n mile 且水深不少于 25 m 的海域排放；

在船舶航行中排放，自航船舶航速不低于 7 kn，非自航船航速不低于 4 kn；

在水线以下通过水下排出口排放，排放速率不超过最大设计速率。

对于 X 类物质、Y 类物质中的高黏度或凝固物质以及未按规定程序卸货的 Y 类物质和 Z 类物质，如不能免除预洗，船舶在离开卸货港前应按规定程序预洗，预洗的洗舱水应排入接收设施。其中，X 类物质应预洗至浓度小于或等于 0.1%(质量百分比)，浓度达到要求后应将舱内剩余的污水继续排入接收设施，直至该舱排空。

第 7 章　港口环境风险管理

7.1　港口环境风险管理概述

环境风险是指人们在生产、生活过程中，所用物质、生产设施出现问题故障，产生某种危害的可能性或概率以及发生这种危害对环境、人身、经济所造成的后果和影响。环境风险具有两个主要特点，即不确定性和危害性。不确定性指的是环境风险的发生是有一定概率的，即风险的发生是偶然事件不是必然事件；危害性指风险一旦发生，往往会对社会、环境和人造成不良的影响，称为风险。

7.1.1　港口环境风险管理的内容

环境风险是由自发的自然原因和人类活动引起的、通过环境介质传播的、能对人类社会及自然环境产生破坏、损害乃至毁灭性作用等不幸事件发生的概率及其后果。在松花江污染事件发生后，国家环境保护总局发布了《关于加强环境影响评价管理防范环境风险的通知》(环发[2005]152 号)，明确提出从源头防范环境风险、加强对有毒有害物质泄漏风险管理的要求，指出环境风险评价与管理的迫切性和必要性。

港口是一个典型的人类活动与环境问题直接冲突的场所，因其储运物质规模较大且往往具有一定的危险性，属于重大危险工业领域。对港口区域来说，环境风险就是在某一目标下环境质量遭受破坏的潜在危险，即污染物或污染事件可能发生的概率及环境影响。随着港口规模的进一步扩大，运输、储存物质的种类与数量也在增加，其环境风险事故的发生概率及其影响也将随之加大，环境风险防范与管理工作将成为我国港口发展的重要组成部分和依据条件，对于保护近海的水产资源、保证港口生产作业和生态环境、海上交通业的顺利发展等具有重要的现实意义。

港口环境风险管理应包括以下几个方面的内容：

首先，进行系统的环境风险识别与分析，包括风险类型识别、风险源项分析、风险发生概率及其影响范围和程度预测等。

其次，加强对风险源的控制，包括了解风险源的存在分布与现时状态(重大危险源信息系统)、风险源控制管理计划、潜在风险预报、风险控制人员的培训与配备。

最后，风险的应急管理及事后恢复技术，主要通过计划、组织、协调、控制等管理手段，以最少的代价减小风险和提高环境安全性，是风险管理的目标和核心任务。

7.1.2 港口环境风险管理的原则

港口环境风险管理的原则主要有以下几方面：

① 贯彻国家和地方的有关应急工作的方针政策，坚持“预防为主、防救结合”的原则，提高港口突发性环境污染事件应急反应能力。

② 保护港口及近海区域生态和海洋环境资源，防止来自船舶、码头设施和相关油类、化学品作业造成的溢油污染损害，保障人体健康和社会公众利益；

③ 充分考虑港区岸线、码头、装卸设施的地理环境等因素，利用现有设备、器材及人员对突发性环境污染事件做出最快速、最有效的处理。

④ 开展环境风险源识别、评估环境风险等相关基础性工作，制定环境风险防范对策和应急预案，建立“自我识别、自我控制、自我完善、持续改进”的环境风险管理机制，提高管理和处置环境风险的能力，保障环境安全。

⑤ 注重“科学性、时效性、针对性、执行力”，体现“以人为本、预防为主、高效应急、持续改进”的原则。

⑥ 坚持全面评价和重点规划原则，充分考虑港区岸线、码头、装卸设施的地理环境等因素，筛选制约港口发展的关键环境风险因素，突出重点环节、重大环境风险和重点环境风险因素。

⑦ 坚持技术经济可行性原则，环境风险的各类防范对策与措施应坚持技术上可行、经济上合理、效果上可靠，能为相应部门采纳，具有可操作性。

⑧ 坚持防范为主，从源头上做好各种风险的防范措施，培养工作人员的风险意识，防患于未然，尽可能减少发生事故的可能性，充分保护陆域、水域的环境和资源，保障人体健康和社会公众利益。

⑨ 港口环境风险防范及管理计划应遵循可持续发展的战略思想，坚持科学发展观，加强环境保护，实现经济效益、社会效益和环境效益的统一，在实现港口发展目标的同时降低各类事故风险。

7.1.3 港口环境风险管理的特点

港口风险管理应当在遵循安全管理一般规律的基础上，着重分析港口风险事故防范的特殊规律，应用现代管理科学的先进方法，借鉴其他行业安全管理的先进经验，系统研究港口风险管理的特点、内容及方法等的特殊性，控制和消除生产建设中的风险因素，保护人、财、物不遭受破坏、损害和损失，在一定条件下取得最佳的经济效益和社会效益。

对于港口环境风险，事前预防胜过事后补偿，因此必须明确环境风险管理的范畴、职责以及信息沟通和交流的途径。通常的做法是任命一位环境风险管理主管人员，赋予充分的权力，以确保管理系统的有效性。环境政策还应得到各个部门的认同，以期在实施时畅通无阻。信息管理委员会作为跨部门机构，便于搜集港口环境风险相关的各类信息，可为环境风险管理提供有效支持。

《港口建设项目环境影响评价规范》规定，石油码头、液化气码头、散装有毒液体化学品码头及有毒固体化学品码头必须进行事故风险污染分析，风险分析范围包括码头、锚地和库区。

7.1.4　港口环境风险管理的程序

港口环境风险管理是一个有计划有步骤开展的工作过程，可以分成五个过程，即风险识别、风险评估、风险应对、风险监控和风险管理后评价。

1) 风险识别

风险识别是港口环境风险管理工作的第一步。只有全面、正确地识别港口风险，对其进行估测、控制才有实际意义。如果对所有相关的风险未能做出正确的识别，就失去了对未能识别部分加以处理的机会。港口环境风险源存在广泛，建设施工、生产作业人员的每一个操作行为都有可能导致风险。因此，只要存在被忽略的风险，不管风险处理计划多完善，就整个处理计划而言，也是不完善的。

实践中，港口环境风险识别与分析的目的在于通过类比法、加权法、因素图分析等定性分析方法确定港口生产运营过程中可能存在的潜在危险与有害因素，为港口环境风险防范与管理提供依据。南开大学邵超峰、鞠美庭等学者基于对天津港、大连港、营口港、宁波港等典型港口的现状调研以及对我国港口历史风险事故的统计分析，识别出5类主要港口环境风险(表7-1)。可以看出，影响港口环境风险的事故类型主要为海域溢油事故、陆域储运事故、港口及其附近海域赤/绿潮。此外，表7-2还给出了港口码头事故类型较为详细的典型诱因。

表7-1　港口主要环境风险类型

风险类型	风 险 因 素	风 险 原 因	发生频率	危害
溢油或化学品泄漏	海上溢油或化学品泄漏事故	主要由船舶相撞、误操作、人为排入、船舶故障等造成	中	中
	码头溢油或化学品泄漏事故	主要由管道接口泄漏、误操作等造成	中	小
	罐区溢油或化学品泄漏事故	主要由管道结构泄漏、误操作等造成	小	小
火灾	船舶海上火灾	主要由人为因素导致	小	中
	码头火灾	主要由人为因素导致	小	小
	罐区火灾	主要由雷击、人为因素导致	小	大
爆炸	罐区	主要由火灾导致	小	特大
赤/绿潮	赤/绿潮生物过量繁殖	海水富营养化，水文气象和海水理化因子的变化	中	中
生物入侵	船舶压载水	主要由船舶压载水、集装箱等带入港区	小	小

表7-2　港口码头事故类型和典型诱因

事故类型	典 型 诱 因
码头船舶火灾、爆炸、泄漏	受恶劣天气、海况自然因素和航道情况复杂影响，船舶发生搁浅、触礁、沉没、碰撞等事故引发泄漏风险事故； 船舶发生火灾、船舶结构缺陷，操作失误等导致泄漏风险事故； 码头设施发生故障和操作性事故、导致油品和其他有毒有害物质泄漏风险事故。

（续表）

事故类型	典 型 诱 因
输液管线泄漏	阀门的设计和制造工艺存在问题，造成阀门密封不严而导致介质的泄漏，多为渗漏或小流量连续排放； 密封填料的不严密，造成介质在密封填料处泄漏，这种泄漏一般也表现为渗漏，流量一般较小； 阀门的阀杆在某个位置被卡死，无法关闭阀门或是阀门关闭不严，从而造成介质泄露，且流量较大； 流体内含有固体杂质造成阀门关闭不严，从而引起介质泄漏； 其他诱因导致的泄漏事故。
贮罐火灾、爆炸、泄露	不均匀沉降、腐蚀导致贮罐产生裂缝，进而诱发泄漏风险事故； 贮罐运行中操作不当，诱发满溢泄漏风险事故； 输送过程中因雷击、静电等其他因素诱发泄漏风险事故。
库场火灾、爆炸、泄漏	因静电、雷击诱发的火灾、爆炸风险事故； 储存、运输、装卸、分装等各个环节违章操作诱发的泄漏风险事故； 因货物包装变形、破损导致有毒有害货物泄漏。
非正常排放	非正常生产排放贮罐底水、贮罐清洗废水、罐区初期雨水、地面和设备冲洗水、泵体和管线液体排空。

2）风险评估

港口环境风险种类繁多，发生概率大小不一。管理人员需要运用概率论和数理统计方法估测港口环境风险发生的可能性大小及其造成损失幅度的大小，即风险评估。特别是在管理人员制定各种风险处理措施时，更需要掌握风险的等级及其发生的概率。只有详细掌握了以上信息，才能对风险做出正确的决策，从而有针对性地制定降低风险的措施，降低风险发生频率、减轻事故危害。

3）风险应对

风险等级评定之后，应根据不同的风险性质和决策主体对风险的承受能力，采取相应的风险应对策略。可供采用风险应对策略有以下几种：风险回避、风险转移、风险降低、风险自留、风险分担等。制定风险应对策略主要考虑四个方面的因素：可规避性、可转移性、可缓解性、可接受性。一般的港口环境风险应对包括制定港口环境风险应急计划，对港口环境风险的防范以及发生港口环境事故后的应急处理。

4）风险监控

风险监控就是跟踪已识别的风险和相应的风险管理措施，监视残留风险和识别新的风险，严格执行风险应对措施并适时调整，密切注视这些措施对降低风险的有效性，将项目进展控制在决策者手中。这是风险管理工作中的一个关键环节，风险监控起到风险管理纠偏的作用，风险评估者不一定能够将所有可能风险一次性识别，在风险监控环节中就可以根据实际情况进行再一次论证，将剩余风险全部击破。

5）风险管理后评价

风险管理后评价是在港口环境风险管理工作完成后，通过对港口环境风险的目标、行动和影响进行全面系统分析，总结正反两方面的经验教训，使港口规划建设、生产经营活动的决策者、管理者和建设者学习到更加科学合理的方法和策略，提高风险决策和项目管理水平。

7.2　港口船舶溢油风险防范

港口船舶在生产运营过程中，由于外部恶劣环境、工艺设计缺陷、装置老化、操作不当等因素影响，存在诸多安全风险，有些风险甚至是灾难性的，如风暴潮、井喷、火灾爆炸等。而以上风险均有可能导致油品泄漏事故，对港口及海洋环境造成污染。

一方面，港口近岸设施主要有石油贮罐、炼化装置、陆源输油管道等。近岸设施中一般聚集和存储有大量油品、有的甚至高达几十万方。一旦出现油品泄漏，极易引发火灾、爆炸等安全事故，同时会导致严重的海域环境污染事故。如大连“7・16”溢油事故就属于近岸设施造成的油品泄漏污染事故。

另一方面，船舶运输为海洋石油勘探、开发、生产提供作业支持服务，作业船舶主要包括多功能工作船、物资供应船舶及油轮等。据统计，近几十年来，海上发生油品泄漏污染事故中船舶溢油占首位。导致船舶泄漏事故原因主要有船舶碰撞、搁浅、翻沉等。

7.2.1　港口船舶溢油风险因素

存在溢油风险的船舶类型较多，但油轮最为常见，且一旦发生事故，危害较为严重。油轮海损事故通常多在灾害性天气条件下发生，台风引起的暴潮使油轮失控导致的油轮断裂倾覆或碰撞搁浅、浓雾天气与过往船只碰撞等现象都可能引发码头、航道附近发生油轮溢油事故。

根据国际油轮船东防污染联合会（International Tanker Owners Pollution Federation Ltd.，ITOPF），1970—2017 年世界主要港口溢油事故统计资料分析，7 t 以上的溢油事故主要是由碰撞和搁浅所致。按溢油量规模进一步分析发现，小规模（＜7 t）溢油事故主要是由设备故障导致（占比 22％），中等规模（7～700 t）溢油事故主要是碰撞（占比 26％）、搁浅（占比 20％）、设备故障（占比 15％）导致，大规模（＞700 t）溢油事故主要是搁浅（占比 32％）、碰撞（占比 29％）、船体破损（占比 13％）、火灾爆炸（占比 12％）造成的（见图 7－1）。从作业环节看，装卸作业是导致溢油事故发生的重要原因之一，在小规模溢油事故中占到了 40％，在中等规模溢油事故中占到了 29％。其中，中小规模（≤700 t）溢油事故中，装卸操作时发生的溢油事故有近 50％跟设备故障有关。大规模溢油事故中，装卸操作时发生的溢油事故超过 50％跟设备故障和火灾爆炸有关。

根据《交通部我国海上船舶溢油应急反应工作综述》，1973—2006 年我国沿海共发生大小船舶溢油事故 22 635 起，其中溢油 50 t 以上的重大船舶溢油事故共 69 起，总溢油量 3.7 万吨。尽管迄今为止，我国发生的万吨以上特大船舶溢油事故并不多见，但特大溢油事故险情不断，其中 1999—2006 年我国沿海就发生了 7 起潜在的重特大溢油事故。随着港口和沿海油轮密度增加（2006 年航行于我国沿海水域的船舶已达到 464 万艘次），船舶溢油事故的风险将随之加大。因此，我国政府防止港口及附近海域溢油污染、保护海洋环境和海洋生态资源的任务非常艰巨。

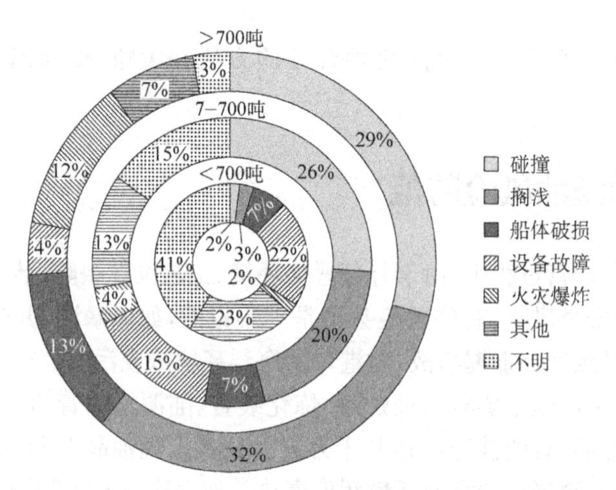

图 7-1　1970—2017 船舶溢油致因分析

7.2.2　港口船舶溢油应急措施与决策

溢油应急行动的有效性取决于多种因素，包括事故的地点、油品及其数量、可动用的人力和物力资源，没有哪一种措施可以解决所有问题。一般来说，溢油应急措施包括以下几种：寻找船舶溢油出口，堵住溢油源；使用围油栏、吸油拖栏等一切可能措施围住浮油，防止扩大污染面积；采用吸油毡、撇油器等一切可能的物理方法回收浮油；在实际情况要求和必要时采用化学方法分散、生物降解、焚烧等手段处理无法回收的污油。对已经造成岸线污染的溢油采取组织社会力量人工方式清除，油污的运输可临时采用槽车、洒水车；回收的油污物可存入专用的油囊和散货轮的货舱，到岸上专业回收单位进行处理，避免二次污染。

在这些溢油处理技术中，机械回收是最基本、最普遍的方法，其灵活性强，能适应中等及其以下海况作业，溢油回收率高，不存在二次污染，是溢油事故处理的首选方法。化学处理方法可以在恶劣的海况下使用，相比之下燃烧法因为成本低而具有很高的开发价值，适用于遥远的公海。生物降解技术适用区域为环境敏感的海岸线，一般应用在溢油清除技术的第二步。在一些特定的环境条件下，来增强自然环境对残余污染物的最终降解能力，从而使环境状况达到该区域动植物正常生活生长可以承受的水平。

海上溢油清除常用的三种技术（机械清除、化学分散剂和海上焚烧）的作业效果与作业条件、风况和海况、油层厚度有关。溢油清除技术适用条件如表 7-3 所示。

表 7-3　溢油清除技术适用条件

技术	优　　点	缺　　点
机械清除	对中等黏度的溢油效果很好； 在平静海面效果很好； 不会产生二次污染，灵活性强，回收率高	在风浪大的海面无效； 海面有浓雾时无效
化学分散	可在恶劣的气象条件下使用； 在开阔水域中被分散的油能迅速稀释； 适用于薄油层	在水温低的条件下可能无效； 对风化油、乳化油无效； 有可能给海洋生物带来影响； 在半封闭海湾可能长期滞留； 不鼓励在近海浅水域中使用

（续表）

技术	优　点	缺　点
焚烧	对新鲜溢油（溢油发生时间不久）有效，使用耐火围油栏使油膜足够厚，以便燃烧（至少 2～3 mm 厚）； 在平静海面效果好； 可用于碎冰稠密的海况，远离陆地航道；成本低，开发价值高	对风化油无效； 对乳化油无效； 产生空气污染影响岸边居民； 燃烧后给海面带来残渣物

在使用各种溢油应急处理技术时，应当注意对敏感区域的保护，注意事项如表 7－4 所示；同时，根据实际情况列出了相应的敏感区溢油清除技术，敏感区溢油清除技术如表 7－5 所示。

表 7－4　敏感区域溢油应急注意事项

敏感区域（名称、地点和环境特点）	注 意 事 项
生态区（如为猕猴、红树林、鸟类设立的自然保护区）	除非消油剂是这些区域唯一的清污方法或区域条件允许使用消油剂外，尽可能使油污偏离这些区域，不使用消油剂
水产养殖区 1 km 内	
浴场	所有经认可的清污方法都可以使用
岸线	最好使用围油栏围住，保护岸线，其他经认可的清污方法也都可以使用

表 7－5　敏感生态区清除技术

敏感生态区	清除技术			
	优先采用	可采用	不建议采用	避免采用
珊瑚礁	自然恢复	分散剂 低压冲洗 真空/泵吸	吸油材料	焚烧 沉降剂
珊瑚湖	围油栏、撇油器 自然恢复 真空/泵吸	人工清除 吸油材料	分散剂	焚烧 沉降剂
岩石潮间带	自然恢复	围油栏、撇油器 低压冲洗 吸油材料 人工清除 分散剂	高压冲洗 真空/泵吸	焚烧 沉降剂
软底潮间带	自然恢复	人工清除	清除底质 真空/泵吸	沉降剂
潮间带海草床	自然恢复	低压冲洗 生物挽救 分散剂	人工清除 吸油材料	清除底质 高压冲洗 真空/泵吸 人工清除

（续表）

敏感生态区	清除技术			
	优先采用	可采用	不建议采用	避免采用
盐碱沼泽地	围油栏、撇油器 低压冲洗 加强排水 自然恢复	分散剂 吸油材料 生物挽救	人工清除	焚烧 高压冲洗 人工清除 沉降剂 清除底质

影响溢油处理具体方案的因素包括事故等级、溢油的行为动态、海况、溢油处理设备的性能，溢油事故的等级越高则对溢油清理设备的要求也就越高。此外，还要根据具体的外部因素（如油种、海况）、溢油处理设备的使用条件、性能要求进行比较来选择特定性能的溢油处理设备，这样才能达到最好效果。溢油种类会影响清除方式和清除工具的具体选择，如果是轻质溢油，原则上会采取让其先挥发、再进行辅助处理的策略。例如，使用撇油器时，针对不同黏度的油会用不同的类型的撇油器来处理。海上溢油应急决策如表 7－6 所示。

表 7－6　港口船舶溢油应急决策

溢油情况	应 急 决 策		
海况	恶劣海况		大型飞机大面积撒播分散剂，对于遥远海域适时监控即可
	中等海况	大型事故	采用英国或丹麦充气式围油栏 U 形布设，但不宜长期滞留海上； 采用螺旋输送式撇油器等抗风浪强的器材； 采用倾斜板式、吸附带式、漩涡式油回收装置； 可配用浮动式防波堤构造平静区域
		中型事故	固体式围油栏，适用于半开放水面，按水流方向布设抗风，适用于油井守护和邮轮装卸，可完全回收长期滞留物，但需守护船值班
		一般事故	敏感区域布设围油栏，可使用分散剂或焚烧，并适时监控
	海况影响较小		液态油用围油栏，泵吸式、吸油绳式回收装置； 固态油用油拖网回收
油品特性	轻质油		自然挥发，残余使用吸油材料和回收器
	高黏度、高倾点		低温易乳化成块，用网式撇油器
	重质油		施洒凝油剂，用网式拖带回收

7.2.3　港口船舶溢油防范措施

1）硬件方面

（1）配备必要的安全保障设施。为了保障码头附近海域船舶的航行安全，港口、航道海域内行驶的船舶和港口经营人须服从当地海事局对船舶交通指挥和船舶事故报告等方面的协调、监督和管理，在码头前沿和船舶掉头区设置必要的助航等安全保障设施。

对于油品储运规模较大的港口，污染事故的发生概率较大。因此除了港口应急设备最低配备标准，建议配备以下设施：

多功能油污回收船。油码头在运营过程造成的污染事故，特别是航道上污染事故的发生将威胁到渤海湾的大面积海域，并有污染外海的风险，因此需要配备航速高、抗风浪能力强、具备外海作业快速反应能力的油污回收船。建议港口企业配备 45 m 双体多功能油污回收船 1 艘，回收效率为 100 m^3/h。

应急设备运输车。为满足现场设备运输的需要，配备应急设备运输车 1 辆。

建设设备库。若要防御大规模的污染事故，需要依靠整个港区的应急力量，抵御各种规模的污染事故。所以有必要在本港区建立应急设备库，进一步整合各港区的应急力量。

(2) 完善船舶交通管理系统建设。船舶交通管理系统是利用船舶自动识别系统基站、雷达、闭路电视监控系统、无线电话以及船载终端等通信设施监控航行在港湾和进出港口的船舶，并给这些船舶提供航行中所需的安全信息的一种系统。通过该系统可监控船舶的航路脱离与否、行进方向、速度、船舶相互交行等，可为船舶迅速地提供进出港时所需的安全航行信息。建设船舶交通管理系统可有效保障船舶安全航行，避免船舶碰撞事故的发生，辅助大型船舶在单向航道内安全航行，避免大型船舶过于靠近航道边缘或其他浅水区域而发生搁浅或触礁事故，此外还可以提高港口作业效率，方便组织有效的海上搜救行动和事故应急反应等。

2) 软件方面

(1) 加强对工作人员的培训和管理。根据溢油事故统计资料分析，港口溢油事故发生的主要原因之一就是操作失误。而从事油类运输的船员、油码头现场操作人员及相关管理人员的安全文化素质及其安全文化环境直接影响油类运输的安全情况。因此，应通过加强油船船员、船舶装卸操作人员、船舶管理以及对进港船舶的管理人员的防污染意识教育，使其熟悉工作岗位责任、规程，提高操作人员的作业水平，并经管理部门考核取得上岗资格证后才能上岗作业，从而有效减少或避免船舶溢油事故的发生。

(2) 组建应急防范队伍及演练。由海事部门牵头，组建由港区工作人员、消防人员共同参与的应急防范队伍。对应急救援及清污队伍作定期强化培训和演练，加强了解应急防范操作规程，掌握应急防范设备、器材的操作使用，增强突发性溢油事故的处置能力。

(3) 畅通应急通信联络。为确保突发性溢油事故的报告、报警和通报以及应急反应各种信息能及时、准确、可靠地传输，必须建立通畅有效、快速灵敏的报警系统和指挥通信网络。

(4) 建立健全码头应急反应的组织指挥系统。为确保应急反应的有序、高效，根据港口特点建立应急反应组织指挥系统，明确不同级别污染事故应急组织指挥人员组成、人员职责及其有效联系方式。

(5) 通过定期检查、检验措施，确保法规实施。根据《中华人民共和国海洋环境保护法》以及我国参加的《MARPOL73/78 公约》，防止船舶污染海域是港务监督的重要使命之一。海事局进行安全防污染检查应重点从“防污染软件”“防污染硬件”两方面展开。其中，“防污染软件”检查对象包括防污染文件(防止油污证书、油类记录簿、船上油污应急计划等)和各种安全防污操作规程等；“防污染硬件”检查对象包括防污设备，如油水分离器、滤油设备、排油监控装置、焚烧炉等，以及防污材料，如吸油毯、消油剂等。

鉴于装卸作业时发生溢油事故的频率较高，因此对油船装卸过程做好以下安全措施：油船在靠泊进行装卸油作业前，必须检查管路、阀门等油类作业的有关设备，使其处于良好状态，同时在船舶四周布设围油栏；在装卸油作业过程中，供油和受油双方密切配合，严格执行操作规程，掌握作业进度，防止冒舱、冒罐事故的发生，码头危险区域内禁火，雷电和暴风雨天气以及附近有火情时停止装卸作业，控制静电积聚，防止静电火花引发的燃爆事故；装卸船作业结束时，关闭阀门、收解输油软管时，须采取有效措施，防止软管存油注入海域。

7.3 港口危险品泄漏事故风险防范

危险品即危险化学品的简称，是指爆炸品、压缩气体和液化气体、易燃液体、易燃固体、自燃物品、遇湿易燃物品、氧化剂、有机过氧化物、有毒品和腐蚀品的化学品等具有较高危险性的物品总称。危险品泄露是指在危险品的生产、储存和使用过程中，盛装危险品的容器常常发生一些意外的破裂，倒洒等事故，造成危险品的外漏。一旦对泄漏控制不住或处理不当，随时有可能转化为燃烧、爆炸、中毒等恶性事故。由于部分港口贮罐集中，规模庞大，发生危险品泄漏时造成的危害也更为严重，因此必须严加防范。

7.3.1 港口危险品泄露影响因素

1) 系统设计缺陷

(1) 关键部件或部位缺陷。从行业大量的泄漏事故来看，衬垫、法兰盘、阀片、焊缝、螺钉拧入处等部件或部位的缺陷易造成泄漏事故，且以跑冒滴漏为主，事故规模通常较小，但发生频率较高，且分布范围较广，其危害性不容忽视。

(2) 安全监测、控制系统故障。贮罐、高位槽、火车槽车、管道及油船等储运设施设备的各种工艺参数(如液位、温度、压力、流量等)都是通过现场的一次仪表或控制室的二次仪表读出的，部分工艺环节的操作通过控制室完成，这一套安全监测、控制系统若出现故障，如出现测量、计量仪表错误指示或失效、失灵等现象，则容易造成毒物跑、冒、滴、漏等事故，且往往事故规模较大。

(3) 化学品贮罐的安全操作和管理工作失误。根据国内外同类工程的生产实践经验和事故教训来看，在贮罐的检测、巡回检查、油料脱水、油料收付、切换、现场交接及检验等工作环节上，若操作失误或管理不严，经常造成严重的跑油、跑料及泄漏事故，处理不慎，甚至会导致恶性火灾、爆炸。

2) 工艺过程风险

由于液体化学物质本身固有的理化特性，对散化码头生产和储运等设备的特殊要求都依赖于一定的生产操作工艺，这就使得工艺过程的许多环节都有可能对燃爆或毒物泄漏事故的发生造成潜在威胁。因此，需根据散装化学品码头生产作业流程，采用故障树分析法(与技术经济学中的决策树分析类似)，从一个可能的港口危险品事故开始，自上而下、一层层的寻找顶事件的直接因素和间接因素，直到根本因素，并用逻辑图把这些因素之间的逻辑关系表达出来，全面描述码头工艺过程可能导致事故的多种因素、发生概率和事故严重性，进而识别出诱发港口危险品事故的关键因素，明确工艺过程风险防控要点，为采取合理的管理对策提供依据。

3) 人为事故致因

人为事故致因是指由人造成的使系统发生故障或机能不良的事件，是违背设计和操作规程的错误行为。人因失误主要表现在：人感知环境信息方面的失误；信息刺激人脑，人脑处理信息并做出错误决策；行为输出时的失误等。人为事故致因受人自身生理和心理条件、设备性能、工作环境、管理制度等诸多因素影响。

控制人因失误的关键是掌握人因失误的机理及寻找其可靠性量化的模型。由于人本身的复杂性，不能用描述机器或元件的常规模型来分析。因而根据人行为的形成因子，建立人的行为模型，对于量化其可靠性显得十分重要。

7.3.2　港口危险品泄露应急措施

1）贮罐、管线泄漏事故

当贮罐、管线发生液体化工物料泄漏时，报警设备发出报警信号后，工作人员应立即进入现场查找原因，及时向有关部门汇报，并根据事故严重程度启动相应等级应急响应程序，具体参见《港口环境保护与绿色港口建设》(鞠美婷等，2010)。同时，立即开通防火围堤与污水处理系统连通闸，尽可能采取措施回收物料。如果是管道泄漏，应立即关闭贮罐进出阀；如果是贮罐系统出现泄漏，应立即将液体化工物料倒入贮罐，禁止机动车在库区通行，预防产生明火而引起火灾和爆炸，并调动消防车辆进入现场，做好灭火准备。如果液体化工物料已流入水体，若有可能应立即采取围油栏回收液体化工物料，防止扩散。

2）事故处理过程中伴生污染的防控

在进行事故处理过程中不可避免地会造成一些伴生/次生污染问题。

（1）油罐区火灾的消防水。本着对事故状态下消防水能够有效收集，确保最终不排入水体环境的原则，结合港区实际情况，建议消防水防范采用如下措施：利用防火堤作为控制消防水的第一道防线，通过含油污水提升泵和含油污水管线送入港区含油污水处理站处理；利用排洪沟作为控制消防水的第二道防线，如果出现防火堤坍塌等其他事故状况导致消防水外溢，消防水则会进入雨水系统。

（2）初期雨水事故防范措施。当出现中小降雨时，前 15 min 的初期雨水进入监控池。当采样监测石油类浓度低于排放标准 5 mg/L 时，雨水可切换至正常排放口排放；当监测结果高于排放标准时，应采用移动提升设备将含油雨水提升至脱水线，送至含油污水处理站处理。在大雨或暴雨情况下，应关闭排水管截断阀，将雨水全部保存在防火堤内，若采样监测结果达标，可通过雨水系统排放；若监测结果超标，则使用移动提升设备将含油雨水提升至脱水线，送至港区含油污水处理站处理。

（3）陆域管线溢油的处理。一方面应在管线的适当位置设置管道截止阀，并定期检查其性能，一旦发生管线溢油，应及时确定溢油点，并切断上游的截止阀。另一方面，为避免管线溢油对土壤及地下水造成污染，建议在管线带采取铺砌措施，以有效收集泄漏的原油。收集的原油应作为危险废弃物送交具有废油处理资质的部门进行处理，不得随意丢弃。

7.3.3　港口危险品储运风险防范措施

在危险品贮罐区如果发生易燃易爆液体、气体泄漏且难以控制时，就会在很大的范围内形成火灾爆炸危险区。此时，遇到火源将会发生灾难性的事故。为此，对难以采取密闭措施的场所，或有少量可燃物跑、冒、滴、漏时，可借助于通风来防止可燃气体、油蒸气积聚到爆炸浓度。造成油品及油蒸气泄漏的主要原因有三个方面：设备材质质量不能满足使用条件要求；人为因素，如工艺操作失误，发生跑冒滴漏；自然灾害和其他因素。人们可能期望能制造出没有泄漏的设备和装置，但实际上却很难，某种意义上也是不可能的。对于泄漏的控制和预防可从以下几个阶段考虑：预备阶段、设计阶段、加工阶段、试运行阶段、正式运行阶段、补修阶段、事故发生阶段。预备阶段是指在装置制造、购买、检查阶段注意泄漏问题。设计阶段的工作，从基础设计到包括每一个装置的制造和装配图的实际设计，每一个阶段都不能忘记泄漏问题。最好的方法就是在计划、设计、制造阶段认真注意泄漏问题。

泄漏事故预防措施主要是在管理上、技术上下功夫。首先是对设备、管线等从设计制造和安装等各个环节严把质量关，绝不允许不合格质量要求的产品投入使用。其次，制定严格的工艺操作规程、维修规程，防止出现跑冒漏现象。另外，还要加强对操作人员的操作技术培训和安全知识培训，积极采取新技术、新材料，提高设备管线、油罐的管理水平，提高防泄漏能力。油品液体、油气泄漏大多数具有突发性，要采用科学的方法和有效的检测仪器，如可燃气体报警仪等。根据地形、风向、气候条件等设置警戒，及时地预测和发现泄漏点，采取相应处理措施。

1）配备相关安全设施设备

在有易燃易爆物料可能泄漏的区域应安装可燃气体探察仪，以便及早发现泄漏、及早处理；设置贮罐高液位报警器及其他自动安全措施，对贮罐焊缝、垫片、铆钉或螺栓的泄漏应采取必要措施；配备大型高压氮气贮罐，为易燃物料罐区及危险装置提供氮封，减少物料和空气的接触；在贮罐外围设置防火堤，防火堤的内容积应可容纳一个最大贮罐破裂时流出的全部物料，从而能够将贮罐破裂时泄漏的油品截流在堤内，以免物料外溢污染周围的大气和水环境；在危险性最大的装置上应安装紧急排放装置，以便发生事故时，迅速将物料送往火炉燃烧，减少装置危险性；设置完善的下水道系统及事故处理池，保证各单元泄漏物料能迅速安全集中到事故池，以便集中处理。

2）做好安全措施和检查工作

贮罐的结构材料应与储存的物料和储存条件（温度、压力等）相适应。对新贮罐罐应进行适当的整体试验、外观检查或非破坏性的测厚检查、射线探伤，检查记录应存档备查，对贮罐外部、输送管道应定期进行检查，及时发现破损和漏处；对贮罐的温度、湿度、压力等应严格控制，并定期检查，以便及时发现变化并适时调整。

3）严格遵守危险品相关安全管理规定

托运危险物品必须出示有关证明，到指定部门办理手续。托运物品必须与托运单上所列的品名相符，托运未列入国家品名表内的危险物品，应附交上级主管部门审查同意的技术鉴定书。

装运爆炸、剧毒、放射性、易燃液体、可燃气体等物品，必须使用符合安全要求的运输工具，禁止用电瓶车、翻斗车、铲车、自行车等运输爆炸物品。运输强氧化剂、爆炸品及用铁桶包装的一级易燃液体时，没有采取可靠的安全措施，不得用铁底板车及汽车挂车；禁止用叉车、铲车、翻斗车搬运易燃、易爆液化气体等危险物品；温度较高地区装运液化气体和易燃液体等危险物品，要有防晒设施；放射性物品应用专用运输搬运车和抬架搬运，装卸机械应按规定负荷降低25％；遇水燃烧物品及有毒物品，禁止用小型帆船、小木船和水泥船承运。

运输散装固体危险物品，应根据性质，采取防火、防爆、防水、防尘、遮阳等措施。必须保持安全车速，保持车距，严禁超车、超速和强行会车。运输危险物品的行车路线，必须事先经当地公安交通管理部门批准，按指定的路线和时间运输，不可在繁华街道行驶和停留。运输爆炸、剧毒和放射性物品，应指派专人押运，押运人员不得少于2人，其排气管应装阻火器，并悬挂“危险品”标志。

危险物品装卸前，应对车(船)搬运工具进行必要的通风和清扫，不得留有残渣，对装有剧毒物品的车(船)，卸车后必须洗刷干净。危险物品的装卸运输人员，应按装运危险物品的性质佩戴相应的防护用品，装卸时必须轻装、轻卸，严禁摔拖、重压和摩擦，不得损毁包装容器，并注意标志，堆放稳妥。

运输部门应合理规划危险品运输路由和路线，尽量避免运输车路过生活居住聚集区、环境敏感区，避开车流量高峰时间和交通危险高发区。公路管理部门应加强危险品运输管理，严格执行《化学危险品安全管理条例》和《汽车危险品货物运输规范》中的有关规定。

担任储运的人员必须经过上岗培训，经定期考核通过后方能持证上岗。工作人员应熟悉事故应急设备的使用和维护，了解应急处理流程，一旦发生意外，应在采取应急处理的同时，迅速报告公安、交通部门和环保等有关部门，必要时疏散群众，防止事态进一步扩大和恶化。加强对司机的安全教育，严禁酒后驾驶、疲劳驾驶和超速驾驶，在危险品运输过程中，司乘人员严禁吸烟，停车时不准靠近明火和高温场所，在中途不得随意停车。在港区从事危险品装卸作业的工作人员，务必按章操作，尽量避免事故的发生；一旦发生泄露，工作人员应迅速将泄漏或渗漏的包装容器移至安全区域。

7.4　港口赤/绿潮灾害的应急防范

赤/绿潮都是水体富营养化导致的短时间内某一水域中赤潮藻或大型绿藻极速繁殖，导致水体变色，水质恶化，影响环境质量的一种污染现象。赤/绿潮发生后，会破坏养殖鱼类的生存环境、影响人体健康和自然景观、破坏生态系统等，因此应加强防控和应急处置。

7.4.1　港口赤/绿潮灾害影响因素

赤潮是在特定的环境条件下，海水中某些浮游植物、原生动物或细菌爆发性增殖或高度聚集而引起水体变色的一种有害生态现象。能够形成赤潮的浮游生物有一个别名，这就是人们常说的“赤潮生物”。在被称为赤潮生物的63种浮游生物中，硅藻有24种，甲藻32种，蓝藻3种，金藻1种，隐藻2种，原生动物1种。在中国，已有赤潮资料记载的赤潮生物达25种。其余的38种在中国海域均有分布，只是尚未形成过赤潮而已。因此，有赤潮生物分布的海域并非一定会发生赤潮，这要看其密度能否达到足以使局部海域水体变色的水平。

绿潮是在特定的环境条件下，海水中某些大型绿藻(如浒苔)爆发性增殖或高度聚集而引起水体变色的一种有害生态现象，也被视作和赤潮一样的海洋灾害。全世界现有大型海藻6 500多种，其中有几十种可形成绿潮。中国沿海分布有十几种，但黄海连续11年(2007—2017)暴发的绿潮主要为浒苔。浒苔是由单层细胞组成的膜质，中空管状体，呈鲜绿色或淡绿色，藻体长可达1～2 m，直径可达2～3 mm。浒苔为底栖生物，主要生长在沿海高、中潮带岩礁上，自然分布于俄罗斯远东海岸、日本群岛、马来群岛、美洲太平洋和大西洋沿岸、欧洲沿岸。中国南、北方各海区均有分布，属东海海域优势种。

尽管赤潮与绿潮有较大区别，比如赤潮多数由单细胞藻类或原生动物引起，而绿潮是由多细胞的大型藻类引起的,然而两者发生的条件极为相似。下面以赤潮为例,说明其影响因素。

1) 海水富营养化是赤潮发生的物质基础和首要条件

由于城市工业废水和生活污水大量排入海中,使营养物质在水体中富集,造成海域富营养化。比如渤海湾、长江口和珠江口等地区之所以赤潮多发,就是因为工业发达、人口密集,城市工业废水和生活污水随江河入海,氮、磷等营养盐类增加,造成海域富营养化,通俗地说就是海水"太肥沃了",给一些藻类的大量繁殖提供了养分。此时,水域中氮、磷等营养盐类,铁、锰等微量元素以及有机化合物的含量大大增加,促进赤潮生物的大量繁殖。其次,一些有机物质也会促使赤潮生物急剧增殖。例如,用无机营养盐培养时,简裸甲藻的生长并不明显,但加入酵母提取液时,其生长则非常显著。类似地,加入土壤浸出液和维生素 B_{12} 时,光亮裸甲藻生长特别好。

赤潮检测的结果表明,赤潮发生海域的水体均已遭到严重污染,氮磷等营养盐物质大大超标。研究表明,向海洋排放含氮和磷的工业废水、生活污水,高密度养殖,沿岸农田化肥、农药流失等人为因素,可使某些赤潮生物在有氮盐的海水中增殖 2 倍,若同时加入足够的磷盐可增殖 9 倍。另据实验研究,在海水中加入小于 3 mg/dm^3 的铁螯合剂和小于 2 mg/dm^3 的锰螯合剂,可使赤潮生物卵甲藻和真甲藻达到最高增殖率。相反,在没有铁、锰元素的海水中,即使在最适合的温度、盐度、pH 和基本的营养条件下,种群的密度也不会增加。

2) 水文气象和海水理化因子的变化是赤潮发生的重要原因

海水的温度是赤潮发生的重要环境因子,20~30℃是赤潮发生的适宜温度范围,一周内水温突然升高大于 2℃通常是赤潮发生的先兆。海水的化学因子(如盐度变化)也是促使赤潮生物大量繁殖的原因之一。盐度(1 000 g 海水中的盐含量)在 26~37 的范围内均有发生赤潮的可能,但是海水盐度在 15~21.6 时,容易形成温跃层和盐跃层。温、盐跃层的存在为赤潮生物的聚集提供了条件,易诱发赤潮。由于径流、涌升流、水团或海流的交汇作用,使海底层营养盐上升到水上层,造成沿海水域高度富营养化。营养盐含量急剧上升,引起硅藻的大量繁殖。这些硅藻过盛,特别是骨条硅藻的密集常常引起赤潮。这些硅藻类又为夜光藻提供了丰富的饵料,促使夜光藻急剧增殖,从而又形成粉红色的夜光藻赤潮。在赤潮发生时,水域多为干旱少雨,天气闷热,水温偏高,风力较弱,或者潮流缓慢等水域环境。

3) 海水养殖的自身污染亦是诱发赤潮的因素之一

全国沿海养殖业的大发展(尤其是对虾养殖业的蓬勃发展),养殖区产生了严重的自身污染问题。在对虾养殖中,人工投喂大量配合饲料和鲜活饵料。由于养殖技术陈旧和不完善,往往造成投饵量偏大,池内残存饵料增多,严重污染了养殖水质。另一方面,由于虾池每天需要排换水,所以每天都有大量污水排入海中,这些带有大量残饵、粪便的水中含有氨氮、尿素、尿酸及其他形式的含氮化合物,加快了海水的富营养化,为赤潮生物提供了适宜的生物环境,使其增殖加快。

4) 其他自然因素也会影响赤潮

赤潮多发除了人为原因外,还与纬度位置、季节、洋流、海域的封闭程度等自然因素有关。比如,赤潮一般在 5 月份最多,夏天相对集中。2016 年受厄尔尼诺现象影响,海水温度升高,导致海洋微生物的繁殖条件更好,更易引发赤潮。

7.4.2　港口赤/绿潮灾害防范

1) 防控陆源污染物排放入海

完善沿海工业污染防治措施。一是通过调整产业结构和产品结构，转变经济增长方式，发展循环经济，"关停并转"小型污染企业，淘汰设备落后、治理无望的企业和生产线。二是加强重点工业污染源的治理，推行清洁生产，采用高新适用技术改造传统产业，减少工业废物的产生量，增加工业废物资源再利用率。三是按照"谁污染、谁负担"的原则，进行专业处理和就地处理。四是加强沿海企业环境监督管理，严格执行环境影响评价和"三同时"（环境保护设施必须与主体工程同时设计、同时施工、同时使用）制度，对新建项目执行"环保第一审批制"，杜绝"先污染后治理"现象。五是建立并实施排污总量控制制度和排污许可证制度，针对渤海、黄海等是重点海区，配合环境管理部门尽快建立并实施重点区域排污总量控制制度，确定主要污染物排海总量控制指标，同时实施排污许可证制度，使陆源污染物排海管理制度化、目标化、定量化。

加强沿海城市污染物污染海域环境防控设施建设。一方面加强城镇绿化和城镇沿岸海防林建设，保护滨海湿地，加快沿海城镇污水收集管网和生活污水处理设施的建设，增加城镇污水收集和处理能力，逐步提高沿海区域环境污染的防治能力。另一方面，加强沿海区域污染治理的监督管理，结合区域城市"创模"和"生态示范区"建设，将沿海区域近岸海域环境功能区纳入考核指标，强化防止和控制沿海城市污染物污染海域环境的措施。

防止、减轻和控制沿海农业污染物污染海域环境。应结合区域生态环境建设，积极发展生态农业，减少农业面源污染负荷。严格控制环境敏感海域的陆地汇水区畜禽养殖密度、规模。有效处理养殖场污染物，严格执行废物排放标准并限期达标。

2) 防控海洋产业对海洋环境的污染

防控海上运输船舶污染。强化港口和船舶污染管理，在海湾地区启动船舶油类物质污染物"零排放"计划，实施船舶排污设备铅封制度。国际商船、国内商船和国内渔船的防污设施配备率要分别达到100%、90%和80%。新建和改造含油污水接收处理船和岸上垃圾接受设施，逐步提高船舶和港口码头防污治污能力，建立港口废油、废渣回收与处理系统，实现运输船舶排放的污染物集中回收、岸上处理、达标排放。健全船舶油类污染物接收处理规程和申报制度，加强船舶运输危险品审批和现场监督，开展船舶防污染专项检查，积极推进海上船舶污染应急预案的制定和应急反应体系的建设。制订港口、船舶环境污染事故应急计划，建立应急响应系统，防止、减少突发性污染事故发生。

防控海上养殖污染。海水养殖多位于水体交换能力较差的浅海滩涂和内湾水域，养殖自身污染已经引起局部水域环境恶化。要严格控制海产养殖污染，合理制订海水养殖计划.建立鱼、虾、贝、藻等混养的生态养殖系统，尤其在水体富营养化的内湾和浅海积极开展生态渔业养殖。推广科学合理的浅海养殖技术，控制各类海水养殖的密度，合理增殖放养。严格控制海带、裙带菜等的施肥量。未来，应建立海上养殖区环境管理制度和标准，编制海域养殖区域规划，合理控制海域养殖密度和面积，建立各种清洁养殖模式，控制养殖业药物投放，通过实施各种养殖水域的生态修复工程和示范，改善已被污染和正被污染的水产养殖环境，减轻或控制海域养殖业引起的海域环境污染。

防控海上石油开采污染。海洋是一个油气资源十分丰富的地域。为防止石油开采对海洋环境造成污染，一方面在钻井、采油、作业平台应配备油污水、生活污水处理设施，使之全部达标排放。另一方面海洋石油勘探开发应制定溢油应急方案，加强对溢油应急计划的审批和海上溢油事故的现场监督管理。企业在投产前必须编制溢油应急计划并报主管部门批准，确保企业在溢油事故发生后，能够有效地组织人力、物力，及时、迅速、正确地处置各类海面油污染，将污染损害降到最低。

防控海上倾废污染。严格管理和控制向海洋倾倒废弃物，禁止向海上倾倒放射性废物和有害物质。加强对倾倒区的监督管理和监测，严格执行倾废区的环境影响评价和备案制度，及时了解倾倒区的环境状况及对周围海域环境、资源的影响，防止海上倾废对生态环境、海洋资源等造成损害。

3）进一步加强海洋环境监管

加强近岸海域环境监测、巡查和执法力度，防止船舶和海洋油气采输、海岸工程、海洋工程污染。完善海洋环境监测网络，使近岸海域环境监测网、渔业水域生态环境监测网和海洋环境监测网成为环境监测网的重要组成部分，与陆域环境监测网共同组成健全、有效的环境监测体系。特别是加强对重点排污口、重点海域、重要渔业水域以及赤/绿潮的监测能力，建立经常性的监督检查制度。配合海洋行政主管部门，严格执行海洋工程建设项目环境影响评价制度，加强对海上石油平台和海上倾倒区的管理。依据我国颁布《中华人民共和国环境保护法》《防止船舶污染海域管理条例》《海洋石油勘探开发海洋环保条例》《倾废管理条例》，建立有法可依、有规必循、执法必严、违法必究的执法程序，加强执法力度。

4）科学合理地开发、利用海洋

为避免和减少赤/绿潮灾害的发生，应从全局出发，做到积极保护、科学管理、全面规划、综合开发。海水养殖业应积极推广科学养殖技术（比如，鱼、虾、贝、藻等混养技术），加强养殖业的科学管理，控制养殖废水向海洋排放，保护养殖水质处于良好状态；海洋渔业要注重渔业资源的再生能力，为达到生态环境的良性循环，须进行科学捕捞，文明作业，严禁掠夺式生产；增殖、放流经济鱼、虾等优质品种，大力发展贝类养殖，适当养殖藻类，以期恢复良好的食物链系统，充分利用水域生产力，营造良好的海洋生态环境。

5）重视海洋环境保护的科研工作

除设立专门的环境保护部门外，还应设立海洋环境研究机构，鼓励从事海洋环境研究的研究机构、大专院校、企业研发等部门相互合作，从各自的角度研究港湾和海域生态环境保护技术、典型有害赤/绿潮生物检测技术、赤/绿潮高发区的赤/绿潮生物种群动力学等，加速赤/绿潮科研成果的转化，为全面实施海洋生态环境资源保护与管理工作提供科学依据。

7.4.3 港口赤/绿潮灾害应急处理

对于已经发生赤/绿潮的地区，主要采取以下应急处理措施。

1）赤潮治理

（1）物理黏土法。目前国际上公认的一种方法是撒播黏土法，利用黏土微粒对赤潮生物的絮凝作用去除赤潮生物。当撒播黏土浓度达到 1 000 mg/L 时，赤潮藻去除率可达到 65%左右。

（2）化学除藻法。利用化学药剂对藻类细胞产生的破坏和抑制生物活性的方法，进行杀灭，控制赤潮生物，具有见效快的特点。最早使用的化学药剂是 $CuSO_4$，易溶于水，在使用过程中极易造成局部浓度过高而危害渔业，同时在海水的波动下迁移转化太快，药效的持久性差，也易引起铜的二次污染。有机化合物在淡水除藻中具有药力持续时间长、对非赤潮生物影响小等优点，目前已有多种化学制剂(如硫酸铜和缓释铜离子除藻剂、臭氧、二氧化氯以及新洁尔灭、碘伏、异噻唑啉酮等有机除藻剂)用于赤潮生物治理的实验研究，用有机化合物杀灭和去除赤潮生物也已有相关报道。

(3) 生物学方法。生物学方法治理赤潮的办法主要有三个方面：一是以鱼类控制藻类的生长；二是以水生高等植物控制水体富营养盐以及藻类；三是以微生物来控制藻类的生长。其中，微生物具有易于繁殖的特点，是目前生物控藻措施中最有前途的一种方式，用于除藻的微生物主要有细菌(溶藻细菌)、病毒(噬菌体)、原生动物、真菌、放线菌等。多数溶藻细菌能够分泌细胞外物质，对宿主藻类起抑制或杀灭作用。因此，筛选能够高效生物降解的杀藻物质是灭杀赤潮藻的一个新的研究方向。目前，比较现实的方法就是利用海洋微生物对赤潮藻的灭活作用，及其对藻类毒素的有效降解作用，使海洋环境长期保持稳定的生态平衡，从而达到防治赤潮的目的。

2) 绿潮治理

尽管采用一些化学药物可以杀死浒苔(发生绿潮的一种主要生物)，但容易对其他养殖品种造成危害和产生副作用，而且浒苔死亡会产生臭味，因而实践中一般不宜采用。生物学方法除可治理赤潮外，还可用于治理绿潮。绿潮治理最常用的方法是打捞，然后进行资源化处理。

(1) 生物学法。通过种植“海洋蔬菜”(如海带、紫菜、苔菜、裙带菜、麒麟菜等)，吸收海水中的氮、磷，降低这些营养盐的浓度，从而夺取浒苔的“口粮”，实现“浒口夺食”。也可在浒苔快来临之前，在绿潮高发海域增殖放流蝶嬴蜚[①]，通过蝶嬴蜚摄食低级食物链上的浒苔，可以转化高蛋白的蝶嬴蜚，蝶嬴蜚成为增值中国对虾、日本对虾、三疣梭子蟹等现货的优质生物饵料，使经济动物成活率高、品质好，形成良性循环，保护海洋生态环境。

(2) 围栏打捞。由于浒苔在生长过程中固定了大量的营养盐，采取机械方式或人工方式持续不断地打捞，能进一步净化和水质，保证生态系统的良性平衡。待水中营养元素耗尽时，绿潮自然会逐渐消退。但需要强调的是，打捞上来的浒苔必须有效地处理或综合利用，避免二次污染的发生。实践中，可依据绿潮进入沿岸的可能路径进行分片拦截，根据近岸潮流的变化及其当时的生长周期设定围堵区块和采用围油栏与立式网的围堵方式，并积极开展打捞设备、方法的遴选与改进。事实证明，基于应急性环境保障系统设定的围栏打捞效果很好。例如，2008 年浒苔曾一度威胁青岛奥帆赛，当年青岛创新浒苔打捞模式，采取“打捞和围隔相结合、机械作业和人工打捞相结合、海域清理与陆域清运相结合”的方法，打捞浒苔 100 余万吨。

(3) 多途径开发利用。浒苔可用于做食品、肥料、饲料等。例如，青岛海大生物集团有限公司开发了浒苔叶面肥、有机肥、冲施肥、微生物菌肥、土壤调理剂、园林园艺肥料等共计 18 大类 50 余种产品，远销东南亚、中东、欧洲、韩国等 20 多个国家和地区。2014 年，浒苔肥料品牌“海状元 818”被认定为“中国驰名商标”。2015 年，该公司共处理海域、陆域鲜浒苔累计约 3. 4 万吨，生产一级浒苔粉 1 200 吨，生产浒苔多糖 240 吨，浒苔有机水溶肥料 600 吨，海藻饲料添加剂 350 吨，土壤调理剂 720 吨，实现了良好的经济效益和社会效益。此外，浒苔还具有一定的药用价值，如肠浒苔可供药用，浒苔的纤维质有解毒烟碱的作用。

---

① 蝶嬴蜚，是一种小型底栖动物，主要以浒苔为食，具有繁殖力强、繁殖周期短等特点。

第 8 章　港口海洋环境监测及评价

8.1　港口海洋环境监测

8.1.1　港口海洋环境监测的概念及作用

1) 概念

港口海洋环境监测是指在设计好的时间和空间内,使用统一的、可比的采样和检测手段,获取港口海洋环境质量要素和陆源性入海物质资料,以阐明其时空分布、变化规律及其与港口规划、建设、运营和海洋环境保护关系之全过程。简言之,就是用科学的方法检测代表港口海洋环境质量及其发展变化趋势的各种数据的全过程。

环境监测是随环境科学的形成和发展而出现,在环境分析的基础上发展起来的。港口海洋环境监测是环境监测的分支和重要组成部分。港口海洋环境监测的对象可分为三大类:一是造成港口海洋环境污染和破坏的污染源所排放的各种污染物质或能量;二是港口海洋环境要素的各种参数和变量;三是由港口海洋环境污染和破坏所产生的影响。其目的是全面、及时、准确地了解和掌握人类活动对港口海洋环境影响的水平、效应及趋势,进而采取适当措施保护港口海洋环境,维护港口海洋生态系统平衡,保障人类健康。

2) 作用

港口海洋环境监测是港口环境管理的重要依据,在港口环境保护中具有基础性的地位。港口海洋环境监测的作用具体表现如下。

港口海洋环境监测是沿海社会经济和港口海洋生态环境可持续发展的客观要求。港口海洋环境监测是港口环境保护的重要组成部分,港口环境的质量、受污染的程度和污染的趋势等问题,必须通过先进的技术、设备和科学的方法进行监测才能掌握。同时,如何合理开发和利用资源,也必须依靠科学的环境监测数据才能制定出正确的环境决策。因此,搞好港口海洋环境监测,是港口环境保护的关键,是港口生态环境和沿海社会与经济可持续发展的客观要求。

港口海洋环境监测是港口环境预测预报、减灾防灾的基础工作。港口海洋环境监测可以为港口海洋环境预测预报提供所需资料,是港口环境管理工作顺利开展的前提和基础。通过长期、连续、有目的的监测,将帮助人们深刻认识和掌握自然灾害的形成和发展规律,并在分析大量资料的基础上,做出高质量的港口海洋灾害预报。同时,港口海洋防灾减灾管理、防御对策和措施的制定也需要丰富的港口海洋环境监测资料作为基础。对于已出现的人为灾害，也需要以港口海洋环境监测的资料为基础，进行分析、研判并制定防治措施。也就是说，只有充分了解灾害的过程、特点、范围、规模以及强度，才能制定出有效的防御方案。

港口海洋环境监测是保护港口环境、维护人体健康的重要条件。人类在开发利用港口海洋资源的同时，必须注意保护和改善港口环境，而这些又必须以港口海洋环境监测资料为依据。从微观角度来看，通过对这些资料的分析研究，可使人们对港口环境健康有更明确和直观的认识。从宏观角度来看，可以掌握港口环境的变化趋势，来制定环境保护相关的政策、法规、计划和标准。同时，港口海洋环境监测中的很多项目和应用港口环境监测结果的领域，对于人们维护自身的健康也具有重要作用。例如，大肠杆菌是港口海洋环境监测的常规监测项目，也是衡量人粪尿入海污染的一个重要指标。该项监测指标已在我国港口海洋环境监测中应用了二三十年，对保护港口环境、维护人体健康起到了相当大的作用，并根据这一监测指标指导一些管理决策，如关闭游泳场、改进城市污水排海设施等。

港口海洋环境监测是港口海洋资源开发利用的基本需求。在港口海洋资源开发利用中，为了降低投资、环境健康和资源持续利用等目的，既需要使用资源状况的基础数据，确定开发利用的区域，又需要港口海洋环境资料，确保开发利用区域的科学、经济和安全。如港口岸线资源、海洋油气资源、海洋水产资源、海洋旅游资源以及围海造田等的开发利用，都需要深入了解使用海域的海洋环境条件，以避免盲目、无序地开发利用。同时，通过对港口海洋环境监测结果的研究，能够增强对港口海洋生态系统的理解。如生物的变异性及人类社会对它们的影响等，在监测到类似方面的信息时，管理人员便可根据环境问题的重要程度，重新调整管理措施的轻重缓急，保证港口海洋资源的合理开发利用。同时，港口海洋资源的开发利用，也需要准确、连续的港口海洋环境监测资料为依据，来选择最佳的开发地点。总之，港口海洋环境监测资料无论是对生物资源、非生物资源，还是对动力资源、空间资源的开发利用，都具有非常重要的指导意义。

港口海洋环境监测是维护国家安全、促进港口环境管理的重要保障。由于海洋空间的广度远远超过陆地，同时海洋对陆地的制约作用日趋增强。港口海洋水文、气象、地质等一系列港口海洋环境要素的变化，对海上作战、训练和新式武器实验都有重要影响。为了有效防止可能的海上入侵，必须加强港口海洋环境监测。另外，环境保护的关键在于研究人类与环境之间在进行物质和能量交换活动中所产生的影响，而研究这些活动间的相互关系都是在定性、定量化的基础上进行的，这些定量化的环境信息只有通过环境监测才能得到。同时，港口海洋环境监测也是检验港口环境政策效果的标尺，监测资料也是各级政府制定港口环境政策的基本依据。

8.1.2　港口海洋环境监测的内容及方法

1）监测内容

港口海洋环境监测的内容主要包括环境要素监测和污染物监测两个方面。

港口海洋环境要素监测包括水文要素监测（主要有水深、水温、盐度、海流、波浪、水色、透明度、海冰、海发光等观测）、化学要素监测（主要有溶解氧、总碱度、活性硅酸盐、活性磷酸盐、硝酸盐、亚硝酸盐、总磷、总氮、总碳）、生物要素监测（有关生物学参数和生物残留物及生态学参数）和地质要素监测（地层岩性、地质构造、泥沙特征等）。

港口海洋环境污染的监测包括陆源排污口邻近海域监测、海水增养殖区监测、海洋倾倒区监测、海洋大气监测、海洋溢油的监测等。

2）监测方法

监测原则。进行港口海洋环境监测的基本原则如下：有明确的监测目的；有完善合理的监测计划；有正确的监测方法、监测手段和质量保证措施；有分析评价监测数据的科学方法。

监测类型。包括常规检测、临时检测、应急监测、研究性监测等四种类型。其中：①常规监测又称例行监测，是指在基线调查的基础上，经优化选择若干代表性测站和项目，对测定海域实施长周期的监测，其目的在于获得常规性环境指标数据；②临时监测是指一种短周期的监测工作，其特点是机动性强，与社会服务和环境管理有更直接关系的监测方式，如出于经济或娱乐目的对特定海域提出特殊环境管理要求时，可用临时性监测；③应急监测是指在突发性海洋污染损害事件发生后，立即对事发海区的污染物性质和强度、污染作用持续时间、侵害空间范围、资源损害程度等的连续的短周期的观察和测定；④研究性监测是指在弄清楚目标污染物的监测，通过监测弄清污染物从排放源排出至受体的迁移变化趋势和规律；当监测资料表明存在环境问题时，应确定污染物对人体、生物和景观生态的危害程度和性质。

监测手段。①化学监测是指对海洋生态系统各种组分（水、沉积物、生物）中污染水平进行的测定。②物理监测是指测定海洋环境中以物理量及其状态进行的测定。③生物监测是指利用生物对环境污染的反应信息，如群落、种群变化、畸形变种、受害症候等作为判断海洋环境污染影响手段进行的测定。

监测流程。港口海洋环境监测流程如图 8－1 所示。其中：①监测方案设计是港口海洋环境监测的第一个关键环节，其目的是在费用、人力和物力条件约束下，寻求达到预期监测

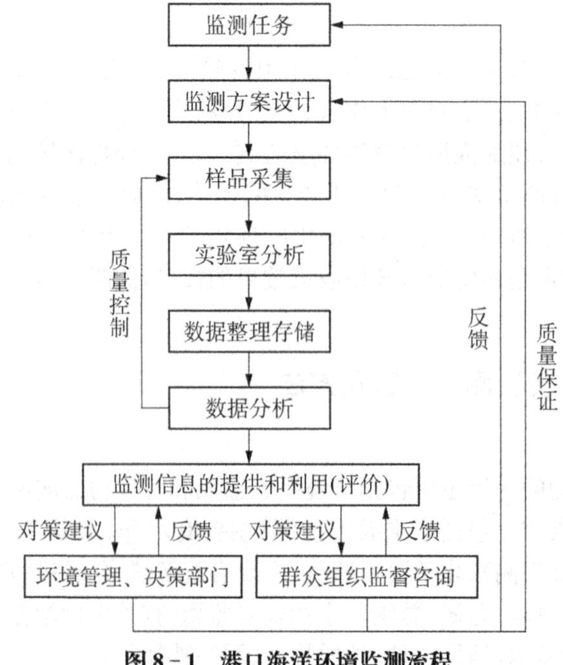

图 8－1　港口海洋环境监测流程

目标的最有代表性的环境参数、最合理的监测站位布设和时间分配。一般情况下，确定监测参数、站位布设及监测频率应遵循实用（监测数据越有用越好）、经济（统筹考虑监测能力、条件、成本、收益等因素）、优先（优先监测污染物）。②样品应按照监测计划和海洋检测规范（GB 17378—2007）采集，并按规范要求分割、包装、保存，及时进行必要的预处理和现场描述，准确地记录其状态并标识，填写有关记录表或记录本，现场描述项目和内容应简明并表格化（主要包括要素名称、监测海区、监测时间、观测点、编号及样品状态描述等）。③实验室分析应按 GB 17378. 3 至 GB 17378. 7 中相应条款规定的方法和技术要求在规定的时间内完成样品预处理、分析、测试和鉴定工作，并在规定的时间内按质量计划规定要求对样品分析、测试与鉴定结果进行质量检查，如发现误差超出规定范围，应重新分析、测试与鉴定。

3）应急监测

港口海洋环境应急监测是指在港口发生突发性环境污染事件发生后，立即对事发区域的污染物性质、强度、污染作用持续时间、侵害空间范围、资源损害程度等进行的连续短周期观察和测定，其目的主要是及时、准确地掌握和通报事件发生后的污染动态，为港口环境污染损害事件的善后治理和恢复提供科学依据，为执法管理和经济索赔提供客观公正的污染损害评估报告。通常情况下，港口海洋环境监测部门在接到突发性污染损害事件报警和监测通知后，应立即做出反应，并向当事人或知情者了解事件发生的事实过程（包括事件发生的时间、地点、原因、方式、污染物种类、泄出量、影响范围、已造成损害等），掌握事发海域及周围的环境条件、水动力学特征等因素，对污染物迁移速度、影响区域和对港口海洋环境可能产生的危害等进行初步分析和判断，在此基础上，对原定的应急监测预计划做适当调整，确定具体的监测方案后迅速启动。

（1）溢油应急监测。溢油应急监测预计划应包括溢油监测应掌握和收集的资料、事故类型和等级的确定原则、监测站的布设原则和方法。监测站的数量、密度及具体方法应依据事故类型和等级而定，通常的布站方法是以溢油点为中心作同心圆式、网络一断面式或放射式布站。监测项目包括气象要素（如风向、风速、气温、气压），水文要素（如水温、盐度、水深、表层海流、水色、透明度、海况）、水质（如溶解氧、化学需氧量、pH、油类）、底质（如沉积物类型、氧化还原电位、油类）等。

溢油应急监测首先应对事故现场进行观测，包括观测造成事故的设施特征（如船型、石油平台类型、设施破损程度、泄露口情况、溢油种类、溢油量等）、准确地点、水深、油类排放方式、油类通过指定点的宽度和厚度，采集油样、拍照、录像，描述现场污染情况等。其次，需要跟踪漂油带，观测漂油带的宽度、长度、厚度、漂流方向、表层流等。同时，要观测油膜覆盖的范围、覆盖率、形状、色泽、厚度等。此外，还需要观测岛礁、海滩和渔具的受污染情况等。在综合分析研判的基础上，对上述预计划进行适当调整，迅速形成具体的应急监测方案，并付诸实施。

（2）赤/绿潮应急监测。赤/绿潮应急监测的目的是通过对赤/绿潮发生区的跟踪监测，了解赤/绿潮发生的范围、动向以及诱发赤/绿潮消长趋势的诸因素，以便采取防范措施和加强对污染海产品的管理，避免发生误食中毒事件；同时，为开展赤/绿潮防治和预测、预报提供科学依据。赤/绿潮应急监测站的布设应以获取该海区反映总体环境质量状况的代表性样品为目的。一般可根据赤/绿潮发生的范围、漂移状态，在赤/绿潮发生区的中心及周边设站采样。为了进行比较，还应在赤/绿潮发生区外布设对照监测站，监测站数应视赤/绿潮发生区范围的大小而定。赤/绿潮应急监测项目包括色、臭、漂浮物、气压、风向、风速、气温、透明度、水色、水温、pH、溶解氧、化学需氧量、活性磷酸盐、亚硝酸盐、浮游生物、赤/绿潮生物、叶绿素 a、底泥抱囊等,有条件的还应增加赤/绿潮毒素项目。

赤/绿潮应急监测首先是现场观测,包括准确地点,周围环境,赤/绿潮带形状、面积、色泽等。其次是跟踪赤/绿潮带,包括赤/绿潮带的宽度和长度变化、漂移方向、表面流等。在赤/绿潮发生后,监测部门应按计划要求做好充分准备,立刻赶赴现场,收集现场有关资料,在对预计划调整修订的基础上,尽快形成具体的监测方案,并付诸实施。

8.2 港口环境质量评价

8.2.1 港口环境质量评价的概念及类型

1) 概念

港口环境质量评价(Environmental Quality Assessment)是按照一定的评价标准和评价方法对港口区域范围内的环境质量进行定性或定量的说明、评定和预测的工作过程。其主要目的包括: 较全面揭示港口环境质量状况及其变化趋势;找出港口环境污染治理重点对象;为制定环境综合防治方案和城市总体规划及环境规划提供依据;研究港口环境质量与人群健康的关系;预测和评价拟建项目对周围环境可能产生的影响。

通过港口环境质量的现状评价可以摸清港口环境的污染程度及其变化规律,从而为制定港口环境管理目标、环境规划以及对港口环境污染进行总量控制提供可靠的科学依据。

2) 类型

根据不同要素,可将港口环境质量评价分为不同的类型。①按评价要素多少分,可分为单要素评价和综合质量评价,前者是就某一环境要素的质量进行评价,后者是对许多要素进行综合评价;②按环境要素种类分,可以将港口环境质量评价分为港口大气质量评价、港口水质评价、港口生物质量评价、港口地质质量评价等;③按评价时间序列分,可港口环境质量评价分为港口环境回顾评价、港口环境现状评价和港口环境影响评价;④按评价参数选择分,有卫生学参数、生态学参数、地球化学参数、污染物参数、经济学参数、美学参数、热力学参数等质量评价。

8.2.2 港口环境质量评价的程序、内容及方法

1) 评价程序

港口环境质量现状评价程序如图 8-2 所示,主要步骤如下: ①调查了解评价港口海域的地理条件及社会、经济概况;②污染源(主要分陆源污染及海上排污两部分)调查、统计、评价;③做好评价准备工作,包括评价参数的选定、评价标准和环境本底值的确定、评价模式及加权方法的选择等;④环境质量现状的监测、评价;⑤对评价结果的检查、分析和验证;⑥污染防治对策的研究和制定。

回顾评价的内容及工作程序与现状评价基本相同,影响评价在下一节讨论。

2) 评价内容及方法

(1) 单要素评价。任何港口区域都是由多种环境要素组成的复杂综合体系。因此,评

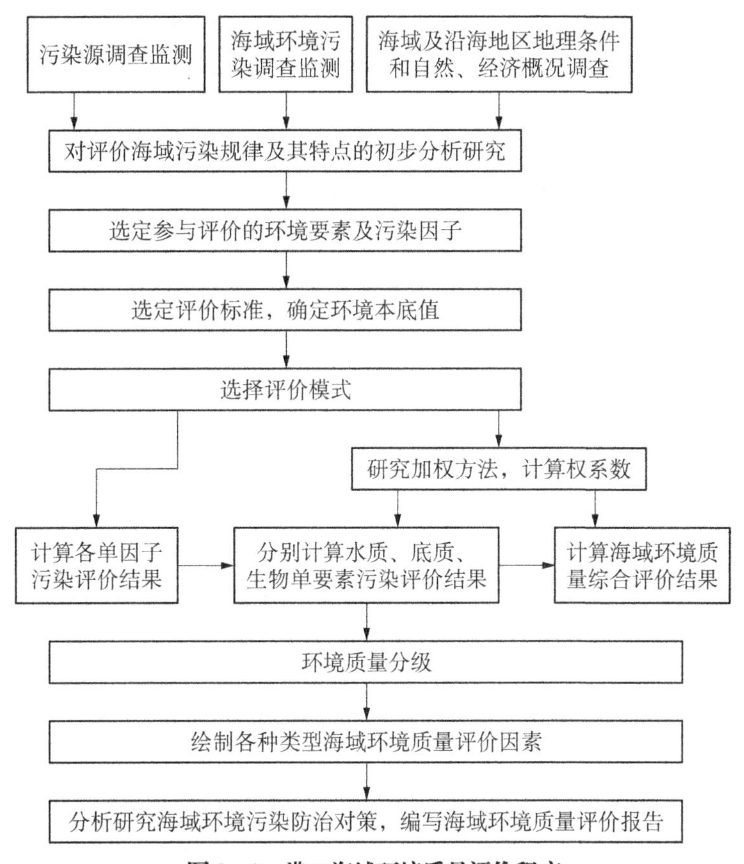

图 8－2　港口海域环境质量评价程序

价一个港口区域的环境质量，首先必须对每个环境要素分别进行评价。现以港口水域的水质评价为例加以说明。

港口水域的水质评价可分为单项评价和综合评价。单项评价即对水质中单项污染物的污染程度进行评判；综合评价是对多项水质参数进行综合水质评价。

①单项水质评价。单项水质评价是指对某监测站每项水质参数的评价，旨在了解该监测站各项水质参数的情况，是近海水质评价的重要内容，也是其他后续评价的基础。单项评价模式应反映和解决两方面问题：水质污染物实测数据与水质标准之间的关系；各项水质参数的归一化，使相同的计算结果具有相同的意义。为此一般采用污染指数法。

评价参数的选择要根据评价的目的和要求、被评价海域的污染源及其他特点来确定。港口海域水质评价通常选择以下参数：pH 值、溶解氧、COD、无机磷、无机氮（亚硝酸盐氮、硝酸盐氮、氨氮）、油类、总汞、铅、铜、镉、六六六等。

港口水域水质环境评价的标准，通常采用《中华人民共和国海水水质标准(GB 3097—1997)》三类海水水质标准。

单项水质评价一般采用污染指数法。这种方法的实质是将某项监测污染物的实测值或多次监测的平均值与该项污染物的评价标准相比，其计算公式为

$$I_i = C_i / S_i \tag{8-1}$$

式中：I_i 为 i 项污染物的质量指数；C_i 为 i 项污染物的实测浓度平均值；S_i 为 i 项污染物的评价标准。

通常情况下，指数越大，水质越差；指数越小，水质越好；指数为 1 时，海水中的污染物浓度恰好等于水质标准。但是，溶解氧与其他水质参数不同，当溶解氧含量饱和时水质最好，其含量越低，水质越差。污染指数法计算过程简单，结果直观，物理意义明确，被公认为较好的评价方法。

②水质综合评价。水质综合评价方法有几十种，我国常用的几种水质综合评价方法包括综合指数法、内梅罗指数法和模糊数学评价法等。

综合指数法的计算公式一般表达为

$$P_i = \sum_{i=1}^{n} W_i I_i \tag{8-2}$$

式中：P_i 为某站位或评价单元水质综合指数；I_i 为某污染物的污染指数；n 为参加评价参数的个数；W_i 为某污染物的权值。

美国学者内梅罗（Nemerow N. L.）提出的计算综合污染指数法，是选用 14 种水质参数并根据水质的不同用途计算水质的综合污染指数，内梅罗指数法的计算公式为

$$P_j = \sqrt{\frac{I_{i\max}^2 + I_{i\text{average}}^2}{2}} \tag{8-3}$$

式中：P_j 为水质综合指数；$I_{i\max}^2$ 水质参评各项污染物中污染指数最大值的平方，$I_{i\text{average}}^2$ 为水质参评各项污染物污染指数平均值的平方。

该指数法的特点是，不仅考虑到影响水质的一般水质指数，而且还突出强调其中污染最严重的一种水质指数状况。

模糊数学评价法是海洋环境水质评价中已有应用，这种方法的关键是根据海水水质标准级别建立各单项污染物的隶属度，确定一个模糊矩阵 $\boldsymbol{R}$，再利用一定的方法算出各参评单项污染物的权重，组成一个模糊矩阵 $\mathbf{A}$，由矩阵 $\boldsymbol{R}$ 和矩阵 $\mathbf{A}$ 得到海水环境质量的综合评判矩阵 $\boldsymbol{Y}$，即 $\boldsymbol{Y} = \boldsymbol{R} \cdot \boldsymbol{A}$，计算所得的 $\boldsymbol{Y}$ 是综合评判结果。

需要说明的是，尽管模糊评价在综合评价中是合理的，但在实际运用中存在一定问题，它扩大了权值的作用，可能丢失一些信息，使评价结果可能出现失真现象。因此，在实际工作中，应以指数法为主，模糊数学法仅供参数。

(2) 港口环境质量综合评价。实践中，要评价一个港口区域的环境质量，不仅要对其中单个环境要素进行质量评价而且还要对整个海域的环境质量进行综合评价，以得出港口环境的质量状况。本书重点介绍综合指数法，其计算公式如下：

$$Q_i = \sum_{i=1}^{n} W_i P_i = W_{水} P_{水} + W_{沉} P_{沉} + W_{生} P_{生} + \cdots \tag{8-4}$$

式中：Q_i 为某评价单元（某监测站或某海域）综合质量指数；$W_{水}$ 为水质的权重系数；$P_{水}$ 为水质的质量指数；$W_{水}$ 为沉积物的权重系数；$P_{水}$ 为沉积物的质量指数；$W_{生}$ 为生物的权重系数；$P_{生}$ 为生物的质量指数。

各环境要素权重 W 一般由专家们根据实践经验决定。如果某海域同时进行了水质、沉

积物、生物调查或监测,则三种环境要素的权重一般为30%、30%和40%。如果同时还进行了同一海域的海面大气调查,则权重需要重新确定。计算出各监测站或评价单元的Q值后,可参考表8-1分级标准划分污染等级。

表8-1 港口海域环境质量污染等级划分

污染分级	未污染	微污染	轻污染	中污染	重污染
综合质量指数	<0.5	0.5~1.0	1.0~2.0	2.0~3.0	>3.0

8.3 港口环境影响评价

8.3.1 港口环境影响评价的程序及方法

港口环境影响评价是指人们进行对环境有影响的港口建设开发行动之前,通过调查研究,分析预测港口建设开发行动可能对环境造成的影响,并制定预防或减轻环境污染和破坏的措施。港口环境影响评价是港口环境管理工作的重要组成部分,它的出现使港口环境保护工作由消极治理走向防患于未然,由被动转向主动,是港口环境管理的重大发展。

1) 港口环境影响评价的程序

港口环境影响评价的程序如图8-3所示,共分为三个阶段:①准备阶段,其重要工作收集项目相关资料,确定环境目标、评价因子、评价范围和评价等级。②评价阶段,其主要工作为港口建设项目工程分析、环境现状调查、各类环境影响评价,以及编写环境影响报告书。③审批阶段,其主要工作有环境报告书的审查、修改和批复。

需要注意的是,港口环境影响评价的重点工作集中在第二阶段。此外,在准备阶段和评价阶段都需要公众参与。

2) 评价方法

港口环境影响评价的方法和港口环境质量现状评价方法类似,在此不再赘述。但需要说明的是,两者也存在明显的差异,即现状评价使用实测结果进行评价,而影响评价则使用预测结果进行评价,因此环境影响评价的效果取决于环境预测的质量。由于对海洋底质和海洋生物环境质量的预测缺少可靠的方法,目前港口环境预测主要指水质预测,评价方法包括定性预测和定量预测两大类。

(1) 定性预测法。

①主要有专家判断法和类推法。其中,专家判断法首先邀请各方面有经验的专家对可能产生的各种港口海洋环境影响,从不同角度提出意见和看法,然后采用一定的方法将意见综合,从而得出项目建设可能产生的港口海洋环境影响的定性结论。②类推法则是根据港口建设项目的性质、规模及周围海域环境特征,寻找与其类似的已建项目,通过调查已建项目的环境影响来推断新项目的环境影响。

(2) 定量预测法。

①主要有统计分析法、经验公式法、数值模拟法。其中,统计分析法通过对已有数据的统计分析,寻求某一水质参数与影响这一水质参数的主要因素之间的统计关系;当建立这种

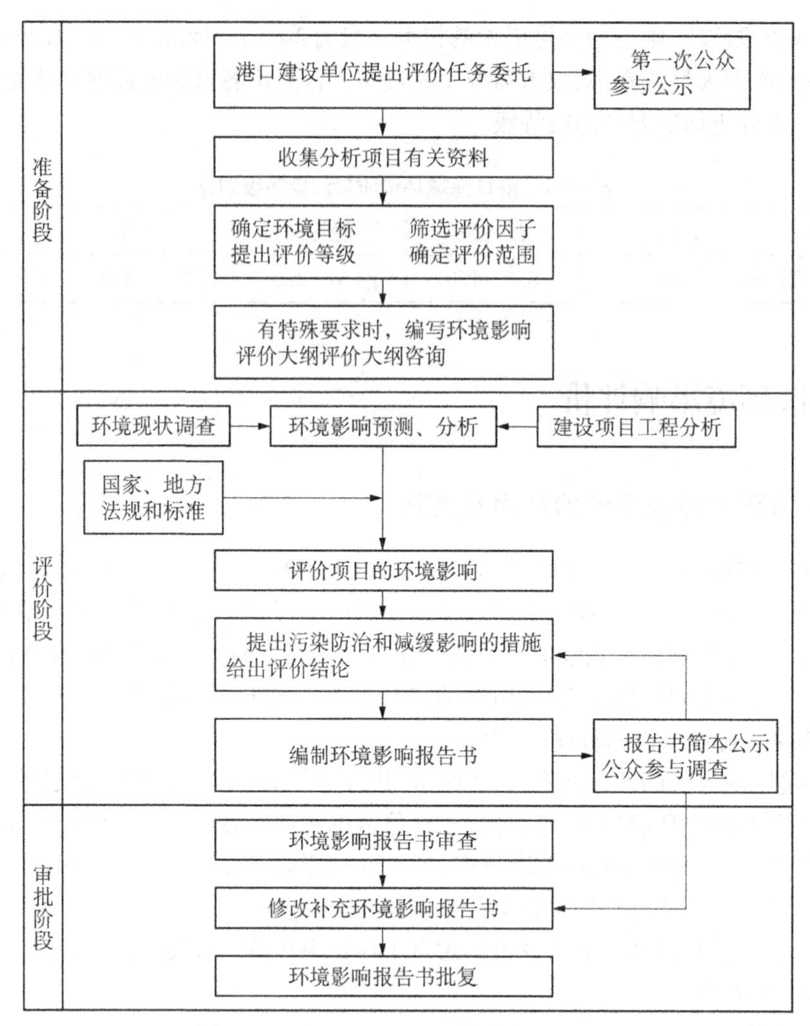

图 8-3　港口建设项目环境影响评价程序

统计关系后输入影响因素的变量，则可得出水质参数的变化值；实践工作中，一般多采用回归分析法。②经验公式法是早期的水质污染预测方法，使用范围有局限性、准确度差，如元良公式法。③数值模拟法在环境预测工作中应用广泛，过去以有限差分法为主，多用固定边界模型（与潮滩地区的实际情况不符），只能进行二维模拟，主要预测 COD 浓度分布；现在有限元法已得到广泛应用，并开始采用水陆边界随潮位涨落而变动的变边界数值模型，能够调查进行三维计算，可预测油膜扩散及温排水扩散等。

8.3.2　港口环境影响评价报告主要内容

港口环境影响报告书主要内容一般包括总论、工程概况与工程分析、环境概况、环境现状调查与评价、环境影响评价、公众参与、环境保护管理与环境监控、环境保护措施及其经济技术论证、环境经济损益分析、环境影响评价结论等十个部分。在实际工作中，可根据需要把握各部分的详略，也可以适当增加某些相关内容。港口环境影响评价报告的详细内容如表 8-2 所示。

表 8-2　港口环境影响评价报告书内容

章	节	备　注
1　总论	1.1　评价目的	对项目建设所带来的环境问题进行科学论证，为环境管理部门提供科学依据
	1.2　评价依据	项目可行性研究报告、环境影响评价相关法律法规、标准、技术规范等
	1.3　评价标准 1.4　评价等级、评价范围和评价重点	应根据港口功能定位、环境要素评价等级和所在地区的环境特征确定
	1.5　环境保护目标和控制目标	应根据港口功能定位、环境要素评价等级和所在地区的环境特征确定，并且符合国家现行环境影响评价的相关规定
	1.6　评价技术方法	指数法，数值模拟法等
2　工程概况与工程分析	2.1　工程概况	应包括项目选址和规划要求、建设规模和总平面布局、工程量、总投资、装卸工艺及设备、配套设施和依托条件、施工方案、能耗、水耗等方面的内容
	2.2　工程分析	应分析主要环境影响因素、环节及项目的清洁生产水平，确定评价因子，核算主要污染物排放量
3　环境概况	3.1　自然环境概况	应收集与项目相关区域的地质、地貌、水文和气象等资料
	3.2　社会环境概况	以收集项目所在区域统计年鉴、相关部门正式公布的统计资料为主，辅以现场调查、访谈
4　环境现状调查与评价	4.1　生态影响现状调查与评价	应根据评价等级和环境特点确定水域生态和陆域生态的调查内容
	4.2　水环境现状调查与评价	应收集评价范围内近3年内有效的水环境现状资料，以收集历史资料为主，并辅以现场调查。 资料收集要求同上
	4.3　大气环境现状调查与评价	应包括污染源评价和大气环境质量现状评价
	4.4　声环境现状调查与评价	应包括噪声源分析和声环境现状评价，以现场监测为主
5　环境影响评价	5.1　生态影响评价	应分析评价建设项目的生态影响途径、方式、范围和程度
	5.2　水环境影响评价	应包括水文动力环境、冲淤环境、水质环境、沉积物环境评价等内容
	5.3　大气环境影响评价	应收集评价区50 km内最近距离并与项目所在地地理特征基本一致的气象台站的地面气象观测资料
	5.4　声环境影响评价	应根据工程分析确定的主要噪声源预测其影响范围和程度 预测评价因子应为等效连续A声级
	5.5　固体废物污染分析	船舶垃圾污染分析内容应根据评价类别、货种、船型、船舶航区和出发港疫情确定 陆域固体废物污染分析内容应根据港口建设项目性质、货种确定

（续表）

章	节	备注
	5.6 环境风险评价	把突发事故可能引起环境的影响，造成环境质量的恶化及对生态系统、人群健康影响的预测和防护作为评价工作重点
	5.7 社会影响评价	主要包括建设项目与项目所在区域城市规划、交通规划和经济发展规划等的协调性分析等内容
6 公众参与		工作程序应按现行国家和地方相关公众参与要求执行 调查对象应包括受影响的人群、政府部门、感兴趣团体、企事业单位和专家
7 环境保护管理与环境监控	7.1 环境保护管理	应提出环境保护管理职责与环保管理工作的主要内容和环境保护机构设置的要求
	7.2 环境监测计划	包括施工期和运营期的监测
	7.3 施工期工程环境监理	包括生态保护、水土保持、绿化、污染物防治等环境保护工作的所有方面
8 环境保护措施及其经济技术论证	8.1 防治环境影响的措施	应根据影响评价结果提出施工期、运营期防治环境影响的措施；防治环境影响的措施应技术可行，经济合理
	8.2 经济技术论证	应进行多方案经济技术比选，经济技术论证宜对各种指标进行定量与定性的分析评价
	8.3 环保投资估算	控制和减缓不利影响的投资，替代或给予合理补偿的投资
9 环境经济损益分析	9.1 经济效益	包括项目直接经济效益和社会效益两部分
	9.2 环境损益	包括环保设施、设备、管理和监测机构建设及运行费用估算，并分析项目造成的环境损失
10 环境影响评价结论	10.1 工程概况 10.2 环境现状评价主要结论 10.3 环境影响评价主要结论 10.4 环保措施及“三同时”环保竣工验收清单 10.5 评价总结论	应重点给出建设项目与相关规划、规划环境影响评价和产业政策的符合性结论，并对该项目环境是否可行提出评价结论
附件	列出项目环境影响评价委托书、环境影响评价标准确认函等依据性文件	
附图	项目地理位置图、总平面布置图、环境保护目标分布图等	
附表	根据需要列出相关表格	

第9章　绿色港口建设与评价

9.1　绿色港口建设理论

9.1.1　绿色港口的内涵

国际上对“绿色”的理解通常包括生命、节能、环保三个方面，实质上泛指保护地球生态环境的活动、行为、计划、思想和观念等。它涉及的内容非常宽泛，不仅包括绿色产品，还包括资源的回收利用、能源的有效使用、对生存环境和对物种的保护等。如今，人们的生存和发展观念正在发生重大变化，可持续发展思想和绿色生产方式、生活方式已被人们普遍认同，“绿色”已成为现代经济社会中一个很重要的、对人类与环境均有益而无害的代名词。

港口是世界经济的增长的重要推动力，同时也是世界上主要的耗能单位和污染源头。在全球能源危机和环境恶化的新形势下，国际港口界提出了绿色港口的发展理念，并积极开展绿色港口建设，引起了社会广泛关注。

绿色港口，又称“生态港口”“环保港口”“两型港口”（资源节约型、环境友好型）“低碳港口”等，但目前尚未有统一的定义。根据《绿色港口等级评价标准》(JTS/T105—4—2013)，绿色港口是指在生产运营过程中，秉承资源节约、环境友好发展理念，积极履行社会责任，综合采取有利于节约资源和能源、保护环境和生态、应对气候变化的技术和管理措施，达到了相应绿色等级标准的港口及码头。

从本质上讲，绿色港口就是既能满足环境要求又能获得良好经济利益的可持续发展港口。简言之，即实现港口与社会、经济、环境系统的共赢，其关键是在环境影响和经济利益之间寻求一个平衡点——港口经济、社会发展不超过自然系统的承载能力。这一可接受的平衡点，一定是基于对环境消费和经济利益的正确判断基础之上的，同时还要确保没有无法挽回的环境改变发生。

绿色港口建设是从源头防治环境污染和生态破坏、保护水产资源和港口生态环境的有效途径，是落实科学发展观，促进区域经济、社会与环境发展，建设生态文明的有效载体。建设绿色港口就是将“港区—人—环境”和谐相处的绿色理念渗透到港口建设发展和运营作业相关的各项行为之中，按照能源消耗低、环境污染少、增长方式优、规模效应强的可持续发展思路，建立以港口为龙头的现代交通、物流、临港工业和综合服务体系，通过绿色物流、清洁生产、建立生态监督与保障系统、建立生态安全和管理系统等措施，提高港区的环境管理水平，改善港区的生态环境质量，最大限度地提高港口经济活动的资源使用率、减少港口建设和运营对所处区域环境的负面影响，实现“环境优美、高效节能、清洁生产、达标排放、综合利用”和港口经济、社会和环境协调发展的总目标。

9.1.2 绿色港口建设的理论基础

1) 可持续发展理论

绿色港口建设的目的就是实现港口的可持续发展，只有走可持续发展的道路，港口才能综合解决经济发展、社会进步和环境保护等方面的问题，实现经济效益、社会效益和环境效益的均衡发展。因此，绿色港口建设必须紧密围绕可持续发展的主要内容。①强调经济增长的必要性，不仅重视经济增长的数量，更关注经济发展的质量。可持续发展要求改变传统的以“高投入、高消耗、高污染”为特征的生产模式和消费模式，实施清洁生产和文明消费。绿色港口建设要均衡地考虑经济发展与环境保护两者之间的关系，经济发展不能以对环境的破坏为代价，而应注重协调发展的数量与质量、速度与效益之间的合理关系，根据港口区域的环境与资源特点进行建设，保证自然资源的可持续利用。②体现公平性原则：一是本代人的公平即代内平等，要给世界以公平的分配和公平的发展权，要把消除贫困作为可持续发展进程特别优先的问题来考虑；二是代际间的公平即世代公平，要认识到人类赖以生存的自然资源是有限的，要给世世代代以公平利用自然资源的权利。③要实现港口区域的自然资源的可持续利用和生态环境质量的持续良好，这一目标体现了对可持续发展目标的追求。没有资源的可持续利用和生态环境质量的持续良好，人类的发展是暂时的、脆弱的、不能持久的。

各个港口的实际情况不同，可持续发展的模式也不可能是唯一的，但实现公平性和持续性原则是共同的。各个港口要实现可持续发展，都需要适当调整其港口经济发展政策。只有全球港口界共同努力，才能实现港口可持续发展目标以及全球可持续发展的总目标，从而将人类的局部利益与整体利益结合起来。

2) 循环经济理论

循环经济是实现可持续发展的根本模式，发展“循环经济”和“建立循环型社会”是削减污染、保护环境的重要手段，是实现可持续发展的必由之路。循环经济不但要求人们建立“自然资源—产品和用品—再生资源”的经济新思维，而且要求在从生产到消费的各个领域倡导新的经济规范和行为准则。

因此，在绿色港口建设的全过程（包括港口规划、建设、运营等阶段），都要考虑循环经济理论所要求的减量、再用和循环原则，按照循环经济的理念来削减污染、保护环境。绿色港口规划、建设和运营都应切实体现循环经济的要求，以提高资源利用效率、实现污染物排放的最小化为目标。

3) 生态学理论

按照生态学理论的要求，任何生产活动都要放在生态系统物质循环和能量流动的普遍联系中、放在立体交叉的生态网络中、放在生态系统的动态平衡过程中加以考察，尊重生态系统的辩证特点。

港口也是由社会、经济、自然等系统组合而成复合生态系统，港口建设规划应该综合考虑社会、经济、自然因素，港口的开发建设过程不应以牺牲生态环境为代价，应切实注重保护生态环境,维持复合生态系统的平衡。对港口建设过程中所造成的生态系统破坏和环境资源损失,应根据生态学的理论对可能造成的影响及破坏进行合理的预测、评估,采取积极有效的生态恢复措施,进行环境补偿,将损害减小到最低程度。

4）系统理论

绿色港口建设涉及经济、环境、社会等方面的因素,而这些因素之间不是孤立的,而是存在着广泛的、多层次的相互联系、相互制约和相互作用。同时,这些因素按一定结构进行组合,并呈现一定的功能,成为一系列的系统——经济系统、社会系统、环境系统等。这些系统自身还包括更小的子系统,同时又同属于一个更大的系统——环境经济社会系统,形成递阶层次结构。可见,绿色港口建设涉及的环境经济社会系统是个复杂的巨系统。

绿色港口建设需要研究港口的开发对于环境、社会、经济等方面的综合影响,协调它们之间的相互关系,使系统最优化,进而达到可持续发展的目的。因此,系统科学的各个理论将对绿色港口建设的理论研究和实践具有指导意义。

9.1.3　绿色港口建设的目标、原则及要求

1）目标

坚持港口发展与环境保护协调发展。从港口规划、布局到建设、生产,全面落实环境保护措施,实现港口的节约发展、清洁发展、安全发展和可持续发展,实现港口经济效益、社会效益和生态效益共同提高。

充分发挥港口区域经济特色和生态环境优势,在发展中加强生态环境建设,完善海洋生态系统结构和功能,科学合理地开发和保护海洋资源。

合理调整产业结构,实现入海污染物全面实施总量控制,建立健全海洋环境保护管理及监测机制和环境风险管理体系,确保海水水质满足环境功能要求、海洋生态系统的良性发展以及海洋生物资源的可持续利用。

基本实现港口区域经济社会发展与资源环境承载力相适应,把港口尤其是具有重要战略地位的海港建设成为设施先进、功能完善、管理科学、运行高效、文明环保的现代化国际物流枢纽,实现港口经济、社会、环境的协调发展。

2）原则

绿色港口建设的基本原则为科学发展、统筹协调;依靠科技、开拓创新;突出重点、整体推进;因地制宜、突出特色;政策引导、公众参与。具体体现在以下几方面: ①坚持可持续发展原则。实现可持续发展是绿色港口建设的最终目标,它是建立在资源可持续利用和良好的生态环境基础上的,因此必须坚持生态环境保护和经济、社会发展相协调的原则,遵循经济规律和生态规律,立足当前,着眼未来,从可持续发展角度评价港口建设活动对环境的影响,通过环境保护及环境质量达标规划,建立具有可持续改进的环境建设和管理体制,以保障可持续发展港口的实现。②坚持“共赢”原则。坚持“共赢”原则,就是以经济建设为中心,以生态理论为指导,从港口规划、布局到建设、运营,全面落实环境保护措施,协调由于港口建设运营活动所造成的经济、社会、资源环境等诸方面的矛盾,使港口经济社会发展符合生态规律,实现港口经济效益、社会效益和生态效益的共同提高。③坚持战略性原则。坚持战略性原则,就是从战略高度评价港口建设、运营活动,坚持与港口发展规划的一致性、港口功能布局的合理性,并根据总量控制思想提出港口发展原则,制定污染物排放总量控制方案。

④坚持资源配置合理原则。充分利用系统分析技术，合理安排资源、资金与技术，使之产生最佳经济、社会和环境效益。⑤坚持技术经济可行原则。港口环境保护及生态建设的各种措施应坚持技术可行、经济合理、效果明显，具有科学性、针对性和可操作性，能为相应部门所采纳。

3) 要求

(1) 集约利用资源。强化规划管理，集约利用港口岸线、陆域、水域等资源。统筹新港区开发与老港区改造搬迁，促进港口与城市协调发展。加强既有码头技术改造和基础设施维护，提高港口资源利用效率。大力推广应用港口节能、节水、节材的新技术、新工艺，综合利用疏浚土、污泥等固体废物，促进资源节约循环利用。

(2) 优化港口能源利用。鼓励港口企业应用液化天然气、风能、太阳能等，提高清洁能源和可再生能源在港口的使用比例。引导港口企业开展能源管理体系认证，实行能效管理。支持港口企业开展既有设施设备节能改造(如轮胎吊油改气、内集卡油改气等)，大力推广应用节能新产品、新技术。

(3) 加强港口环境保护。积极推广应用节能减排新技术和设施设备，控制和减少到港车船在港口的污染排放。加强环境保护设施建设，严格依法配备污染监视监测、污染物接收处理、污染事故应急处置的设施、设备和器材。加强港口环境监测、粉尘和噪声污染防治，引导、鼓励港口企业开展绿色港口示范工程和环境管理体系认证工作。积极推进港口开展生态保护与修复工程，支持开展港口和船舶污染防治、环境污染事故应急等环境保护技术研究。

9.2 绿色港口建设实践

9.2.1 国内外绿色港口建设概况

1) 国外绿色港口建设概况

随着当今世界对环境保护重要性认识的不断深化，各国政府以及港口当局也日益意识到港口发展与环境保护的不可分离性，把港口规划、生产经营与周围自然环境保护放在同等重要的议事日程上来。一些发达国家的港口率先行动起来，在推行港口环保方面已取得了重要进展，积累了一定的成功经验。

(1) 美国。由于美国多数港口在市区，空气和水质问题使得港口运作和扩建变得越来越复杂。美国各港口应对这一挑战的办法是把环保理念纳入到日常运作和对未来码头的设计和建设中。这不仅是联邦政府、各州政府、环保部门和环保社团日益加大力度的监管需要，而且是港口自身管理环保的需要。

在环保局与其他一些联邦和州环保机构对港口设施加大监管要求的同时，也推出了一些拨款和认定活动，帮助并教育美国港口认识环境管理的重要性。首批“绿色港口”活动中的一项是由环保局提供给城市港口学院一笔补助金，该学院就影响美国港口的多种监管方案进行了研究，并和美国港务局协会合作，通过作为处理监管方案而设计的环保计划对港口加以认定。国家海洋和大气局也伸出援助之手，该局的一个计划由几个联邦机构通力协作，致力于重塑港口发展方式。2003 年,该局选中了三个港口提供经济补助和人力资源,处理先前被污染的设施使其能被再利用。国家海洋和大气局同环保局合作,在 2004 年发表了一份报告,提出了“重振港口之协作方法”。

2003 年,美国环保局挑选港口业加入其部门创始活动,旨在协助企业解决和处理环保方面的问题。环保局指派一名成员协助该部门应对环保问题,给部门提供资金,并在年度报告中为计划执行的成果提供证明材料,为港口制订的部门创始活动带动了另外几个创意,从而大大推动了美国港口的环保活动。这些活动包括提供资金和人员协助、制订有关空气质量的文献、进行有关服从监管的教育以及让港口更多地参与制订空气质量规章。环保局还特地协助美国港口处理航道疏浚、废弃物排放等问题。

同时,美国港口为了降低对相关水体及港口周边地区的影响,在全球率先展开了绿色港口行动。为了实现港口环境三“洁”(港区水域清洁、地面清洁和空气清洁)一个“静”(环境安静),推出了严厉的港口绿色法规。美国加州长滩港是全球港口环保建设的楷模,2005 年 1 月在长滩港务局委员会的批准下,长滩港首次推出“绿色港口政策”,制订了包括维护水质、清洁空气、保护土壤、保护海洋野生动植物及栖息地、减轻交通压力、可持续发展、社区参与等 7 个方面近 40 个项目的环保方案。美国加州长滩港港务局委员会还批准了一项港口环保措施,规定自 2008 年 6 月 1 日起,向所有进出码头的卡车征收绿色附加费。美国休斯敦港、纽约港、新泽西港、洛杉矶港、旧金山港、巴尔的摩等港口也积极把绿色港口理念引入到港口建设和营运的各项内容中,探讨在港口发展过程中如何更好地适应环境,减小对环境的不良影响。

(2) 加拿大。加拿大将环境友好、尊重自然、可持续发展等环保理念纳入到港口的企业文化之中。温哥华港的港口管理理念是“尊重自然和可持续发展”,汉密尔顿港在港口发展过程中提倡“环境友好”的发展理念,蒙特利尔港的环保理念是“尊重自然环境”。在加拿大,港口环境保护部门除了管理人员外,还由生物科学家、环境科学家、港口工程师等科研人员组成,除了按照相关的法律法规要求开展环境保护工作外,还积极主动地进行港口环境保护研究工作,并积极参加各种环境保护组织。

蒙特利尔港的环保工作由管理与人力资源部负责,其主要职责:①确保港口执行相关环境立法及环保议程;②将环境政策传递给其员工、客户以及公众;③与环境方面的专业机构合作,引进先进的理念和措施。汉密尔顿港的环境管理部门的职责除了组织贯彻实施港口的环境保护法律法规外,还具有以下职责:制定港口的环境规划;与当地的环境保护部门、其他环保组织和政府机关合作,开展区域环境保护工作,例如,汉密尔顿港在 Randle Reef 的污染治理项目中起主要作用,该项目是 2002 年加拿大环保局及地方环保局共同提出的,不仅要治理被污染的区域,还要考虑到当地的景观以及未来的经济发展。温哥华港务局下设环境保护部负责该港的环境保护,并开展相关的研究工作。

港口环保工作者力图使环保资金得到最有效的利用,本着为海洋生物的生存环境负责,进而对人的生存环境负责的原则,改善港口环境。在码头、岸线建设项目中,他们首先考虑的是对环境的影响,他们通过设置海洋水下生物平台、沉箱式码头、人工珊瑚、抑尘设施等各种手段,把对环境的影响降到最低,甚至建成后比原来的环境还要好,以保证港口实现可持续发展。

(3) 日本。日本一向十分重视环境保护,很长时间以来,政府就一直把港口和海域的环境保护作为一项重要工程来抓，早在20世纪60年代就相继制定实施了《预防海洋船舶油污染法》和保护海洋污染的《海上灾害法》。为进一步加大环保力度，1971年又出台了《关于污染控制的特别政府金融措施法》，依据此法律，凡属环保设施项目的实施，其投资由政府实行全部或部分补贴。1973年又对"港口法"进行了部分修改，重新确认了港口环保设施清单，其中包括：港口和港湾的防污染设施（净化污染水的水交换设施，防污染缓冲区和环境防污染设施）；废物处理设施（废物吹填围堰、废水接收设施、废物焚烧设备、废物粉碎设备、废油处理设施和其他废料处理设施）；港口环境的改善设施（海滩、绿化区、广场、人造林及休息娱乐室等）。自1967年起，以"港口法"为依据，环保工程在各港口开始大规模实施。

近年来，日本对维持生态平衡、创造舒适环境方面给予了高度重视，并开始致力于符合联合国环境最高级会议原则，即以可持续发展的世界环境为最终目标的，相关环境项目及确保生物多样性的环境项目。运输省在1995年制定的《全球一体化时代的港口》长期港口政策中，明确提出绿色港口的概念，其基本的政策取向是建立环境宜人、高质量的滨海区，丰富居民的生活，使港口开发与沿海环境和谐。

日本在围海造陆进行港口建设的同时对海域环境进行建设，包括规划时对海上公园、沿岸景观、野鸟栖息地、公众通道、绿地等亲水空间进行统一规划。这一理念在广岛港五日市的港湾建设规划中得以充分体现，该港湾建设围海回填总面积约154公顷，新陆地在规划布局时不仅规划了扩大港口流通中心的建设用地，同时规划了港湾环境建设（包括城市开发、公园绿化等）用地。其分配比例为：码头及港湾关联用地占25%，城市开发（包括住宅、教育设施、城市设施、垃圾处理、中小型企业等）用地占38%，交通用地占9%，公园绿地（包括一般公园、港湾绿地、野鸟园等）占28%。在开发过程中，考虑到五日市的回填工程占用了广岛县内屈指可数的水鸟生栖地，为保护水鸟，又在回填区的东侧新建了与原浅滩相同的人工沙滩24公顷，使水鸟仍有栖息之地，并成为丰富市民生活的场所。

(4) 英国。在交通环境部下属的海洋污染控制中心的监督下，英国各港口对环境保护工作非常重视。如Felixs港口有自己的环保队伍和船舶、码头废弃物接收处理设施，港区内由港方进行环保执法；利物浦港设有环境污染监测控制中心，负责港口环境监测、管理及海上应急计划。由伦敦港务管理局统一负责的工作有：伦敦港的环境保护，港区商业用途和娱乐用途的协调，两岸管理和船舶污水、垃圾接收处置等。

各码头每年要向港务管理局提供环保及应急计划，各港口每5年向环境署和海洋污染控制中心提供环保及应急计划，提出具体的目标、措施和实施办法，各级有明确的责任和监督措施。

港口积极采用先进实用的环保技术，对各类污染进行防治。采用"干、湿"两大基本除尘方法对港口作业粉尘进行防治。如在利物浦港，煤码头采用的是劳斯莱斯公司的电脑自动控制洒水系统，传送带密封，接转落差部位布设干式除尘装置或喷水装置，堆场设喷水装置，车辆出港需经洗车装置冲洗。电厂燃煤经冲洗后由专用小型自卸火车进行运输。在大气污染防治上，将民用燃煤改为燃气和电热，将燃煤取暖改为电暖。在废水处理技术上，港区建有封闭的雨水、生产生活污水集水系统。各种废水经处理场处理后或循环使用或达标排放。在海洋、河流溢油应急处理技术方面，遥感技术已得到实际应用。此外，港口还十分重视环境管理理论的研究和公众环保意识的提高。

(5) 澳大利亚。澳大利亚政府非常重视环境保护工作，联邦政府下设的环境保护管理局负责制定各种环境保护条例和法令。澳大利亚海岸线长3.7万公里，有一定规模的沿海港口达70多个。海港建设、发展和运作均涉及海洋环境保护的诸多问题，如海洋污染、水生物生存、沿海水域、陆域环境等，他们不允许在建设港口和港口生产运作中发生破坏环境、污染环境的情况。

环境保护管理局按照《联合国海洋法》和《伦敦法》(防止海洋污染法)制定一些具体的法令和条例，作为港口开发建设、经营以及航运发展所必须遵守的法令。在港口建设中，要配备收集船舶垃圾设备、回收船舶废水及防止石油污染设备，以尽量减少对水、陆地和大气的污染。一般不允许向海洋倾倒废物，凡需倾倒入海的物质必须向环保部门申请，征得许可并领取许可证到指定地点倾倒。到1994年，联邦政府环保局发放了205个许可证，多为海洋疏浚抛泥所用。

澳大利亚在港口开发建设中，十分重视港口规划与港口所在城市规划的协调一致，也十分重视对环保部门的“一票否决权”。他们的港口规划必须包括环境规划，规划执行过程也是港口不断发展的过程。为了满足环保要求，对较大港口和经常倾倒物质的港口均制定有长远环保规划，该规划一般由港务局和环保部门共同研究制定。因此，各州和港务局在港口规划建设和港口一切活动中均非常重视调查，认真论证港口开发建设对环境的影响，并相应制定一些切实可行的措施。

澳大利亚海上安全局还十分注重与周边国家的合作，共同制定环保措施；积极进行宣传，防止海洋污染；参加签署防止海洋污染法，承诺处理本区域内的船舶废水，防止船舶油的泄漏，保护经济区的海洋环境；与船公司协商做好区域内的环境保护问题。

2) 国内绿色港口建设概况

(1) 上海港。上海港十分重视可持续发展战略，在港口经济发展的同时重视环境保护，坚持贯彻落实国家环境保护的各项方针政策和法律法规，坚持环保科技投入，强化环境管理，保护港区水陆域环境和生态环境，以港兴城，为经济可持续发展服务。

上海港根据国家环保法规强化环境保护管理，已连续推行经理任期环境保护目标责任制和环境综合整治定量考核制；实施《上海港环境保护管理实施细则》《上海港环境监测工作实施细则》《上海港环境监督性监测方案》《上海港务局环境监测化验室工作规范》；建立了上海港环境保护管理三级管理网；组成了一支具有一定技术水平和管理能力的专业技术队伍。经过多年努力，已做到基本建设、更新改造项目“三同时”执行率100%，环保专用设施完好率90%，运转率95%，不断进行绿地建设。

上海港采取的具体措施包括：建立中心监测站和上海港环境监测网络；新港区建设全面落实《建设项目环境保护管理办法》，既考虑经济效益，也考虑社会效益和环境效益；对老码头进行改造，引进新设备，采用新工艺，加强环保措施，对上海港污染较为严重的装卸作业粉尘和散粮作业噪声进行了有效控制或根治，对一般污染问题逐年不断采取治理措施，使之得到控制，能达标排放；港口为船舶提供服务，建立整套船舶废物接收处理系统，确保船舶废弃物妥善接受处理；建立环境保护科研、环评专业技术队伍，增加环保投入和环保科技储备。

从2004年开始，上海港口管理局根据上海市市政府建设生态城市的目标和措施，及时地把如何实践上海地区“生态港”建设列为重要研究课题，在课题中初步提出了建设“生态港”的定义、标准、条件、目标和措施。上海港于2005年初在我国率先开展绿色港口建设规划方面的研究,并积极探索“上海港环境保护管理办法”。

上海国际航运中心洋山深水港区一期工程施工时,作为国家环保总局在国内第一批环境监理试点项目,改变以往环境保护工作的末端控制为过程控制。同时,洋山港在施工建设过程中,不惜巨资搞环保,通过人工投放鱼苗蟹种、及时清理废物、基础设施建设等措施,有效保护了港区水域环境,据《洋山深水港二期工程竣工环境保护验收调查报告》显示,当时洋山港的海域满足海水水质四类标准要求。

2015 年,上海提出《上海绿色港口三年行动计划(2015—2017)》。计划提出以节能降耗工作为基础,以大气污染防治为重点,加快构建绿色、集约、清洁港口,全面构建上海国际航运中心绿色低碳发展模式的目标。经过多年努力,上海推进绿色港口建设成果显著,三年行动计划目标基本实现,其中新技术、新能源的运用成为亮点。

目前,洋山三期码头 6 号泊位高压岸电系统已经投运,5 号泊位新建岸电设施也将于近期验收;75%的轮胎吊完成“油改电”技术改造;累计更新港内 LNG 集卡 800 辆,建设 LNG 加气站 5 座;2016 年全面完成港内 500 余辆黄标车的提前淘汰工作;有 52 艘 LNG 动力船投入运营,2017 年底达到 100 艘左右。

此外,上海国际航运中心洋山深水港区四期码头于 2017 年 12 月 10 日开港试运行,共有 7 个集装箱泊位(岸线长度 2 350 m)设计年通过能力初期为 400 万 TEU(Twerty-feet Equiralent Unit,标准箱),远期为 630 万 TEU,首批投入 10 台岸桥、40 台轨道吊、50 台自动导引车(AGV)试生产,为目前全球规模最大、自动化程度最高的集装箱港区,港内集装箱的装卸车、港区运输、装卸船作业均实现自动化运作和零排放,是名副其实的绿色港口。

(2) 深圳港。

2016 年深圳港完成集装箱吞吐量 2 397. 93 万 TEU,连续四年排名全球集装箱港口第三。深圳港目前拥有万吨级以上泊位 69 个,集装箱专用泊位 44 个,拥有国际先进水平的中央调度系统,全世界 1. 6 万标准箱以上的大型船舶全部靠泊深圳港。港口的发展在拉动经济发展的同时,也带来了大气污染问题。为响应国家关于控制环境污染的要求,深圳市政府相应制定了《深圳市大气环境质量提升计划》《深圳市绿色低碳港口建设五年行动方案(2016—2020)年》,为深圳大气环境提升增添了新动力。

实际上,自 1994 年开港以来,深圳港一直都在推行可持续发展的环保策略,努力建设节能减排、减少环境污染的绿色港口,严格执行国家相关环保法规,建立了严格的环境监测制度。深圳港的环保政策包括:遵守国家和各级政府保护环境的法律法规,尽可能采取与之相比更高的标准,努力降低能源消耗,循环使用材料物资,有效减少污染和废物;在制订业务计划、码头设计规划及基础建设时,一并考虑环保因素;鼓励重视环保的供应商和承包商,使他们也对环境保护做出了积极贡献;鼓励员工参与环保活动;在进行对盐田环境有影响的发展项目、交通工程及其他工作时,优先处理好环保问题;主动收集、分析并向相关单位及人士公布环境质量指数,确保符合环保要求。以盐田港区为例,其绿色港口建设具体措施如下。

① 进行技术改造,节约能源消耗。作为集装箱码头,盐田国际主要生产设备是岸桥和轮胎吊,这些设备主要消耗电和油。经过深入研究,提出了多项节能措施:改善设备用电功率,减少故障,延长柴油发电机的设备寿命;对轮胎吊进行“油改电”改造,使原来由柴油发动的生产机械改为电力发动;修改线路,调整控制,对岸桥进行改造,以节约用电;通过发放补贴鼓励企业使用低硫油和建设岸电设施,2016 年 10 月 1 日起强制要求船舶在深圳港靠岸停

泊期间必须使用硫含量≤0.5% m/m 的燃油；引入安全、环保的新能源也是盐田国际竹能降耗的“法宝”之一，为此盐田国际尽可能使用“取之不尽、用之不竭”太阳能。

② 开展“海铁联运”，倡导绿色运输。盐田港区拥有一条专用疏港铁路——平盐铁路，利用这一专用疏港铁路可以延伸港口服务，既带动中西部发展，又以节能环保的绿色集疏运方式，为绿色港口建设做出贡献。

③ 清洁生产作业，回收废弃物资。盐田港区将保护港区海域、减少靠港船舶对环境的影响列入生产过程进行控制。港口运营中，严格处理污水、船舶垃圾，回收港口作业中产生的固体废物。为了加强对水质的检验，盐田港区每年邀请独立的第三方检验机构对码头水质进行检验，并与环境监测单位合作，共同在港区周围设立环境监测点，以随时记录大气、水、声环境发生的变化等。

(3) 宁波舟山港。宁波舟山港是我国大陆重要的集装箱远洋干线港，国内最大的铁矿石中转基地和原油转运基地，国内重要的液体化工储运基地和华东地区重要的煤炭、粮食储运基地，是国家的主枢纽港之一。2017 年，宁波舟山港股份公司完成货物吞吐量 7.2 亿吨，同比增长 8.4%；完成集装箱吞吐量 2 597 万 TEU，同比增长 13.8%，增幅在我国沿海港口中处于领先水平，为宁波舟山港货物吞吐量首破 10 亿吨、连续 9 年位居全球港口首位作出了突出贡献，同时也确保了宁波舟山港集装箱吞吐量继续位列全球港口第四位，增幅继续位列全球前五大集装箱港口首位。

近年来，宁波舟山港高度重视节能减排工作，从港口结构布局和基础设施建设，清洁能源利用、节能低碳运输装备应用、港口信息化工程建设以及能源管理等方面着手，大力推进绿色港口建设。

在“十二五”期间累计投入 5 亿元用于节能技改，实施了轮胎吊“油改电”、集卡“油改气”，船舶接岸电等项目。2012 年底，宁波舟山港集团所属 5 个集装箱公司，将 190 余台集装箱轮胎吊全部改造为以市电为动力，总投资达 4 亿元。该项目每年可替代柴油 3 万吨，减排二氧化碳等废气 9.8 万吨。同时，油电存在价差，使得“油改电”项目具有良好的经济性，每年可为企业减少动力成本 1 亿元。与此同时，宁波舟山港也在推进内集卡“油改气”项目。2010 年至 2016 年，宁波舟山港已更新和新增 LNG 集卡 535 辆，年用气量超过 1 万吨，替代柴油 1 万吨。每辆集卡每年可减少二氧化碳排放 25 t，减少有害物质排放 3.4 t。此外，宁波舟山港船用岸电项目也取得了巨大进展。2015 年 5 月，《宁波港创建绿色港口实施方案》已经获批，宁波舟山港在 2015 年至 2018 年期间将投资 3 140 万元，建设 61 个接岸电点。2016 年 5 月 22 日，载箱量 1.3 万 TEU 的“中远丹麦”轮在宁波舟山港远东码头 9 号泊位成功使用岸上高压电力，标志着国家电网与宁波舟山港合资建设的国内首个高压变频岸电项目正式投运。据测算，靠港船舶使用高压岸电后，平均每个泊位每年可节省燃油 300 t，可减少各类空气污染物排放约 30 t。

(4) 天津港。天津港环境保护工作始于 20 世纪 70 年代，当时的主要工作是港区的初期绿化、“三废”治理以及锅炉、茶炉等燃烧设备的消烟除尘，进行环境监测，进行一些港口初期的环保基础设施建设。进入 20 世纪 90 年代，随着国家环境标准的提高，以及天津港货物吞吐量的不断增长，特别是逐步扩大了煤炭下海的规模，使天津港环保工作呈现出任务重、难度高的特性。近十几年来，天津港为提高港区环境质量做出了艰苦的努力。

实施“蓝天工程”，不断改善港区大气环境质量。由于煤炭吞吐量的增加，天津港面临的重要环境问题是空气中 TSP(Total Suspended Particulate，总悬浮颗粒物)的含量较高，其主要原因在于港区煤炭的运输、堆存和装卸作业造成煤尘对港区空气的污染。为了控制港区大气污染，主要做了以下几个方面的工作：食堂大灶改燃；采暖锅炉双重治理；港区煤尘专项治理；完善港区生产及生活固体垃圾的处理设施；加快港区绿化建设步伐，营造国际港口的生态环境。以上环保举措有效地改善了港区的整体环境。天津港新港港区环境监测数据表明，该地区好于二级良好水平的天数已超过80%，表明港区的空气环境质量已得到明显改善，天津港实施的“蓝天工程”的举措已收到实效。

实施“碧水工程”，保护港区水域不受污染。近十多年来，为了执行国家环保法律、法规和国际海事组织公约，贯彻天津市政府关于实施“碧水工程”的精神，天津港对港区生产、生活污水以及船舶含油污水进行了有效的治理，加大了港区污水治理力度。

目前，天津港采取消除与限制并举的治理措施，优化港口布局，通过推进货场喷淋设施建设、大规模港口绿地建设、“北煤南移”、停止接收柴油货车运输的集港煤炭等战略的实施，天津港港区环境发生了显著变化。在此基础上，天津港以建设世界一流大港为目标，在发展中不断改善环境，港口建设已从过去注重生产性项目建设向生产性项目与环境改善性项目并重的方向转变。

(5) 大连港。建立健全海域海岸污染防治应急预案。大连市针对港口营运期污水、垃圾治理建立健全了海域海岸污染防治应急预案。严格控制港区污水、垃圾排放量；对建设期遭受污染的主要渔业资源实施生态修复和环境整治方案，最大限度地降低污染物的浓度和毒性；建立健全防范程序，做好溢油污染、危险货物泄漏事故应急反应系统及防治对策等。大连港所属很多公司都已按要求配备了完备的污染处理设施。

推广新工艺、新技术。大连港在工程环境管理中除严格按照国家基本建设程序和环保法规进行管理外，还大力推广新技术、新工艺的应用，重视用科技对方案进行优化。例如，在矿石码头工程施工中，应用中水回用工艺将喷洒除尘的水收集后送入污水处理厂处理，合格后再重新回到喷洒流程中重复使用。这样既避免了污水进入海域造成污染，又为喷洒提供了水源，节省了宝贵的淡水资源。

新项目建设工程与环境保护兼顾。在建设东北亚国际重要航运中心过程中，大连港在扩大港口建设规模、提高港口建设速度的同时，注重保护工程周边的海域环境和生态环境，使工程建设与环境保护相互协调，步入良性发展轨道。在多项海岸工程中，实施了环境监管和监督监测工作，开始逐步探索尝试建立海岸工程建设项目环境监理制度。

大窑湾港区岸线是我国北方难得的深水资源，为使不可再生的岸线资源和土地得到合理利用，在做大窑湾港区总体规划时充分考虑了港口与城市、港口与人文、港口与临港产业的协调发展，立足建设绿色港口。

(6) 秦皇岛港。秦皇岛港的环境保护工作是随着中国环保事业的发展而发展起来的。20世纪70年代初到80年代初为起步阶段，重点是对“三废”进行污染控制，减少或降低污染物排放量；80年代初至90年代初为港口环保创业阶段，重点是做好港口建设的“三同时”管理，把污染防治纳入到基本建设环境管理中，从尾端的治理转向中端和首端的防治，有效地控制了污染物排放，同时还加大了管理力度，“管理办法”“考核办法”相继出台，企业环境保护水平得到较大提高；90年代初至今为巩固提高阶段，这一阶段国家环保法规不断完善，企业经营也相继发生变化，秦皇岛港环境保护工作坚持从强化管理人手，陆续制定出台了一系列适合港口实际的环境管理制度,逐步形成了规范的环境管理制度体系(比如实施目标责任制、环境目标管理、动态环境考核、岗位培训、实施总量控制、规范污染物排放口、强化环保设施管理等),提高了港口环保工作的地位,有效控制了环境污染。

与此同时,秦皇岛港坚持以科技为先导,不断引进新技术、新手段,补充改造污染防治设施,建立了较为系统完善的污染综合防治体系。为进一步加强港区的环境治理和保护,秦皇岛港从 2007 年起到 2015 年,累计投资 10 亿元加大对港区的环境治理和保护,重点治理和控制煤粉尘污染,进一步搞好港口的绿化,把秦皇岛港逐步建成绿色枢纽、生态良港。

9.2.2　国外绿色港口建设经验借鉴

通过对以上案例进行比较、借鉴和研究,不断学习国际上的先进经验并发挥我们的长处,能够使绿色港口建设工作进一步完善,最终实现港口的可持续发展。国外绿色港口的实践主要有以下几个特点。

1) 港口规划中融入环境保护理念

任何一个港口建设都是从规划开始的,在港口规划的制定过程中考虑环境因素,可以保持港口建设与环境的协调性,更合理地使用水域、岸线、土地等资源,使港口满足社会经济发展和适应环境保护两方面的要求。国外很多的港口在规划中融入了环境保护理念。日本在围海造陆规划时对海上公园、沿岸景观、野鸟栖息地、绿地等进行统一规划;东京港作为日本 108 个港口中的国际大港,其港口环境是日本现代化港口建设的缩影,反映了日本建设 21 世纪新型港口的风貌和设计思路,在设计中充分考虑各种设施对土地的合理利用,注意恢复海边的自然生态环境,注意以人为本,注重市民的需要,注重保护和发扬自身的环境特色;休斯敦港口将绿色理念注入新建和改建的建筑项目设计中;澳大利亚的港口规划必须包括环境规划,论证港口开发建设对环境的影响,并相应制定一些切实可行的措施;加拿大温哥华在码头、岸线搞项目,首先考虑的是对环境的影响。

2) 重视环境规划

港口的规划不单纯考虑经济因素,而是综合考虑经济、社会与环境因素,使港口的发展适应环境条件,实现经济发展与环境保护的双赢。国外很多港口重视环境规划,如美国长滩港致力于改善环境,20 多年来一直制定环境规划;日本要求管理者制定环境规划,确定绿色港口示范工程,并以此为起点,为实现与环境共存的绿色港口而努力;澳大利亚对较大港口和经常倾倒物质的港口均制定有长远环境保护规划。

3) 港口运营中注重污染治理和资源利用

港口运营过程中不可避免地要产生环境污染,造成资源浪费,国外很多港口运营中注重污染治理和资源利用。纽约新泽西港从港区运营、船舶监控、环境监测三方面为建设绿色港口做出努力;休斯敦港务局开展了一系统活动来评估并降低废气的排放;澳大利亚的港口建设中,要配备收集船舶垃圾设备、回收船舶废水及防止石油污染设备,以尽量减少对水、陆地和大气的污染源;英国港口积极采用先进实用的环保防治技术,对各类污染进行防治;巴尔的摩港建人工岛,实现了资源的综合利用。

4) 加强环境管理

港口的环境管理,特别是在运营期间的管理,是港口可持续发展的关键,环境管理成效的大小直接关系到港口可持续发展实施的前景。国外很多港口加强环境管理,如美国为了实现港口环境三个“洁”一个“静”，推出严厉的港口绿色法规；休斯敦港口重视环境管理，于2002年率先在美国港口中取得ISO14000认证；纽约新泽西港通过建立港口环境管理体系进行绿色港口建设，注重加强内部培训和对外宣传。

5）加强基础设施建设

通过配备器材、完善网络、建设导航系统以及完善应急监测装备体系等，实现陆源排污实时监控和预报预警、海洋生态监控区的实时监控；通过环境保护基础设施的建设，实现港口污染物的达标排放，推进港口污染治理、生态修复及建设工作，改善港区环境质量。同时，注重应急防范能力建设，制订完善的港口环境风险防范管理对策与应急计划，通过历史事件的统计分析，建立港口及其附近海域环境风险源数据库、环境应急资料库，建立完善的环境安全预警及应急决策支持系统。

9.2.3 国内绿色港口建设面临问题及对策

1）国内绿色港口建设面临问题

（1）规模过大，资源、环境难以承载。港口的发展规模主要是指吞吐规模和占地规模，前者包括通过能力、货物吞吐量、集装箱吞吐量以及港区、泊位、航道、锚地数量等，后者则包括港区占地面积、占用海域面积、占用岸线和航线长度等。根据部分港口总体规划环境影响评价报告书统计结果，2004—2010年珠海港、大连港和厦门港货物吞吐量和集装箱吞吐量的增幅均超过全国平均水平，其中珠海港总体发展规划超过《全国沿海港口布局规划》中该港发展规模近80%，珠海港、大连港、南京港和厦门港集装箱吞吐量增长了9倍、3.1倍、2.6倍、1.3倍。

（2）港口布局不尽合理，涉及众多环境保护目标。因港口发展规模大，部分港口布局不合理，港口布局与环境敏感区布局之间的冲突日益明显。例如，大连港、厦门港均不同程度地占用环境敏感区，危及环境保护敏感目标。其中厦门港总体规划涉及3个国家级自然保护区、1个国家级风景名胜区和1个省级自然保护区。对于规划区与生态敏感区的冲突，规划通常采取申请调整自然保护区范围和功能的方法，进一步危及重要保护物种，如大连港请求调整大连斑海豹国家级自然保护区范围，厦门港请求调整国家级中华白海豚自然保护区范围及功能区。

（3）环境保护规划不完善，且相对滞后。纵观大连港、厦门港等港口的总体规划，其岸线规划、港口总体布局规划及其配套设施规划都很完善，但环境保护规划却相对滞后。环保规划一般仅对施工期和运营期的环境影响提出管理和防治措施，而且针对性不强，还缺乏相应的监督、惩处及补救措施。其次，缺乏生态补偿机制和恢复措施以及有针对性的、完整的风险防患和应急反应体系规划。目前，我国石油需求量与日俱增，水上石油运输将占主导地位，一旦出现大的溢油、化学品泄漏和危险品爆炸等事故，将造成巨大的经济损失和严重的环境破坏。

（4）海铁联运水平比较低。目前，我国港口集装箱疏运主要依靠公路，其次是水路，铁路运输仅占很小的份额，与发达国家有很大的差距。以上海港为例，2016年完成集装箱吞吐量3 713万TEU，但铁路运输不到6万TEU左右，许多港口仍有较大的发展空间。制约水路与铁路集装箱联运的主要原因是水运与铁运的运载设备及集装箱技术标准不一致，铁路缺乏相应的场站和装卸设备以及货物代理经营权和网络。铁路与集装箱港区没有实现转运对接,铁路运输的体制机制不够开放,市场化程度有待提高等。海铁联运衔接不畅,严重影响了的港口和铁路作用的发挥,制约了内陆腹地经济发展,加剧了公路运输压力,也不利于降低货物运输成本和保护大气环境以及运输安全。

(5) 争建国际航运中心或枢纽港以及干线港。随着我国开放型经济和区域经济的发展需要,从北到南许多港口都在奋力建设国际航运中心或集装箱枢纽港以及干线港。如在环渤海湾地区,20 个左右城市遥相呼应,60 多个港口星罗棋布,大连港、天津港、青岛港的发展目标都是东北亚国际航运中心。2017 年,环渤海湾地区大连、天津、青岛三大港口的货物吞吐量分别达到 4.5 亿吨、5.1 亿吨、5.2 亿吨,集装箱吞吐量分别为 990 万 TEU、1 520 万 TEU、1 830 万 TEU,三足鼎立的竞争局面已经形成。此外,还有一些沿海地区,不管条件如何,都要建大港口,形成干线港,实施以港兴市战略,所谓的国际航运中心、枢纽港、干线港等建设热潮依然如火如荼。有的港口为了实现自己的发展目标,不惜通过降价来吸引客户,带来无序竞争和港口企业正常利益的流失,不利于提高港口企业的竞争力。在"宁做鸡头不做牛尾"的心理驱使下,只会使我国内地的货源流向周边国家,延缓内地国际航运中心或枢纽港的建设进程。

2) 国内绿色港口建设对策

(1) 政府层面。政府要在全社会宣传和推广绿色消费理念,制定出相关政策法规,资助相关的机构进行绿色港口建设技术攻关及设立相应的绿色服务体系。

① 政策环境建设。政府在推进绿色港口建设进程中的作用,首先是制定环境保护法律法规,对企业危害环保和生态的行为加以限制。其次是出台相应政策对绿色生态管理进行鼓励,我国政府可利用后发优势,参照发达国家的做法,制定标本兼治的绿色管理政策和经济扶持措施。

② 鼓励绿色科技创新。绿色港口建设的难点往往来自技术瓶颈,因此政府应加大绿色科技创新的投资力度,鼓励更有利于节能环保的先进制造技术、回收再利用技术、运输技术和信息技术等绿色环保技术的研发。

③ 建立社会绿色服务体系。社会绿色服务体系的核心是社会绿色资源数据库,政府或相关的组织应积极构建绿色资源数据库,为绿色港口建设提供必备的信息和智力支持。

(2) 行业层面。

① 执行政府的相关法规,制定港口行业绿色化标准。充分发挥中国港口协会的行业监督作用,严格监督执行政府出台的相关法律法规,做好行业自律。同时,针对绿色港口建设发展的实际情况,积极制定行业标准,确保相关法律、法规的贯彻执行。

② 解决结构性矛盾,推动产业结构升级。通过政策引导推进行业结构调整,改善港口基础设施结构、车船运力结构和企业组织结构,实现货物运输系统最优,这是绿色港口建设的更高层面。

③ 加大行业交流力度。通过定期组织港口行业管理部门、重点港口企业开展港口企业经验交流,总结推广节能减排新技术、新工艺、新材料和新设备,交流工作经验。加大对港口从业人员培训力度,通过组织开展专家讲座、节能减排技能竞赛等,切实提高从业人员的节能减排意识和技术水平。

(3) 企业层面。

① 完善港口环境管理制度。完善激励制度,激励员工发明节能减排新技术,提出节能

减排方法;完善惩罚制度,让员工增强节能减排意识;完善考核制度,监督管理员工在日常的生产和生活中践行节能减排。总之,这些制度的目的都是最大限度地节能减排,尽力地保护好环境,更好地进行绿色港口建设。

② 积极培育绿色港口文化。建设绿色港口,转变港口企业的管理理念是根本。要大力培育绿色港口文化,加大绿色港口宣传力度,改变传统的线性经济发展观为可持续发展观,要让绿色环保理念普及到码头的每一位员工,每个角落,并且影响带动相关企业也参与到绿色港口建设当中。

③ 加强技术攻关,完善技术创新机制。技术创新是绿色港口建设的原动力。港口企业应加强产学研结合,与高等院校、科研院所联合开展多方位的绿色港口建设课题研究和应用研究;及时采用绿色技术、绿色工艺、绿色材料和绿色产品,以提升其核心竞争力;建立健全绿色港口建设技术创新绩效考核制度,从而推动整个企业的技术创新步伐。

9.3 绿色港口评价

目前,绿色港口评价主要指绿色港口等级评价,它不仅可以反映港口绿色发展程度的等级,更重要的能够引导港口朝着绿色的方向发展。绿色港口评价的对象应为生产性码头,评价的范围为码头、码头前沿水域、后方库场、辅助生产区域范围内的设施设备的配置与运用以及港口经营人生产运营行为。

9.3.1 绿色港口评价指标体系的构建

指标(Indicator)可以通过对表面数据和现象的处理,抽象出事物内部本质的变化规律和联系,最终以一个简单的数值来表示。把一个个的指标以一种方式关联起来,形成一个整体性的系统,以反映一定方面的问题,这个经过整合的指标系统就称为指标体系。对于绿色港口建设而言,评价指标体系是衡量绿色港口建设水平的重要手段。

1) 指导思想

建立指标体系是一项科学、严谨、富有创造性的工作,指标体系应具有代表性,既能描述综合性目标,又能全面反映目标各方面要求的特征。确定指标的指导思想既要实事求是,又要与时俱进。同时指标体系设计的质量将直接影响到人们对该项目标的评定。因此设计指标体系应以可持续发展理论为基础,以生态为导向,贯彻 ISO 14 000 环境管理体系。

2) 构建原则

绿色港口指标体系的建立应该遵循以下基本原则。

(1) 科学性原则。科学性是一切科学研究的基本要求,也是任何指标体系建立的重要原则。绿色港口的指标体系同样要建立在科学、合理的基础上,所选指标必须概念清晰、明确且有具体的科学内涵,测算方法标准,统计计算方法规范。

(2) 针对性原则。指标应具有针对性,应该能反映绿色港口的内涵和要求,指标所包含的信息能客观真实地反映系统的发展变化以有利于人类对战略的调控。

(3) 可行性原则。选择指标要从实际情况出发,根据港口的具体情况,考虑数据的可获得性,选择有代表性的综合指标和主要指标,指标必须明了和明确、容易操作并易于理解。

(4) 全面性原则。指标体系的覆盖面要广,要全面反映自然、经济和社会系统的主要特征及它们之间的相互联系，并且应使静态指标和动态指标相结合。

(5) 规范性原则。指标的选择应遵循使用国内、外公认且常见的指标的原则，使指标符合相应的规范要求。

3) 指标体系

绿色港口等级评价从绿色港口发展理念、绿色港口建设行动、绿色港口建设管理、绿色港口建设效果 4 个方面进行，"理念"是指导绿色港口发展的思想，"行动"是为建设绿色港口采取的具体技术措施，"管理"是为建设绿色港口采取的管理措施，"效果"是绿色港口建设成效或水平的表示。

目前港口行业采用的低碳技术包括减少能源消耗、替代化石能源、使用可再生能源、增加碳汇等，减少能源消耗体现在节能内容中，增加碳汇体现在环保内容中，替代化石能源和使用可再生能源体现在低碳内容中。"效果"项目下设成效和水平两项内容，成效用于评价码头自身纵向比较绿色发展的结果，水平用于评价码头与其他同类码头横向比较绿色发展的结果。

根据《绿色港口等级评价标准》(JTS/T105—4—2013)，绿色港口等级评价指标体系由项目层、内容层和指标层构成，设 4 类项目、9 项内容、23 个指标组成，具体如表 9－1 所示。

表 9－1　绿色港口等级评价指标体系

项　目	内　容	指　标
理念	战略	战略规划
		专项资金
		工作计划
	文化	企业文化
		教育培训
		宣传活动
行动	环保	污染控制
		综合利用
		生态保护
	节能	主要设备
		作业工艺
		辅助设施
	低碳	燃料替代
		可再生能源
管理	体系	管理机构
		审计认证
	制度	目标考核
		统计监测
		激励约束

（续表）

项　目	内　容	指　标
效果	成效	环保生态
		节约低碳
	水平	环保生态
		节约低碳

9.3.2　绿色港口评价方法

基于绿色港口等级评价指标体系的综合得分，应作为确定码头绿色港口等级的依据之一。绿色港口等级评价综合得分满分应为100分。绿色港口等级评价指标体系中“理念”“行动”“管理”和“效果”4类项目单项满分均应为100分，其计入综合得分的权重应分别为10%、40%、15%和35%，计算公式如下：

$$E=\sum_{1}^{4}(P_i \times W_i) \tag{9-1}$$

式中：E 为基于绿色港口等级评价指标体系的综合得分；i 为绿色港口等级评价指标体系项目序数；P_i 为第 i 个项目的得分；W_i 为第 i 个项目的计分权重，全部项目的计分权重和等于1。

各项目得分应为该项目下设所有内容项得分之和，各内容得分应为该内容下设所有指标项得分之和。

1）计分方法

计分方法中，计分标准给出的分值范围用于体现满足计分条件的程度差异。如“战略规划”指标计分方法规定：对外公开发布了绿色发展专项规划，得16～20分。如果对外公开发布的绿色发展专项规划设计科学、合理，内容全面，可以有效指导绿色港口建设，得高分；如果对外公开发布的绿色发展专项规划设计粗略，内容不够全面，对绿色港口建设的指导意义有限，得低分。

“理念”项目下各指标的计分如表9－2所示确定。

表9－2　“理念”项目的计分表

项目	内容	指标	满分	计 分 方 法
理念	战略	战略规划	20	① 对外公开发布了绿色发展专项规划，得16～20分 ② 仅内部发布实施了绿色发展专项规划，得11～15分 ③ 仅制定了绿色发展专项规划，得5～10分
		专项资金	20	① 有固定的年度预算用于开展绿色发展工作，得11～20分 ② 仅有临时经费用于开展绿色发展工作，得5～10分
		工作计划	15	① 在经营人发展战略中体现了绿色发展内容，得3～5分 ② 在港口发展规划中安排了绿色港口发展任务，得3～5分 ③ 在年度工作计划中安排了绿色发展工作，得3～5分

（续表）

项目	内容	指标	满分	计 分 方 法
理念	文化	企业文化	20	① 发布年度绿色港口发展报告，得 7～10 分 ② 绿色港口理念融入企业的营管理体系，得 3～5 分 ③ 积极履行社会责任，打造绿色港口形象，得 3～5 分
		教育培训	15	① 有绿色港口建设的教育培训计划，得 3～5 分 ② 定期组织专项管理培训教育活动，得 2～4 分 ③ 定期组织操作技能培训，得 2～4 分 ④ 积极参加各类相关教育培训活动，得 1～2 分
		宣传活动	10	① 有绿色港口的宣传计划，得 3～5 分 ② 开展专项宣传活动，得 3～5 分

“行动”项目下各指标的计分应按照码头类型项目，专业化集装箱码头“行动”项目的计分如表 9－3 所示，专业化干散货码头、专业化液体散货码头“行动”项目的计分表参见《绿色港口等级评价标准》表 5.0.5－2 和 5.0.5－3。

表 9－3　“行动”项目的计分表

项目	内容	指标	满分	计 分 方 法①
行动	环保	污染控制	20	① 利用非传统水源冲厕、绿化、道路喷洒、洗车及冷却等 ② 选用当前国家鼓励发展的节水设备 ③ 采用喷灌、微灌等高效绿化灌溉技术 ④ 分类收集、单独放置有毒有害残余物，并将危险废物交由有相关资质单位处置 ⑤ 采用隔声罩或隔声屏障等隔声减振措施 ⑥ 制定环境污染应急管理计划，配备应急处理设备设施 满足 6 条及以上，得 17～20 分；满足 5 条，得 13～16 分；满足 4 条，得 10～12 分；满足 3 条，得 7～9 分；满足 2 条，得 4～6 分；满足 1 条，得 1～3 分 每采取 1 项其他达到污染物排放标准要求的污染控制措施，按满足 1 条计
		综合利用	10	① 深度处理污水并回收利用 ② 采取疏浚土、污泥综合利用等固体废物资源化措施 满足 2 条及以上，得 6～10 分；满足 1 条，得 1～5 分 每采取 1 项其他污染物回收综合利用措施，按满足 1 条计
		生态保护	5	① 积极参与周边生态环境保护活动 ② 采取保护码头前沿水域生态环境的措施 ③ 采取港区绿化措施 满足 3 条及以上，得 3～5 分；满足 2 条，得 1～2 分 每采取 1 项其他生态保护措施，按满足 1 条计

① 以专业化集装箱码头为例。

（续表）

项目	内容	指标	满分	计分方法①
行动	节能	主要设备	15	① 轮胎式集装箱门式起重机采用根据负载控制柴油机转速技术 ② 起重机采用势能回收或超级电容技术 ③ 起重机采用变频或直流驱动技术 满足3条及以上，得11～15分；满足2条，得6～10分；满足1条，得1～5分 每采用1项其他经证明具有节能效果的用于主要设备的技术，按满足1条计
		作业工艺	20	① 采用全场设备资源调度工艺 ② 采用“一拖多挂”集装箱牵引车 ③ 采用轨道式集装箱门式起重机作业工艺 ④ 采用直装直取作业工艺 满足4条及以上，得16～20分；满足3条，得11～15分；满足2条，得5～10分；满足1条，得1～4分 每采用1项其他经证明具有节能效果的工艺，按满足1条计
		辅助设施	15	① 配备靠港船舶使用岸电设施 ② 采用电网谐波污染治理技术和电网无功补偿技术 ③ 变电站采用节能型变压器 ④ 室外照明采用智能化控制技术 ⑤ 采用节能灯照明系统 ⑥ 利用余热采暖、供热 ⑦ 采用能效等级为1级的空调器 满足7条及以上，得13～15分；满足6条，得11～12分；满足5条，得9～10分；满足4条，得7～8分；满足3条，得5～6分；满足2条，得3～4分；满足1条，得1～2分 每采用1项其他经证明具有节能效果的用于辅助设施的技术，按满足1条计
	低碳	燃料替代	10	① 轮胎式集装箱门式起重机采用油改电技术 ② 采用天然气为燃料或电力驱动的港作车船 ③ 采用天然气为燃料或电力驱动的流动机械或水平运输车辆 满足3条及以上，得7～10分；满足2条，得4～6分；满足1条，得1～3分 每采用1项其他有效的燃料替代技术，按满足1条计
		可再生能源	5	① 采用地源、海水或空气源热泵技术 ② 利用太阳能或风能等可再生能源 满足2条及以上，得3～5分；满足1条，得1～2分 每采用1项其他有效的利用可再生能源技术，按满足1条计

注：①不满足指标计分方法中规定要求的，不得分；②各指标计分方法中每有1条不适用于评价对象的条款，则计分方法中，计分条件要求满足的条款数量相应地减少1条。

“管理”项目下各指标的计分按如表9－4所示确定。

① 以专业化集装箱码头为例。

表9-4　“管理”项目的计分表

项目	内容	指标	满分	计分方法
管理	体系	管理机构	10	① 明确了绿色港口建设职能部门,得3~5分 ② 明确了绿色港口管理人员,得3~5分
		审计认证	20	① 近3年内开展过一次能源审计,得5~10分 ② 开展了环境管理体系认证(ISO14001)工作,得5~10分
	制度	目标考核	15	① 对各级负责人进行节能环保达标考核,得3~5分 ② 对班组进行节能环保达标考核,得3~5分 ③ 对操作人员进行节能环保达标考核,得3~5分
		统计监测	45	① 开展环境质量和污染物排放监测,得10~15分 ② 建立环境管理信息系统,得10~15分 ③ 建立能效管理信息系统,得7~10分 ④ 定期开展能量平衡测试,得3~5分
		激励约束	10	① 建立绿色港口建设企业内部激励约束机制,得3~5分 ② 建立绿色港口建设企业相关方激励约束机制,得3~5分

注：不满足指标计分方法中规定要求的,不得分。

“效果”项目下各指标的计分如表9-5所示确定。

表9-5　“效果”项目的计分表

项目	内容	指标	满分	计分方法
效果	成效	环保生态	20	① 单位吞吐量主要大气污染物排放量年均下降4.4%及以上,得8分;不下降,不得分 ② 单位吞吐量COD排放量年均下降4.4%及以上,得8分;不下降,不得分 ③ 固体废物综合利用率年均提高0.9%及以上,得2分;不提高,不得分 ④ 港区绿化面积占可绿化面积比例年均提高2.0%及以上,得2分;不提高,不得分
		节约低碳	20	① 港口生产综合能源单耗年均下降0.8%及以上,得12分;不下降,不得分 ② 港口生产单位吞吐量CO_2排放量年均下降1.0%及以上,得3分;不下降,不得分 ③ 燃油消耗占总能源消耗份额年均下降1.0%及以上,得3分;不下降,不得分 ④ 可再生能源消耗占总能源消耗份额年均增长4.1%及以上,得2分;不增长,不得分
	水平	环保生态	30	① 主要大气污染物排放浓度不大于C_m,得12分;大于C_0,不得分 ② COD排放浓度不大于C_m,得12分;大于C_0,不得分 ③ 非传统水源利用率不小于30%,得4分;小于10%,不得分 ④ 港区绿化面积占可绿化面积比例不小于90%,得2分;小于85%,不得分
		节约低碳	30	① 港口生产综合能源单耗不大于E_1值,得20分;大于E_2值,不得分 ② 港口生产单位吞吐量CO_2排放量不大于C_1值,得10分;大于C_2值,不得分

2）等级评价

绿色港口评价的等级设置三个等级，3 星级绿色港口的绿色发展程度较低，5 星级绿色港口的绿色发展程度较高，4 星级绿色港口的绿色发展程度介于 3 星级和 5 星级之间。

绿色港口等级评价按如表 9－6 所示确定。

表 9－6　绿色港口等级评价标准

绿色港口等级	3 星	4 星	5 星
综合得分 E	[70,85)	[85,95)	[95,100]
行动单项得分 P_2	[70,80)	[80,90)	[90,100]
港口经营人制定了绿色发展专项规划	-	-	√
港口经营人设立了绿色发展专项资金	√	√	√
港口经营人或其上级公司公开发布年度绿色发展报告	√	√	√
港口经营人建立了目标考核体系	√	√	√
港口经营人开展了环境认证(ISO 14001)	-	√	√
靠港船舶使用岸电技术	-	-	√

注："√"表示该项目必须有，"－"表示不作强制要求。

附录　港口环境保护相关法律法规及政策文件选编

附录1　上海港船舶污染防治办法

（2015年4月2日上海市人民政府令第28号公布）

第一章　总　则

第一条（目的和依据）

为了防治船舶及其有关作业活动污染本市环境，根据《中华人民共和国海洋环境保护法》、《中华人民共和国水污染防治法》、《防治船舶污染海洋环境管理条例》、《上海市大气污染防治条例》等有关法律、法规，结合本市实际，制定本办法。

第二条（适用范围）

防治船舶及其有关作业活动污染上海港环境，适用本办法。

第三条（管理部门）

中华人民共和国上海海事局和本市各级地方海事管理机构（以下统称海事管理机构）按照各自的职责，负责防治船舶及其有关作业活动污染环境的监督管理。

本市发展改革、交通、环保、水务、海洋、绿化市容、科技、财政等行政管理部门按照各自职责，做好船舶及其有关作业活动污染环境的相关防治工作。

第二章　船舶污染物排放控制

第四条（船舶防污设施配置和使用要求）

船舶的结构、设备、器材应当符合国家有关防治船舶污染的规范、标准以及中华人民共和国缔结或者参加的国际条约的要求，并保持良好的技术状态。

载运污染危害性货物的船舶应当按照国家规定安装船舶自动识别系统，并准确录入货物信息。

第五条（水域禁排要求）

禁止船舶向黄浦江排放含油污水。

禁止船舶向水源保护区、准水源保护区和海洋自然保护区等区域（以下简称特殊保护区域）排放生活污水、含油污水和压载水。

第六条（船舶污染物接收）

船舶应当将不符合排放要求的船舶污染物排入港口接收设施或者由船舶污染物接收单

位接收。

船舶污染物接收单位应当在污染物接收作业完毕后，向船舶出具船舶污染物接收单证，并由船长签字确认。船舶污染物接收单证上应当注明作业单位名称、双方船名、时间、地点，以及污染物种类、数量等内容。

船舶应当携带相应的记录簿和船舶污染物接收单证，到海事管理机构办理船舶污染物接收证明，并将船舶污染物接收证明保存在相应的记录簿中，以备查验。限于港内航行的船舶，可以在接收作业完毕后一个月内办理船舶污染物接收证明。

第七条（垃圾分类收集）

船舶应当按照国家和本市的规定，对垃圾进行分类收集和存放。

对含有有毒有害物质或者其他危险成分的垃圾，应当单独存放。未单独存放的，船舶污染物接收单位可以拒绝接收，或者将所有垃圾作为危险废物予以接收。

第八条（铅封）

海事管理机构可以对下列船舶的排污设备采取铅封措施：

（一）上海港内航行、停泊、作业30日以上的船舶；

（二）在船坞内修理的船舶。

船舶如需启封排污设备，应当事先向海事管理机构报告并说明原因；在危及船舶安全的紧急情况下必须启封排污设备的，船方应当在启封后尽快向海事管理机构报告。启封情况应当在轮机日志中如实记载。

第九条（冲洗甲板要求）

冲洗船舶甲板，应当事先进行清扫。船舶有下列情形之一的，不得冲洗甲板：

（一）甲板上沾有污染物的；

（二）在特殊保护区域内的。

第十条（船舶大气排放要求）

船舶不得超过国家和本市规定的排放标准向大气排放污染物。国际航行船舶应当符合我国缔结或者加入的相关国际条约的要求。

禁止船舶在上海港内使用焚烧炉。

第十一条（船舶燃油使用要求）

在上海港航行、停泊、作业的船舶应当使用符合国家和本市规定质量标准的燃油。

本市鼓励船舶使用低硫燃油、清洁能源。

第十二条（岸电供应）

市交通行政管理部门应当会同发展改革、环保、科技、财政等行政管理部门推进上海港岸电设施发展，鼓励、扶持码头建设岸电设施。

船舶靠泊配备岸电设施的码头，符合改用岸电条件的，应当关停燃油发电机，使用岸电。

第十三条（声响装置使用要求）

船舶在上海港水域内航行、停泊或者作业时，应当加强瞭望，在不危及自身以及他船航行安全的情况下，少用或者不使用声响装置。

第十四条（船舶噪声防治）

船舶在毗邻噪声敏感建筑物的航段、码头航行、作业时，排放的噪声应当符合国家船舶噪声级规定。

禁止挂桨机船在黄浦江和本市所有内河通航水域航行、停泊和作业。

第三章　船舶有关作业活动污染防治

第十五条(作业报告)

船舶在上海港水域内开展下列作业活动前,除依照法律、法规的规定办理相关手续外,还应当通过甚高频、电话等即时通信方式向海事管理机构报告作业时间、作业量等信息:

(一)进行洗舱、清舱、驱气、排放压载水、残油接收、含油污水接收、舷外拷铲及油漆等作业;

(二)进行散装液体污染危害性货物的过驳作业;

(三)从事船舶水上拆解、打捞、修造和其他水上、水下船舶施工作业。

海事管理机构接到报告后,可以通过现场检查、视频监控等方式对作业活动进行监督。

第十六条(船舶水上修造作业污染防治)

在进行船舶水上修造作业前,船舶应当向船舶修造单位说明船上污染物的性质、数量、种类和位置等情况。作业过程中,船舶修造单位应当按照相关规定,对船舶污染物进行处置,并予以详细记录。

第十七条(安全和防污染检查表)

从事散装液体污染危害性货物装卸、过驳作业的,作业双方应当在作业前对相关安全和防污染措施进行确认,按照规定填写安全和防污染检查表,并在作业过程中严格落实各项要求。

安全和防污染检查表的示范格式,由海事管理机构制定。

第十八条(围油栏布设)

船舶从事下列作业活动,应当布设围油栏:

(一) 300 t 以上散装持久性油类的装卸和过驳作业,但船舶燃油供应作业除外;

(二) 300 t 以上散装比重小于 1(相对于水)、溶解度小于 0.1%的污染危害性货物的装卸和过驳作业;

(三) 可能造成环境严重污染的其他作业。

因受自然条件或者其他原因限制,不适合布设围油栏的,船舶应当采用其他防污染措施,并在作业前向海事管理机构报告。

第十九条(相关作业单位污染防治要求)

码头、装卸站以及从事船舶修造的单位,应当配备与所在水域污染防治要求、装卸货物种类和吞吐能力或者修造、拆解船舶能力相适应的污染监视设施和船舶污染物接收设施,并使其处于良好状态。

码头、装卸站以及从事船舶修造、打捞、拆解等作业活动的单位,应当按照国家有关规范和标准,配备相应的污染防治设备和器材。位于同一港区、作业区的单位,可以通过建立联防机制,实现污染防治设备的统一调配使用。

第二十条(船舶供受油管理)

船舶油料供受作业单位应当依法向海事管理机构备案。海事管理机构应当对船舶油料供受作业进行监督检查,发现不符合安全和污染防治要求的,应当予以制止。

供油单位供应的燃油,应当符合国家和本市的有关标准;向国际航行船舶供应燃油的,还应当遵守我国缔结或者加入的有关国际条约的规定。

第二十一条(记录要求)

船舶从事油类、散装有毒液体物质作业活动的,应当在相应的记录簿内如实记录。依法无需配备相关记录簿的,应当在航海(行)日志或者轮机日志中如实记载。

船舶应当将使用完毕的记录簿,按照国家有关规定在船上存档,以备查验。

第二十二条(作业活动大气污染防治)

船舶运输、装卸粉尘货物或者可能散发有毒有害气体的货物,应当采取封闭措施或者其他防护措施,防止造成大气污染。

本市发布空气重污染预警时,船舶不得从事易产生扬尘的作业活动。

第四章　船舶污染事故应急处置

第二十三条(应急预案)

海事管理机构、交通行政管理部门应当会同环保等行政管理部门建立防治船舶及其有关作业活动污染环境应急反应机制,制定防治船舶及其有关作业活动污染环境应急预案。

船舶所有人、经营人或者管理人应当制定防治船舶及其有关作业活动污染环境的应急预案。

码头、装卸站以及船舶修造、拆解作业的经营人应当制定防治船舶及其有关作业活动污染环境的应急预案,报海事管理机构备案,并定期组织演练,做好相应记录。

第二十四条(船舶污染事故处置)

船舶在上海港水域发生污染事故,或者在上海港水域外发生污染事故造成或者可能造成上海港水域污染的,船舶应当立即启动应急预案,自行或委托船舶污染清除单位开展污染清除工作,并及时向就近海事管理机构报告。

船舶在码头靠泊期间发生污染事故的,码头经营人应当立即启动应急预案,配合开展污染清除工作,并向交通行政管理部门报告。产生的相应费用,由事故责任者承担。

第二十五条(沉没船舶污染防治要求)

船舶发生事故有沉没危险,船员离船前,应当尽可能关闭所有货舱(柜)、油舱(柜)管系的阀门,堵塞货舱(柜)、油舱(柜)通气孔。

船舶沉没的,船舶所有人、经营人或者管理人应当及时向海事管理机构报告船舶燃油、污染危害性货物以及其他污染物的性质、数量、种类、装载位置等情况,并及时采取措施予以清除。

第二十六条(海事管理机构应急处置)

海事管理机构接到船舶污染事故报告后,应当立即启动应急预案,组织协调事故船舶、船舶污染清除单位以及其他相关单位采取相应的应急处置措施。

第二十七条(消油剂使用)

在上海港水域使用消油剂处置船舶污染事故的,应当在使用前报经海事管理机构批准。

禁止在特殊保护区域内使用消油剂。

第二十八条(污染责任保险)

按照国家有关规定应当办理油污责任保险或者取得相应的财务担保的船舶,应当持有相应的证明文件。

本市推进船舶污染责任保险制度的实施,鼓励上海港内航行、停泊和作业的船舶办理污染责任保险。

第五章 法律责任

第二十九条(对未落实防污染措施的处罚)

违反本办法规定,船舶有下列情形之一的,由海事管理机构责令改正,处1 000元以上1万元以下的罚款;情节严重的,处1万元以上5万元以下的罚款:

(一) 违反第四条第二款规定,未将污染危害性货物信息录入船舶自动识别系统的;

(二) 违反第八条第二款规定,开启铅封未向海事管理机构报告的;

(三) 违反第十五条第一款规定,开展作业活动前未向海事管理机构报告的;

(四) 违反第十七条第一款规定,作业单位未按照要求填写安全和防污染检查表的。

第三十条(对船舶违反污染物排放规定的处罚)

违反本办法规定,船舶有下列情形之一的,由海事管理机构责令改正,处以罚款:

(一) 违反第五条规定,向禁止排放水域排放生活污水、含油污水或者压载水的,处2万元以上5万元以下的罚款;情节严重的,处5万元以上20万元以下的罚款;

(二) 违反第九条规定,冲洗甲板的,处2万元以上5万元以下的罚款;

(三) 违反第十一条第一款规定,使用达不到国家和本市规定标准燃油的,处1万元以上10万元以下的罚款。

第三十一条(对违规使用消油剂的处罚)

违反本办法第二十七条第二款规定,在特殊保护区域内使用消油剂处理污染事故的,处1万元以上5万元以下的罚款。

第三十二条(行政责任)

违反本办法规定,海事管理机构及其工作人员有下列行为之一的,由所在单位或者上级主管部门依法对直接负责的主管人员和其他直接责任人员给予记过或者记大过处分;情节严重的,给予降级或者撤职处分:

(一) 未依法履行船舶污染防治监督检查职责,造成后果的;

(二) 接到船舶污染事故报告后未采取应对措施,造成后果的;

(三) 无法定依据或者违反法定程序执法的。

第六章 附 则

第三十三条(施行日期)

本办法自2015年6月1日起施行。1996年5月28日上海市人民政府令第28号发布的《上海港防止船舶污染水域管理办法》同时废止。

附录2 船舶水污染物排放控制标准(GB3552—2018)

(2018年1月16日发布)

前 言

为贯彻《中华人民共和国环境保护法》、《中华人民共和国水污染防治法》、《中华人民共和国海洋环境保护法》、《中华人民共和国防治船舶污染海洋环境管理条例》等法律法规,保护环境，防治污染，促进船舶水污染物排放控制技术的进步，推进船舶污染物接收与处理设施建设，推动船舶及相关装置制造业绿色发展，制定本标准。

本标准规定了船舶向环境水体排放含油污水、生活污水、含有毒液体物质的污水和船舶垃圾的排放控制要求，以及标准的实施与监督等要求。

本标准首次发布于1983年，本次为首次修订。主要修订内容：

按照控制排放污染物的属性，修改标准名称；

调整标准适用范围，增加含有毒液体物质污水的排放控制要求；

按水域和船舶类别，规定了含油污水、生活污水、含有毒液体物质污水和船舶垃圾的排放控制要求；

对船舶生活污水排放，增加pH值、化学需氧量(COD_{Cr})、总氯(总余氯)、总氮、氨氮和总磷等污染物控制项目；

收严船舶含油污水中石油类和生活污水中五日生化需氧量(BOD_5)、悬浮物(SS)和耐热大肠菌群数的排放限值；

调整船舶垃圾分类的规定，更新了船舶垃圾排放控制要求；

明确船舶机器处所油污水和生活污水的污染物监测要求。

自本标准实施之日起，《船舶水污染物排放控制标准》(GB 3552—83)废止。

省级人民政府对本标准未作规定的项目，可以制定地方污染物排放标准；对本标准已作规定的项目，可以制定严于本标准的地方污染物排放标准。

本标准由环境保护部水环境管理司、科技标准司组织制订。

本标准主要起草单位：交通运输部水运科学研究所、环境保护部环境标准研究所、农业部渔业船舶检验局、中国船级社、镇江海事局、交通运输部规划研究院、大连市环境监测中心、中国水产科学研究院渔业机械仪器研究所。

本标准环境保护部2017年12月25日批准。

本标准自2018年7月1日起实施。

本标准由环境保护部解释。

1. 适用范围

本标准规定了船舶含油污水、生活污水的污染物排放控制要求和监测要求，含有毒液体物质的污水和船舶垃圾的排放控制要求，以及标准的实施与监督等内容。

本标准适用于中华人民共和国领域和管辖的其他海域内，船舶向环境水体排放含油污水、生活污水、含有毒液体物质的污水和船舶垃圾等行为的监督管理。本标准不适用于为保障船舶安全或救护水上人员生命安全所必须的临时性排放行为。

本标准适用于法律允许的污染物排放行为。在内河和其他特殊保护区域内船舶污染物排放的管理，按照《中华人民共和国环境保护法》、《中华人民共和国水污染防治法》、《中华人民共和国海洋环境保护法》、《中华人民共和国防治船舶污染海洋环境管理条例》等法律法规中关于禁止倾倒垃圾、禁止排放有毒液体物质、禁止在饮用水源保护区排污、防止船载货物溢流和渗漏等具体规定执行。

2. 规范性引用文件

本标准内容引用了下列文件或其中的条款。凡是注日期的引用文件，仅注日期的版本适用于本标准。凡是不注日期的引用文件，其最新版本(包括所有的修改方案)适用于本标准。

GB 6920　　水质 pH 值的测定玻璃电极法
GB 11893　　水质总磷的测定钼酸铵分光光度法
GB 11901　　水质悬浮物的测定重量法
GB/T 5750.11　　生活饮用水标准检验方法消毒剂指标
GB/T 5750.12　　生活饮用水标准检验方法微生物指标
HJ 505　　水质五日生化需氧量(BOD_5)的测定稀释与接种法
HJ 535　　水质氨氮的测定纳氏试剂分光光度法
HJ 536　　水质氨氮的测定水杨酸分光光度法
HJ 537　　水质氨氮的测定蒸馏-中和滴定法
HJ 585　　水质游离氯和总氯的测定 N,N-二乙基-1,4-苯二胺滴定法
HJ 586　　水质游离氯和总氯的测定 N,N-二乙基-1,4-苯二胺分光光度法
HJ 636　　水质总氮的测定碱性过硫酸钾消解紫外分光光度法
HJ 665　　水质氨氮的测定连续流动-水杨酸分光光度法
HJ 666　　水质氨氮的测定流动注射-水杨酸分光光度法
HJ 828　　水质化学需氧量的测定重铬酸盐法
HJ/T 195　　水质氨氮的测定气相分子吸收光谱法
HJ/T 199　　水质总氮的测定气相分子吸收光谱法
HJ/T 347　　水质粪大肠菌群的测定多管发酵法和滤膜法(试行)
CB/T 3328.1　　船舶污水处理排放水水质检验方法第1部分：耐热大肠菌群数检验法
CB/T 3328.5　　船舶污水处理排放水水质检验方法第5部分：水中油含量检验法
JT/T 409　　船舶机舱舱底水、生活污水采样方法

《国际散装运输危险化学品船舶构造和设备规则》(IBC 规则)

《国际防止船舶造成污染公约》(MARPOL)

3. 术语和定义

下列术语和定义适用于本标准。

3.1　船舶 ship

各类排水或者非排水船、艇、水上飞机、潜水器和移动式平台,不包括军事船舶。

3.2　总吨 gross tonnage

按照船舶适用的法定规则丈量和计算的、用于表征船舶容积的指标,无量纲。

3.3　内河 inland water

中华人民共和国领域内的河流、湖泊、水库等地表水体。

3.4　沿海 costal water

中华人民共和国管辖的海域。

3.5　环境水体 environment waterbodies

内河和沿海。

3.6　含油污水 oily wastewater

船舶运营中产生的含有原油、燃油、润滑油和其他各种石油产品及其残余物的污水,包

括机器处所油污水和含货油残余物的油污水。

3.7 生活污水 sewage

船舶上主要由人员生活产生的污水，包括：

a) 任何形式便器的排出物和其他废物；

b) 医务室（药房、病房等）的洗手池、洗澡盆，以及这些处所排水孔的排出物；

c) 装有活的动物处所的排出物；

d) 混有上述排出物或废物的其他污水。

3.8 有毒液体物质 noxious liquid substances

对水环境或者人体健康有危害或者会对水资源利用造成损害的物质，包括在《国际散装运输危险化学品船舶构造和设备规则》（IBC 规则）的第 17 或 18 章的污染物种类列表中标明的，或者根据《国际防止船舶造成污染公约》（MARPOL）附则Ⅱ第 6.3 条暂时被评定为 X 类、Y 类或 Z 类物质的任何物质。其中：

a) X 类物质是指对海洋资源或人体健康产生重大危害、禁止排入环境水体的物质；

b) Y 类物质是指对海洋资源或人体健康产生危害、或对海上休憩环境或其他合法利用造成损害、需严格限制排入环境水体的物质；

c) Z 类物质是指对海洋资源或人体健康产生的危害较小、限制排入环境水体的物质。

3.9 含有毒液体物质的污水 waste water containing noxious liquid substances

船舶由于洗舱等活动产生的含有毒液体物质的污水。

3.10 船舶垃圾 garbage from ships

产生于船舶正常营运期间，需要连续或定期处理的废弃物，包括各种塑料废弃物、食品废弃物、生活废弃物、废弃食用油、操作废弃物、货物残留物、动物尸体、废弃渔具和电子垃圾（具体内容见本标准附表 1）以及废弃物焚烧炉灰渣，《国际防止船舶造成污染公约》（MARPOL）附则Ⅰ、Ⅱ、Ⅲ、Ⅳ、Ⅵ所适用的物质除外，也不包括以下活动过程中的鱼类（含贝类）及其各部分：

a) 航行过程中捕获鱼类（含贝类）的活动；

b) 将鱼类（含贝类）安置在船上水产品养殖设施内的活动；

c) 将捕获的鱼类（含贝类）从船上水产品养殖设施转移到岸上加工运输的活动。

3.11 危害海洋环境物质 substances harmful to marine environment

《国际防止船舶造成污染公约》（MARPOL）附则Ⅴ的实施导则（MEPC. 219(63)决议）中规定的对海洋环境有害的物质。

3.12 最近陆地 the nearest land

与所在位置最近的领海基线。

3.13 接收设施 reception facility

接收船舶污水和垃圾的设施，包括水上接收设施和岸上专用接收设施。

3.14 建造 construction

制造船舶活动已完成安放龙骨或类似阶段的工作。类似阶段是指装配量至少已达到 50 t 或全部结构材料估算重量的 1%。

4. 含油污水排放控制要求

4.1 船舶含油污水的排放控制要求按附录表 1 规定执行。

附录表 1　船舶含油污水排放控制要求

<table>
<tr><th>污水类别</th><th>水域类别</th><th colspan="2">船舶类别</th><th>排放控制要求</th></tr>
<tr><td rowspan="5">机器处所油污水</td><td rowspan="2">内河</td><td colspan="2">2021 年 1 月 1 日之前建造的船舶</td><td>自 2018 年 7 月 1 日起，按本标准 4.2 执行或收集并排入接收设施。</td></tr>
<tr><td colspan="2">2021 年 1 月 1 日及以后建造的船舶</td><td>收集并排入接收设施。</td></tr>
<tr><td rowspan="3">沿海</td><td colspan="2">400 总吨及以上船舶</td><td>自 2018 年 7 月 1 日起，按本标准 4.2 执行或收集并排入接收设施。</td></tr>
<tr><td rowspan="2">400 总吨以下船舶</td><td>非渔业船舶</td><td>自 2018 年 7 月 1 日起，按本标准 4.2 执行或收集并排入接收设施。</td></tr>
<tr><td>渔业船舶</td><td>(1) 自 2018 年 7 月 1 日起至 2020 年 12 月 31 日止，按本标准 4.2 执行；
(2) 自 2021 年 1 月 1 日起，按本标准 4.2 执行或收集并排入接收设施。</td></tr>
<tr><td rowspan="3">含货油残余物的油污水</td><td>内河</td><td colspan="2">全部油船</td><td>自 2018 年 7 月 1 日起，收集并排入接收设施。</td></tr>
<tr><td>沿海</td><td colspan="2">150 Gt 及以上油船</td><td>自 2018 年 7 月 1 日起，收集并排入接收设施，或在船舶航行中排放，并同时满足下列条件：
(1) 油船距最近陆地 50 海里以上；
(2) 排入海中油污水含油量瞬间排放率不超过 30 升/海里；
(3) 排入海中油污水含油量不得超过货油总量的 1/30 000；
(4) 排油监控系统运转正常。</td></tr>
<tr><td colspan="3">150 总吨以下油船</td><td>自 2018 年 7 月 1 日起，收集并排入接收设施。</td></tr>
</table>

4.2　机器处所油污水污染物排放控制按附录表 2 规定执行，排放应在船舶航行中进行。

附录表 2　船舶机器处所油污水污染物排放限值

污染物项目	限　值	污染物排放监控位置
石油类(mg/L)	15	油污水处理装置出水口

5. 生活污水排放控制要求

5.1　自 2018 年 7 月 1 日起，400 总吨及以上的船舶，以及 400 总吨以下且经核定许可载运 15 人及以上的船舶，在不同水域船舶生活污水的排放控制分别按 5.1.1 和 5.1.2 的要求执行。

5.1.1　在内河和距最近陆地 3 海里以内(含)的海域，船舶生活污水应采用下列方式之一进行处理，不得直接排入环境水体：

a) 利用船载收集装置收集，排入接收设施；

b) 利用船载生活污水处理装置处理，达到 5.2 规定要求后在航行中排放。

5.1.2 在距最近陆地3海里以外海域，船舶生活污水污染物排放控制按附录表3规定执行。

附录表3 距最近陆地3海里以外海域船舶生活污水排放控制要求

水 域	排放控制要求
3海里小于与最近陆地间距离不大于12海里的海域	同时满足下列条件： (1) 使用设备打碎固形物和消毒后排放； (2) 船速不低于4节，且生活污水排放速率不超过相应船速下的最大允许排放速率。
与最近陆地间距离大于12海里的海域	船速不低于4节，且生活污水排放速率不超过相应船速下的最大允许排放速率。

5.2 在内河和距最近陆地3海里以内(含)的海域，根据船舶类别和安装(含更换)生活污水处理装置的时间，利用船载生活污水处理装置处理的船舶生活污水分别执行相应的污染物排放限值。

5.2.1 在2012年1月1日以前安装(含更换)生活污水处理装置的船舶，向环境水体排放生活污水，其污染物排放控制按附录表4规定执行。

附录表4 船舶生活污水污染物排放限值(一)

序号	污染物项目	限值	污染物排放监控位置
1	五日生化需氧量(BOD_5)(mg/L)	50	生活污水处理装置出水口
2	悬浮物(SS)(mg/L)	150	
3	耐热大肠菌群数(个/L)	2 500	

5.2.2 在2012年1月1日及以后安装(含更换)生活污水处理装置的船舶，向环境水体排放生活污水，其污染物排放控制按附录表5规定执行，应执行5.2.3排放控制要求的船舶除外。

附录表5 船舶生活污水污染物排放限值(二)

序号	污染物项目	限值	污染物排放监控位置
1	五日生化需氧量(BOD_5)(mg/L)	25	生活污水处理装置出水口
2	悬浮物(SS)(mg/L)	35	
3	耐热大肠菌群数(个/L)	1 000	
4	化学需氧量(COD_{Cr})(mg/L)	125	
5	pH值(无量纲)	6～8.5	
6	总氯(总余氯)(mg/L)	<0.5	

5.2.3 在2021年1月1日及以后安装(含更换)生活污水处理装置的客运船舶，向内河排放生活污水，其污染物排放控制按附录表6规定执行。

附录表 6　船舶生活污水污染物排放限值(三)

序号	污染物项目	限值	污染物排放监控位置
1	五日生化需氧量(BOD_5)(mg/L)	20	生活污水处理装置出水口
2	悬浮物(SS)(mg/L)	20	
3	耐热大肠菌群数(个/L)	1 000	
4	化学需氧量(COD_{Cr})(mg/L)	60	
5	pH 值(无量纲)	6～8.5	
6	总氯(总余氯)(mg/L)	<0.5	
7	总氮(mg/L)	20	
8	氨氮(mg/L)	15	
9	总磷(mg/L)	1.0	

5.2.4　在 2016 年 1 月 1 日及以后安装(含更换)生活污水处理装置的船舶,若生活污水处理过程中由于工艺需求等被稀释,五日生化需氧量、悬浮物、化学需氧量、总氮、氨氮、总磷的水污染物排放浓度按下式换算,耐热大肠菌群数、pH 值和总氯(总余氯)仍以实测浓度作为水污染物排放浓度。

$$\rho = \frac{Q_i}{Q_e} * \rho_{实}$$

ρ 指水污染物排放浓度,mg/L;

$\rho_{实}$ 指水污染物实测浓度,mg/L;

Q_i 指进入生活污水处理装置进行处理的生活污水的流量,m/d;

Q_e 指混入稀释水后,生活污水处理装置的出水流量,m/d。

5.3　在饮用水水源保护区内,不得排放生活污水,并按规定对控制措施进行记录。

6. 含有毒液体物质的污水排放控制要求

6.1　船舶在沿海排放含有毒液体物质的污水,按附录表 7 规定执行。

附录表 7　含有毒液体物质的污水排放控制要求

污水中含有以下任何一种有毒液体物质	排放控制要求
(1) X 类物质; (2) Y 类物质中的高黏度或凝固物质; (3) 未按规定程序卸货的 Y 类物质; (4) 未按规定程序卸货的 Z 类物质。	如不能免除预洗,船舶在离开卸货港前应按规定程序预洗,预洗的洗舱水应排入接收设施。其中,X 类物质应预洗至浓度小于或等于 0.1%(质量百分比),浓度达到要求后应将舱内剩余的污水继续排入接收设施,直至该舱排空。预洗后,再向该舱注水产生的含有毒液体物质的污水排放按本标准六(二)执行。
(1) 按规定程序卸货的 Y 类物质; (2) 按规定程序卸货的 Z 类物质。	按本标准六(二)执行;对于 2007 年 1 月 1 日之前建造的船舶,含 Z 类物质或暂定为 Z 类物质的污水排放,可免除六(二)c 中在水线以下通过水下排出口排放的要求。

6.2　在沿海的船舶按规定程序卸货,并按规定预洗、有效扫舱或通风后,含有毒液体物

质的污水排放应同时满足下列条件：

a）在距最近陆地12海里以外(含)且水深不少于25米的海域排放；

b）在船舶航行中排放，自航船舶航速不低于7节，非自航船航速不低于4节；

c）在水线以下通过水下排出口排放，排放速率不超过最大设计速率。

7. 船舶垃圾排放控制要求

7.1　内河禁止倾倒船舶垃圾。在允许排放垃圾的海域，根据船舶垃圾类别和海域性质，分别执行相应的排放控制要求。

7.1.1　在任何海域，应将塑料废弃物、废弃食用油、生活废弃物、焚烧炉灰渣、废弃渔具和电子垃圾收集并排入接收设施。

7.1.2　对于食品废弃物，在距最近陆地3海里以内(含)的海域，应收集并排入接收设施；在距最近陆地3海里至12海里(含)的海域，粉碎或磨碎至直径不大于25毫米后方可排放；在距最近陆地12海里以外的海域可以排放。

7.1.3　对于货物残留物，在距最近陆地12海里以内(含)的海域，应收集并排入接收设施；在距最近陆地12海里以外的海域，不含危害海洋环境物质的货物残留物方可排放。

7.1.4　对于动物尸体，在距最近陆地12海里以内(含)的海域，应收集并排入接收设施；在距最近陆地12海里以外的海域可以排放。

7.1.5　在任何海域，对于货舱、甲板和外表面清洗水，其含有的清洁剂或添加剂不属于危害海洋环境物质的方可排放；其他操作废弃物应收集并排入接收设施。

7.2　在任何海域，对于不同类别船舶垃圾的混合垃圾的排放控制，应同时满足所含每一类船舶垃圾的排放控制要求。

8. 监测要求

8.1　船舶机器处所油污水和生活污水的采样按JT/T 409执行。

8.2　船舶机器处所油污水和生活污水的污染物测定采用附录表8所列的方法标准。

8.3　采用污染物排放监控位置的监测数据，作为判定排污行为达标与否的依据。

附录表8　船舶机器处所油污水和生活污水污染物测定方法标准

序号	污染物项目	监测方法标准名称	标准编号
1	化学需氧量(COD_{Cr})	水质化学需氧量的测定重铬酸盐法	HJ 828
2	五日生化需氧量(BOD_5)	水质五日生化需氧量(BOD_5)的测定稀释与接种法	HJ 505
3	悬浮物(SS)	水质悬浮物的测定重量法	GB 11901
4	耐热大肠菌群数	生活饮用水标准检测方法微生物指标	GB/T 5750.12
		水质粪大肠菌群的测定多管发酵法和滤膜法(试行)	HJ/T 347
		船舶污水处理排放水水质检验方法第1部分：耐热大肠菌群数检验法	CB/T 3328.1
5	pH值	水质pH值的测定玻璃电极法	GB 6920
6	石油类	船舶污水处理排放水水质检验方法第5部分：水中油含量检验法	CB/T 3328.5

（续表）

序号	污染物项目	监测方法标准名称	标准编号
7	总氯(总余氯)	生活饮用水标准检验方法消毒剂指标	GB/T 5750.11
		水质游离氯和总氯的测定 N,N-二乙基-1,4-苯二胺滴定法	HJ 585
		水质游离氯和总氯的测定 N,N-二乙基-1,4-苯二胺分光光度法	HJ 586
8	总氮	水质总氮的测定气相分子吸收光谱法	HJ/T 199
		水质总氮的测定碱性过硫酸钾消解紫外分光光度法	HJ 636
9	氨氮	水质氨氮的测定气相分子吸收光谱法	HJ/T 195
		水质氨氮的测定纳氏试剂分光光度法	HJ 535
		水质氨氮的测定水杨酸分光光度法	HJ 536
		水质氨氮的测定蒸馏-中和滴定法	HJ 537
		水质氨氮的测定连续流动-水杨酸分光光度法	HJ 665
		水质氨氮的测定流动注射-水杨酸分光光度法	HJ 666
10	总磷	水质总磷的测定钼酸铵分光光度法	GB 11893

9. 实施与监督

9.1　国务院环境保护主管部门负责对本标准的实施进行指导、协调和监督。

9.2　国家海事主管部门和国家渔业主管部门分别按照法律法规和本标准规定，对各类船舶排放水污染物行为实施监督管理。

附录 A

（规范性附录）

表 A.1　船舶垃圾分类表

序号	类别	说　明
1	塑料废弃物	含有或包括任何形式塑料的固体废物，其中包括合成缆绳、合成纤维渔网、塑料垃圾袋和塑料制品的焚烧炉灰。
2	食品废弃物	船上产生的变质或未变质的食料，包括水果、蔬菜、奶制品、家禽、肉类产品和食物残渣。
3	生活废弃物	船上起居处所产生的各类废弃物，不包括生活污水和灰水（洗碟水、淋浴水、洗衣水、洗澡水以及洗脸水等）。
4	废弃食用油	废弃的任何用于或准备用于食物烹制或烹调的可食用油品或动物油脂，但不包括使用上述油进行烹制的食物。
5	废弃物焚烧炉灰渣	用于垃圾焚烧的船用焚烧炉所产生的灰和渣。

（续表）

序号	类别	说　明
6	操作废弃物	船舶正常保养或操作期间在船上收集的或是用以储存和装卸货物的固态废弃物(包括泥浆)，包括货舱洗舱水和外部清洗水中所含的清洗剂和添加剂，不包括灰水、舱底水或船舶操作所必需的其他类似排放物。
7	货物残留物	货物装卸后在甲板上或舱内留下的货物残余，包括装卸过量或溢出物，不管其是在潮湿还是干燥的状态下，或是夹杂在洗涤水中。货物残留物不包括清洗后甲板上残留的货物粉尘或船舶外表面的灰尘。
8	动物尸体	作为货物被船舶载运并在航行中死亡的动物尸体。
9	废弃渔具	放弃使用的渔具，含布设于水面、水中或海底用于捕捉水生生物的实物设备或其部分部件组合。
10	电子垃圾	废弃的电子卡片、小型电器、电子设备、电脑、打印机墨盒等。

附录3　船舶与港口污染防治专项行动实施方案(2015—2020年)

(2015年8月27日印发)

为贯彻落实《中共中央　国务院关于加快推进生态文明建设的意见》(中发〔2015〕12号)、《大气污染防治行动计划》(国发〔2013〕37号)和《水污染防治行动计划》(国发〔2015〕17号)，结合履行国际公约相关义务和我国水运发展实际，全面推进船舶与港口污染防治工作，积极推进绿色水路交通发展，特制定本方案。

一、总体要求

(一) 指导思想

全面贯彻党的十八大和十八届三中、四中全会精神，认真落实党中央、国务院的决策部署，大力推进生态文明建设，依法推进船舶与港口污染防治工作，以减少污染物排放和强化污染物处置为核心，以完善法规、标准、规范为基础，以推进排放控制区试点示范为抓手，港航联动，河海并举，标本兼治，协同推进，努力实现水运绿色、循环、低碳、可持续发展。

(二) 基本原则

坚持统筹谋划、防治结合。紧密结合船舶与港口污染防治工作现状和阶段性特征，立足当前、着眼长远、科学规划、有效衔接，系统提出分阶段行动目标和主要任务，强化源头防控，注重科学治理，有序推进船舶与港口污染防治工作。

坚持全面推进、重点突破。系统梳理船舶、港口污染防治全过程、各环节存在的问题，紧抓制约污染防治水平的关键领域和重点环节，打好攻坚战，以点带面，全面推进船舶与港口污染防治工作。

坚持政府推动、企业施治。贯彻节约资源和保护环境的基本国策，在充分发挥污染防治企业主体作用和市场调节作用的同时，发挥好政府的政策引导和监督管理作用，形成政府、企业协同推进工作格局。

坚持创新驱动、示范带动。发挥企业的科技创新主体作用，加强船舶与港口污染防治关键技术、设施设备科技攻关，推动科研成果的转化应用；选择具有较好基础条件、符合污染防治发展方向的项目，开展试点示范和经验推广，推动污染防治工作深入开展。

（三）工作目标

总体目标：到2020年，船舶与港口污染防治政策法规标准体系进一步完善，船舶与港口大气污染物、水污染物得到有效防控和科学治理，排放强度明显降低，清洁能源得到推广应用，船舶和港口污染防治水平与我国生态文明建设水平、全面建成小康社会目标相适应。

具体目标：到2020年，珠三角、长三角、环渤海（京津冀）水域船舶硫氧化物、氮氧化物、颗粒物与2015年相比分别下降65%、20%、30%；主要港口90%的港作船舶、公务船舶靠泊使用岸电，50%的集装箱、客滚和邮轮专业化码头具备向船舶供应岸电的能力；主要港口100%的大型煤炭、矿石码头堆场建设防风抑尘设施或实现封闭储存。沿海和内河港口、码头、装卸站（以下简称港口）、船舶修造厂分别于2017年底前和2020年底前具备船舶含油污水、化学品洗舱水、生活污水和垃圾等接收能力，并做好与城市市政公共处理设施的衔接，全面实现船舶污染物按规定处置。按照新修订的船舶污染物排放相关标准，2020年底前完成现有船舶的改造，经改造仍不能达到要求的，限期予以淘汰。

二、主要任务

（一）加快相关法规、标准、规范制修订。按照国家污染防治总体要求，完善相关管理制度，加强船舶与港口污染防治相关法规、标准、规范的制修订工作，强化标准约束，做好船舶与港口污染防治标准，以及与国家有关标准的衔接。

2015年底前，发布《防治船舶污染内河水域环境管理规定（修订）》、《水路危险货物运输管理规定》；配合环境保护部力争出台船舶污染物排放、船舶发动机废气排放标准；配合国家质检总局、国家能源局修订船用燃料油强制性国家标准；会同有关部门出台《内河危险化学品禁运目录》。2016年底前，出台《码头船舶岸电设施工程技术规范》国家标准；出台《水运工程环境保护设计规范》；发布内河危险化学品禁运品种遴选管理办法，建立禁运目录动态调整机制。2017年底前，配合环境保护部制修订适合我国国情的码头油气排放相关标准。2020年底前，出台船舶天然气动力设施改造技术规范，编制船舶污染物排放监测系列技术标准。

（二）持续推进船舶结构调整。依法强制报废超过使用年限的船舶，继续落实老旧运输船舶和单壳油轮提前报废更新政策并力争延续内河船型标准化政策，加快淘汰老旧落后船舶，鼓励节能环保船舶建造和船上污染物储存、处理设备改造，严格执行船舶污染物排放标准，限期淘汰不能达到污染物排放标准的船舶，严禁新建不达标船舶进入运输市场，规范船舶水上拆解行为。

2016年起，禁止内河单壳化学品船舶和600载重吨以上的单壳油船进入“两横一纵两网十八线”水域航行。2017年底前，继续开展老旧运输船舶和单壳油轮提前报废更新；分级分类修订船舶及其设施设备的相关环保标准，2018年起投入使用的沿海船舶、2021年起投入使用的内河船舶执行新修订的船舶污染物排放相关标准。2020年底前，完成对不符合新修订的船舶污染物排放相关标准要求的船舶有关设施、设备的配备或改造，对经改造仍不能达到要求的，限期予以淘汰。

（三）推进设立船舶大气污染物排放控制区。借鉴国际经验，突出国家大气污染联防联控重点区域，兼顾区域船舶活动密集程度与经济发展水平，设立珠三角、长三角、环渤海（京津冀）水域船舶大气污染物排放控制区，控制船舶硫氧化物、氮氧化物和颗粒物排放。

2015年底前，发布《珠三角、长三角、环渤海（京津冀）水域船舶排放控制区实施方案》，按照方案要求分阶段分步骤推进实施。在排放控制区内选择核心港口区域试点示范；适时评估试点示范效果，将排放控制要求扩大至排放控制区内所有港口。2018年底前，评估确定采取更加严格排放控制要求、扩大排放控制区范围以及其他进一步举措。

（四）积极开展港口作业污染专项治理。加强港口作业扬尘监管，开展干散货码头粉尘专项治理，全面推进主要港口大型煤炭、矿石码头堆场防风抑尘设施建设和设备配备；推进原油成品油码头油气回收治理。

2015年底前，出台《煤炭矿石码头粉尘控制设计规范》；发布原油成品油码头油气回收行动试点方案，在环渤海、长三角、珠三角、长江干线等重点区域分批次、分类别开展码头油气回收试点工作。2016年底前，开展港口作业扬尘监管专项整治行动，推进煤炭、矿石码头的大型堆场建设防风抑尘设施或实现封闭储存；出台《码头油气回收设施建设技术规范》。2017年底前，国内沿海稳步推广原油成品油码头油气回收。

（五）协同推进船舶污染物接收处置设施建设。加强港口、船舶修造厂环卫设施、污水处理设施建设规划与所在地城市设施建设规划的衔接。会同工信、环保、住建等部门探索建立船舶污染物接收处置新机制，推动港口、船舶修造厂加快建设船舶含油污水、化学品洗舱水、生活污水和垃圾等污染物的接收设施，做好船港之间、港城之间污染物转运、处置设施的衔接，提高污染物接收处置能力，满足到港船舶污染物接收处置需求。

2016年底前，港口、船舶修造厂所在地交通运输（港口）管理部门会同工信、环保、住建、海事等部门完成本区域船舶污染物接收、转运及处置能力评估，编制完善接收、转运及处置设施建设方案。2017年底前，沿海港口、船舶修造厂达到建设要求。2020年底前，内河港口、船舶修造厂达到建设要求；进入我国水域的国际航行船舶，按照已加入的国际公约要求安装压载水管理系统。

（六）积极推进LNG燃料应用。全面落实《交通运输部关于推进水运行业应用液化天然气的指导意见》（交水发〔2013〕625号），进一步完善LNG加注设施的相关标准规范体系，统筹LNG加注站点布局规划与建设，有序推进船舶与港口应用LNG试点示范工作，加大LNG动力船船员、码头操作人员的培训力度，逐步扩大LNG燃料在水运行业的应用范围。

2015年底前，完成长江、西江航运干线和京杭运河船舶LNG燃料加注码头布局规划。2016年底前，修订完成《液化天然气码头设计规范》，制订《液化天然气加注码头设计规范》。2017年底前，建立水运行业应用LNG标准体系。2018年底前，加快推进LNG加注站及配套设施建设，完善相关技术法规和规范；扩大LNG动力船舶试点应用范围，试点推广LNG燃料在港作车船中的应用。

（七）大力推动靠港船舶使用岸电。推动建立船舶使用岸电的供售电机制和激励机制，降低岸电使用成本，引导靠港船舶使用岸电。开展码头岸电示范项目建设，加快港口岸电设备设施建设和船舶受电设施设备改造。

2015年底前，加大码头岸电推进力度，发布一批新的示范项目名单。2016年底前，积极协调配合有关部门建立靠港船舶使用岸电供售电机制；完善港口岸电设施建设相关标准和船舶使用岸电的鼓励政策。2018年底前，重点在珠三角、长三角、环渤海（京津冀）排放控制区主要港口推进建设岸电设施，鼓励其他港口积极推进船舶靠港使用岸电。

（八）加强污染物排放监测和监管。强化监测和监管能力建设，建立交通运输环境监测网络，完善交通运输环境监测、监管机制；建立完善船舶污染物接收、转运、处置监管联单制度，加强对船舶防污染设施、污染物偷排漏排行为和船用燃料油质量的监督检查，坚决制止和纠正违法违规行为。

2016年，开展船舶污染物接收、转运、处置联合专项整治，加强海事、港航、环保、城建等部门的联合监管。2017年，完善船舶污染物报告、接收制度，完善水路交通主要污染物统计指标及核算方法，逐步开展船舶污染物排放监测。推进实施《全国公路水路交通运输环境监测网总体规划》，2020年底前，初步建成水路交通运输环境监测网骨干框架，覆盖沿海及内河主要港口、长江干线航道等重要水运基础设施。

（九）提升污染防治科技水平。鼓励企业开展船舶与港口污染防治技术研究，积极争取国家重点专项对船舶与港口污染防治的支持，加强污染防治新技术在水运领域的转化应用。重点开展船舶与港口污染物监测与治理、危险化学品运输泄漏事故应急处置等方面的技术和装备研究。

2016年底前，完成船舶大气污染基础性数据调查、船舶尾气后处理技术、船舶及港口大气污染扩散机理与区域影响研究。2017年底前，完成船舶污染物监测技术研究，完成船舶化学品污染事故预测预警、应急处置、决策支持技术研究。2018年底前，完成船舶发动机节能减排技术、船舶压载水检测和沉积物处置技术、原油成品油码头油气回收技术研究。

（十）优化水路运输组织。优化港口资源配置，拓展港口服务功能，充分发挥水运节能环保比较优势，促进现代物流发展；加快港口集疏运体系建设，解决进港铁路“最后一公里”问题，继续推进集装箱铁水联运、江（河）海直达运输、滚装甩挂运输发展，发挥多种运输方式的组合效率；充分发挥“两横一纵两网”等水运主通道作用，提高水水中转比例；引导船舶大型化、标准化和企业规模化、集约化发展；大力推动京杭运河苏北、山东段内河船舶智能过闸系统应用。

2015年底前，与中国铁路总公司联合研究推进重点港口疏港铁路“最后一公里”建设。2016年底前，加快现有集装箱海铁联运物联网应用示范工程建设，实现铁水联运集装箱信息实时监测、业务协同和信息共享。2020年底前，形成若干条以沿海主要港口为枢纽的集装箱铁水联运通道，推动有条件的主要港口铁路线进港。

（十一）提升污染事故应急处置能力。建立健全应急预案体系，统筹水上污染事故应急能力建设，完善应急资源储备和运行维护制度，强化应急救援队伍建设，改善应急装备，提高人员素质，加强应急演练，提升油品、危险化学品泄漏事故应急能力。

2016年底前，出台《水上溢油风险评估导则》、修订《港口码头溢油应急设备配备要求》；督促港口经营人制定防治船舶及其有关活动污染港区水环境的应急计划；推动地方人民政府制定船舶污染事故应急预案，编制防治船舶及其有关作业活动污染水域环境应急能力建设规划。2020年底前，完成《国家水上交通安全监管和救助系统布局调整规划》相关建设任务。

三、保障措施

（一）加强组织领导。各地交通运输管理部门要紧密结合工作实际，加强组织领导和工作协同，制定具体落实方案，细化任务措施，明确责任分工和进度安排，抓好试点示范和推广应用，加强目标考核，确保各项工作落实到位。

（二）强化规划引领。各地交通运输管理部门要将船舶与港口污染防治工作纳入交通运输“十三五”发展规划，并制定本地区船舶与港口污染防治专项规划，完善配套政策措施，强化规划的约束和引领作用，推动船舶与港口污染防治工作有序开展。

（三）完善支持政策。在充分利用好中央和地方已有相关资金支持政策的基础上，各级交通运输管理部门要积极协调有关部门加大政策与资金支持力度，力争建立船舶与港口污染防治引导资金，不断完善其他配套政策和激励措施；港航企业要结合提质增效升级，进一步加大对污染防治设施设备改造、配备的资金投入。

（四）加强协调联动。各地交通运输管理部门和各直属海事机构要加强与有关部门的沟通协调，探索建立区域、部门联动协作机制，实现相关建设规划的有效衔接，推进联合监测、联合执法、应急联动、信息共享，确保船舶与港口污染防治工作顺利推进和工作目标如期实现。

附录4　珠三角、长三角、环渤海水域船舶排放控制区实施方案

（2015年12月2日印发）

为贯彻实施《中华人民共和国大气污染防治法》，推进绿色航运发展和船舶节能减排，减少船舶在我国重点区域的大气污染物排放，制定本实施方案。

一、工作目标

通过设立船舶大气污染物排放控制区（以下简称“排放控制区”），控制我国船舶硫氧化物、氮氧化物和颗粒物排放，改善我国沿海和沿河区域特别是港口城市的环境空气质量，为全面控制船舶大气污染奠定基础。

二、设立原则

（一）突出国家大气污染联防联控重点区域。

（二）维护区域港口公平竞争，鼓励核心港区先行先试。

（三）兼顾区域船舶活动密集程度与经济发展水平。

（四）遵守国际法和国内法律法规要求。

三、适用对象

本方案适用于在排放控制区内航行、停泊、作业的船舶，军用船舶、体育运动船艇和渔业船舶除外。

四、排放控制区范围

基于以上目标和原则，设立珠三角、长三角、环渤海（京津冀）水域船舶排放控制区，确定排放控制区内的核心港口区域，具体如下：

（一）珠三角水域船舶排放控制区。

海域边界：下列A、B、C、D、E、F六点连线以内海域（不含香港、澳门管辖水域）。

A：惠州与汕尾大陆岸线交界点

B：针头岩外延12 n mile处

C：佳蓬列岛外延12 n mile处

D：围夹岛外延12 n mile处

E：大帆石岛外延12 n mile处

F：江门与阳江大陆岸线交界点

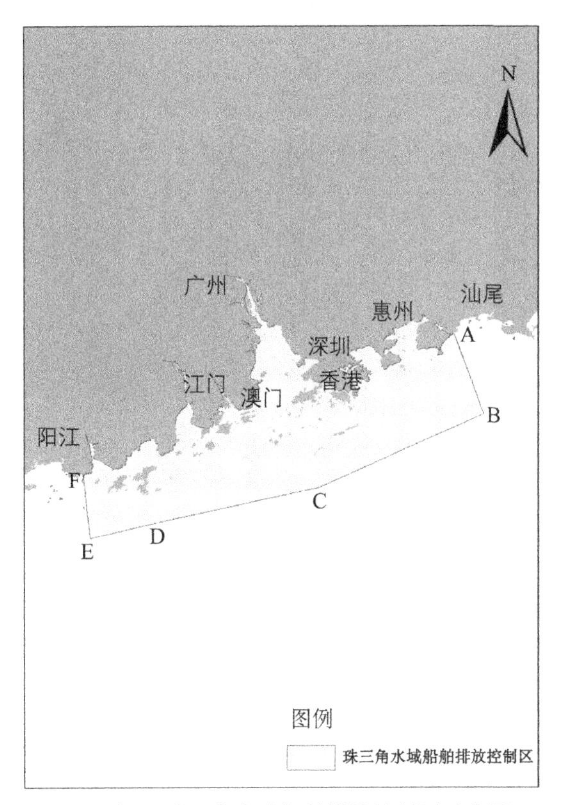

附录图1　珠三角水域船舶排放控制区示意图

内河水域范围为广州、东莞、惠州、深圳、珠海、中山、佛山、江门、肇庆9个城市行政管辖区域内的内河通航水域。

本排放控制区内的核心港口区域为深圳、广州、珠海港。

（二）长三角水域船舶排放控制区。

海域边界：下列A、B、C、D、E、F、G、H、I、J十点连线以内海域。

A：南通与盐城大陆岸线交界点

B：外磕脚岛外延12 n mile处

C：佘山岛外延12 n mile处

D：海礁外延12 n mile处

E：东南礁外延12 n mile处

F：两兄弟屿外延12 n mile处

G：渔山列岛外延12 n mile处

H：台州列岛(2)外延12 n mile处

I：台州与温州大陆岸线交界点外延12 n mile处

J：台州与温州大陆岸线交界点

内河水域范围为南京、镇江、扬州、泰州、南通、常州、无锡、苏州、上海、嘉兴、湖州、杭州、绍兴、宁波、舟山、台州16个城市行政管辖区域内的内河通航水域。

本排放控制区内的核心港口区域为上海、宁波-舟山、苏州、南通港。

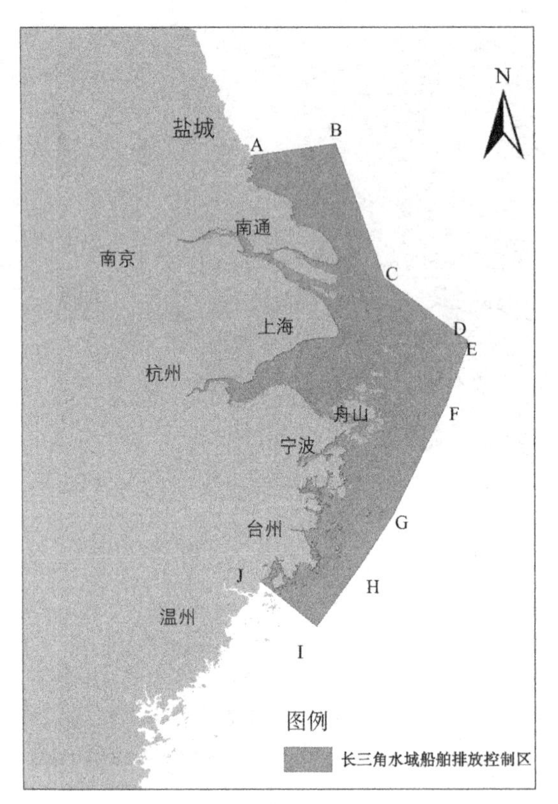

附录图 2　长三角水域船舶排放控制区示意图

（三）环渤海（京津冀）水域船舶排放控制区。

海域边界：大连丹东大陆岸线交界点与烟台威海大陆岸线交界点的连线以内海域。

内河水域范围为大连、营口、盘锦、锦州、葫芦岛、秦皇岛、唐山、天津、沧州、滨州、东营、潍坊、烟台 13 个城市行政管辖区域内的内河通航水域。

本排放控制区内的核心港口区域为天津、秦皇岛、唐山、黄骅港。

五、控制要求

（一）自 2016 年 1 月 1 日起，船舶应严格执行现行国际公约和国内法律法规关于硫氧化物、颗粒物和氮氧化物的排放控制要求，排放控制区内有条件的港口可以实施船舶靠岸停泊期间使用硫含量不大于 0.5% m/m 的燃油等高于现行排放控制要求的措施。

（二）自 2017 年 1 月 1 日起，船舶在排放控制区内的核心港口区域靠岸停泊期间（靠港后的一小时和离港前的一小时除外，下同）应使用硫含量不大于 0.5% m/m 的燃油。

（三）自 2018 年 1 月 1 日起，船舶在排放控制区内所有港口靠岸停泊期间应使用硫含量不大于 0.5% m/m 的燃油。

（四）自 2019 年 1 月 1 日起，船舶进入排放控制区应使用硫含量不大于 0.5% m/m 的燃油。

（五）2019 年 12 月 31 日前，评估前述控制措施实施效果，确定是否采取以下行动：

1. 船舶进入排放控制区使用硫含量不大于 0.1% m/m 的燃油；

附录图 3　环渤海(京津冀)水域船舶排放控制区示意图

2. 扩大排放控制区地理范围;

3. 其他进一步举措。

(六) 船舶可采取连接岸电、使用清洁能源、尾气后处理等与上述排放控制要求等效的替代措施。

六、保障措施

(一) 加强组织领导。

各级交通运输主管部门应加强组织领导和协调,细化任务措施,明确职责分工;积极协调国家有关部门和地方政府出台相关政策,制定技术标准;推进信息共享,开展联合执法,建立监督管理联动机制,共同推动排放控制区方案的有效实施。

(二) 强化监督管理。

海事管理机构应组织开展船舶大气污染监测技术研究,不断提高监测能力,推进船舶大气污染监测工作;建立监督检查管理工作机制,推进检测装备与能力建设;加强船舶防止空气污染证书和油类记录簿、燃油供应单证及燃油质量的检查;督促船舶检验机构提高船舶发动机等相关船用产品检验质量;开展对替代措施有效性的核查。

(三) 发挥政策引导作用。

各级交通运输主管部门应积极协调国家有关部门和地方政府出台相关激励政策和配套措施,加强低硫燃油的生产和供应,对船舶使用低硫燃油、岸电,船舶改造升级和应用清洁能源等实施资金补贴、便利运输等优惠措施。

（四）建立与港澳联动机制。

建立和完善与香港、澳门特别行政区沟通协调机制，加强珠三角水域船舶排放控制区工作与港澳的联动，协调排放控制标准和实施时间，交流排放控制措施应用和监督管理经验，推动与港澳船舶排放控制行动一体化。

附录 5　深入推进绿色港口建设行动方案(2018—2022 年)

（2018 年 3 月 27 日发布）

一、总体要求

（一）指导思想。

深入贯彻落实党的十九大精神，以习近平新时代中国特色社会主义思想为指导，牢固树立和践行绿水青山就是金山银山的理念，以交通强国建设为统领，以深化供给侧结构性改革为主线，以系统推进绿色港口（港区）建设为重点，将绿色发展贯穿到港口规划、建设和运营的全过程，构建资源节约、环境友好的港口绿色发展体系，从更深层次、更广范围、更高要求建设绿色港口，为水运绿色发展和高质量发展提供有力支撑。

（二）基本原则。

深化拓展，统筹推进。按照生态文明建设和高质量发展的新要求，认真总结"十二五"绿色港口主题性试点建设和绿色港口（码头）等级评价等工作经验，不断深化绿色港口发展内涵，不断拓展和丰富绿色港口建设内容。强化组织实施，统筹推进，全面提升港口的绿色发展水平。

示范引领，重点突破。对标国际先进水平，择优选择一批基础条件好的规模以上港口（港区）开展绿色港口建设工作，加强示范引领，加快形成可复制、可推广的经验。在清洁能源应用、资源集约利用、船舶港口污染治理、绿色运输组织推广等关键领域，实行重点攻关、重点突破，形成示范效应，带动全国绿色港口建设。

政府引导，协同发展。更好发挥政府部门作用，强化规划政策引导，形成绿色港口发展长效机制。充分发挥企业主体作用，广泛调动港口企业的积极性、主动性和创造性，鼓励港口企业整体或联合建设绿色港口，实现协同发展。

（三）行动目标。

紧紧围绕部《关于全面深入推进绿色交通发展的意见》《关于推进长江经济带绿色航运发展的指导意见》《船舶与港口污染防治专项行动实施方案（2015—2020 年）》确定的重点目标任务，集中推进绿色港口建设。到 2020 年，全面完成"十三五"相关规划目标任务；2020—2022 年期间，每年建成一批资源利用集约高效、生态环境清洁友好、运输组织科学合理的港口（港区），示范带动全国绿色港口建设；到 2022 年，实现港口资源利用效率稳步提升，生态保护措施全面落实，能源消费和运输组织结构明显优化，污染防治和绿色管理能力明显提升，我国港口绿色发展水平整体处于世界前列。

二、主要任务

（一）深入贯彻绿色发展理念。

1. 系统谋划建设绿色港口。根据港口总体规划，坚持生态优先、绿色发展，制定实施绿色港口（港区）建设实施方案，明确绿色港口建设的时序、重点任务和保障措施，全面系统推进绿色港口建设，推动形成绿色发展方式和生活方式。制定绿色港口建设年度计划，明确重点目标任务，落实机构、人员和专项经费保障。港区内码头企业按照《绿色港口等级评价标准》加强建设。

2. 加强港口绿色发展宣传教育。制定年度培训计划，以低碳循环、资源节约、污染防治、生态保护等为重点内容，加强员工节能环保培训，增强从业人员绿色发展的自觉性和主动性，提高实践能力。每年至少开展一次绿色港口主题宣传活动，传播绿色港口建设成效，听取公众意见建议，倡导港城居民共同参与港口绿色建设。

（二）着力优化能源消费结构。

1. 构建清洁低碳的港口能源体系。港作机械和运输装备优先使用电能、天然气等清洁能源，并配备足够的供电、加气等配套设施。通过新建改造，使用电能和液化天然气等清洁能源的港作机械和车船数量占比不低于60%。

结合自然条件和港口能源需求，鼓励应用光伏发电、风光互补供电系统、太阳能供热供电和空气源热泵供热系统等新能源技术，提升太阳能、风能、地热能、生物能等可再生能源的应用比例。

2. 着力推动靠港船舶使用岸电。落实《港口岸电布局方案》，新建码头同步规划、设计、建设岸基供电设施，已建集装箱、客滚、邮轮、3千吨级以上客运和5万吨级以上干散货专业化泊位中具备岸电供应能力的泊位数量比例不低于50%。提升岸基供电设施的安全便捷和经济性，港作船舶靠泊使用岸电比例不低于90%，与重点航运企业签订岸电使用合作协议，逐年提高岸电设施的使用率。

（三）节约和循环利用资源。

1. 强化资源集约节约利用。实施既有工艺、设施设备节能改造，推广应用绿色照明、码头智能装卸、港口储能、变频控制等节能新技术、新工艺、新材料、新设备，港口生产综合能源单耗三年内累计降低4%以上。科学合理利用岸线资源，促进航道、锚地共享共用，整合码头资源，鼓励发展集约化、专业化港口（港区）。

2. 推进资源循环利用。升级港口（港区）排水系统和污水处理系统，生产生活污水、雨污水循环利用率不低于30%。港口施工或生产产生的废弃物综合利用率明显提高。

（四）加强港口污染防治。

1. 加强大气污染防治。干散货码头实施堆场喷淋、干雾抑尘、布袋式除尘器、管状带式输送机等降尘措施，大型煤炭、矿石码头堆场全部建设防风抑尘网或实现封闭储存。新建原油、成品油装船作业码头全部安装油气回收系统，已建原油、成品油装船作业码头实施油气回收系统改造。

2. 强化水污染防治及固体废弃物处置。具备充足的船舶生活污水、含油污水、化学品洗舱水和固体废弃物的接收能力，并与城市公共转运、处置设施衔接顺畅。推进建立并有效实施船舶污染物接收、转运、处置监管联单制度。建设港口生产生活污水、雨污水的收集处理设施，实现污水达标排放和减量排放。制定防治船舶及其有关作业活动污染水域应急预案，按照有关规范和标准，配备相应的防治污染设备和器材。

（五）推进港口生态修复和景观建设。

结合码头建设运营产生的环境影响，采用生态护岸、增殖放流等措施，开展陆域或水域生态修复。港口（港区）外围设置生态缓冲屏障，以减少港口作业产生的生态压力。优化港口（港区）景观布置，实施绿化工程，港内绿化面积占可绿化面积比例不少于90%。

（六）创新绿色运输组织方式。

积极推进运输结构调整，大力发展铁水联运等多式联运、江海联运、江海直达、水水中转等运输组织方式。建设完善港口物流信息系统，实现港口智能化生产作业，优化生产调度，提升作业和物流效率。

（七）提升港口节能环保管理能力。

建立能源消耗和污染物排放统计和监测制度，编制港口污染物和温室气体排放清单。开展港口节能减排和污染防治关键技术研发，研究制定绿色港口企业标准，推动制定绿色港口发展相关标准规范。

三、申报与实施

（一）申报条件。

申报绿色港口应当满足以下条件：

1. 申报范围。以港口或港区为单位申报。

2. 建设基础。具有一定的建设运营规模、良好的绿色港口建设基础，符合相关法规标准的要求，能够按期完成绿色港口建设实施方案确定的目标任务，并积极探索积累绿色港口建设经验。

3. 建设环境。在靠港船舶使用岸电、LNG应用、船舶污染物接收转运处置等方面有明确的支持政策或配套设施，强化绿色港口发展资金、技术、政策保障和舆论引导，形成有利于绿色港口建设的氛围。

（二）申报与实施。

1. 申报。2018—2020年每年组织申报1次。申报主体为所在地港口行政管理部门或港口企业集团。申报的港口企业集团完成的年度货物吞吐量占港口（港区）货物吞吐总量的50%以上。

申报主体应根据绿色港口建设行动主要任务，按照《绿色港口建设实施方案编制要点及要求》（附件1），结合本地实际，编制绿色港口建设实施方案，明确三年的建设目标任务，填写《绿色港口建设指标》（附件2），一并于5月31日前报省级交通运输主管部门。

2. 确定。省级交通运输主管部门应遵循公开、公平、公正的原则，对申报港口材料进行审核，从中遴选1—2个港口或港区，并按照推荐的优先顺序排序后于6月30日前报部。

部组织专家对申报材料进行综合评选和择优确定，于8月底前发布绿色港口建设名单。

3. 实施与评估。申报主体应严格按照实施方案开展绿色港口建设，全面推进各项工作。建设期第三年的下半年向省级交通运输主管部门提出评估申请，形成自评报告，港区内码头企业或港口企业集团下属的码头企业对照《绿色港口等级评价标准》在自评或组织专家评审的基础上提出自评结论，一并上报。

2020—2022年，省级交通运输主管部门每年下半年对照绿色港口建设实施方案、目标任务和自评报告，结合实地检查，进行绿色港口建设完成情况评估，形成评估报告和评估结论报部。

部加强跟踪指导，适时组织督查推进，对评估工作进行抽查。部省及时总结推广绿色港口建设成功经验，发挥其示范带动作用。

四、保障措施

（一）加强组织领导。地方交通运输（港口）管理部门应高度重视，明确责任人员和分工，加强组织实施，统筹推进绿色港口建设，形成有利于港口绿色发展的良好局面。省级交通运输主管部门的分管领导和联系人的联系方式于2018年4月底前报部。

（二）加强政策支持。部将积极争取中央财政资金给予支持，在同期相关工作中对绿色港口建设内容和任务予以优先支持。地方交通运输主管部门应积极争取地方财政资金，对绿色港口建设工作给予资金补助和政策扶持。

（三）加强督促检查。省级交通运输主管部门应加强跟踪指导和监督检查，及时协调解决绿色港口建设的困难和问题，做好工作总结，并将辖区内绿色港口建设年度工作进展情况于每年的12月20日前报部。地方交通运输（港口）管理部门和港口协会要组织开展绿色港口宣传活动，搭建绿色发展交流创新平台，促进绿色港口技术推广和经验交流。

附件1　绿色港口建设实施方案编制要点及要求

一、总体情况

主要包括申报港口（港区）发展的基本情况，概述申报绿色港口（港区）的基础条件、建设内容和重点任务、组织方案、资金投入及来源、计划进度、指标和预期效果。

二、基础条件

（一）港口（港区）节能环保工作基础。包括港口绿色发展相关规划的编制、清洁能源和可再生能源应用、港作机械和运输装备节能减排技术应用、资源节约与循环利用、大气和水污染防治、污染物排放监测、生态保护与修复、绿色运输组织、节能环保管理机构设置和队伍建设、能源和环境管理体系等。

（二）港口（港区）能源消耗和污染物排放现状。包括港口（港区）各用能和产污环节的概述、近三年能源消耗统计数据、港口生产综合能源消耗总量和强度、污染物排放总量和强度、环境监测数据等。

（三）申报主体近三年的业务规模（吞吐量）、经营效益和绿色港口建设资金保障等。

（四）申报主体已开展的绿色港口建设工作和探索实践。

三、建设思路与目标

（一）绿色港口建设总体思路。包括建设的可行性、创新点和特色。

（二）绿色港口建设总体目标和预期目标。对照《绿色港口建设指标》，设定预期目标，可增列指标和预期目标。预期目标应至少满足能效、环保等相关法规标准和规范性文件的要求，并可量化、可考核。

四、建设方案

（一）建设内容。围绕绿色港口建设行动主要任务，对计划开展的具体工作进行详细阐述。

（二）投资估算。应具体到每个项目的资金规模。

（三）环境效益、社会效益预估。应具体到每个项目的节能环保、资源节约的效果估算。

（四）组织实施方案。包括组织机构、资金筹措、技术支撑、工作进度、过程管理、管理制度等方面。

五、配套保障措施

地方政府和相关管理部门拟给予的资金补助、配套设施、支持政策措施等情况。

附件2　绿色港口建设指标

指标领域	指 标 名 称	预期目标
深入贯彻绿色发展理念	系统谋划建设绿色港口,制定实施建设方案、年度计划等	
	绿色发展宣传教育,拟开展培训和宣传活动次数	
	参照《绿色港口等级评价标准》,码头企业达到3星级以上(含3星级)绿色港口的比例	
优化能源消费结构	已建集装箱、客滚、邮轮、3千吨级以上客运和5万吨级以上干散货专业化泊位中具备岸电供应能力的泊位数量及比例	
	靠港船舶使用岸电的艘次、时长及电量等	
	港作船舶岸电使用率	
	使用电能和LNG等清洁能源动力的港作机械和车船数量	
节约和循环利用资源	港口生产综合能源单耗下降率	
	绿色照明灯具比例	
	污水循环利用率	
加强港区污染防治	大型煤炭、矿石码头堆场防风抑尘设施建设	
	原油成品油装船作业码头油气回收系统建设数量	
	船舶污染物接收设施能力,与城市公共转运、处置设施的衔接情况	
	是否制定污染事故应急预案	
推进港口生态修复和景观建设	港口绿化面积占可绿化面积比例	
创新绿色运输组织方式	港口铁路水路集疏运货物(集装箱、干散货)占比	
	港口物流信息系统建设	
提升港口节能环保管理能力	能耗与污染排放的统计和监测	
	科技研发与技术创新情况	

说明:1. 绿色照明灯具指用于港口现场生产作业的照明灯具,包括码头、堆场高杆灯以及路灯等;2. 可在本指标基础上增加其他指标。

附录6　上海绿色港口三年行动计划(2015—2017年)

(2015年7月10日发布)

2014年,上海港集装箱吞吐量达到3 528.5万标箱,货物吞吐量达到7.55亿t,集装箱吞吐量继续保持世界第一,为本市及腹地经济的发展作出了重大贡献。然而随着港口吞吐量的不断增长,港口生产作业对城市环境的影响愈加显著,对环境空气质量所造成的影响也日益突显。为加快上海港口发展方式的转变,有效促进港口生产与环境保护协调发展,积极推进上海国际航运中心建设，制订本行动计划。

一、指导思想

贯彻落实党的十八大精神，推进生态文明建设，促进上海港口与城市协调发展，落实交通运输部《加快推进绿色循环低碳交通运输发展指导意见》（交政法发〔2013〕323号）、《上海市清洁空气行动计划（2013—2017）》（沪府发〔2013〕83号）的要求，本轮行动计划以节能降耗工作为基础，以大气污染防治为重点，以加快构建绿色、集约、清洁港口为主要任务，同时推进水水中转、海铁联运及物流效率的提高，不断优化和完善港口集疏运体系，全面构建上海国际航运中心绿色低碳发展模式。

二、总体目标

以大气污染物减排为核心，到2017年底，港口生产作业单位吞吐量综合能耗较2010年下降7%，港口生产作业单位吞吐量碳排放较2010年下降9%，主要港区细颗粒物（PM2.5）年平均浓度比2013年下降20%。

三、工作措施

（一）港区治理

1. 推进靠港国际航行船舶岸基（港基）供电工程。在洋山冠东国际集装箱码头及吴淞国际邮轮码头先行开展岸基（港基）供电试点，取得可复制的经验后，重点推进核心港区岸基（港基）供电建设，并不断扩大应用范围。至2017年，建设岸电设施6台套，覆盖12个泊位；新建规模以上集装箱码头及邮轮码头，同步配置电力容量、管线管位等，使其具备岸电配置条件。

2. 推进内河码头岸基供电及储能技术应用。黄浦江旅游船码头岸基供电设备配置率达100%；研究制订内河码头岸基供电技术规范地方标准，为内河码头扩大应用提供支持；开展苏州河游览船码头储能技术应用试点。

3. 开展集装箱码头装卸设备节能减排技术改造。推进轮胎式集装箱起重机（以下称“轮胎式轮胎吊”）能源结构优化，清洁能源替代率达75%；开展油改电、油改气等混合动力技术改造以及机械势能回收技术应用，机械势能回收技术应用达30台；扩大集装箱大型装卸机械能量回馈示范应用，集装箱大型装卸机械能量回馈技术应用率达70%。

4. 开展集装箱码头节能减排综合技术应用试点。结合新码头建设，引入全自动化集装箱码头运营模式，研究传统集装箱码头自动化改造的试点方案。

5. 推进港区集装箱卡车环保综合整治。推进港区集装箱牵引车清洁能源替代，完成清洁能源替代达500辆，占港区集装箱牵引车总量的40%；扩大黄标车限行范围，港区集装箱卡车黄标车淘汰率达100%；鼓励港区集装箱卡车老旧车辆提前淘汰更新；支持港区及周边液化天然气（LNG）加气设施配套建设。

6. 开展大宗干散货码头及堆场扬尘污染防治。加快罗泾矿石码头、煤炭码头及张华浜、军工路散货码头功能调整与转变方案研究；实施喷淋设施配置、带式输送机防尘改造、场地地面硬化、挡料墙防护、天棚储库等专项工程，大宗干散货码头粉尘防治综合改造达80%；大宗干散货码头卸船机械变频综合节能改造达80%；内河易扬尘码头及堆场地面硬化率达到100%，简易喷淋设施覆盖率达到100%。

7. 开展油气码头及滚装码头节能环保治理试点示范。选择典型油气码头，开展油气回收利用综合治理技术改造，通过试点不断扩大推广应用；实施滚装码头自动化整车库试点工程。

8. 推进港区节能照明技术改造。扩大节能灯具的应用范围，覆盖率达80%，重点应用于港区堆场、道路、装卸设备、库房、港区楼宇泛光照明和室内照明等；开展专业化码头、干散货码头配置应用智能化照明控制系统试点。

（二）船舶治理

9. 研究设立国际航行船舶排放控制区或协作区。借鉴国际先进经验，综合考虑船舶污染影响、油品供应能力以及航运企业经营实际，配合交通运输部、环境保护部、国家能源局共同研究长三角区域设立国际航行船舶排放控制区或协作区的实施方案；研究控制区域船舶大气污染排放标准，设立过渡期，在过渡阶段通过财政补贴、规费减免、服务优先等方式，鼓励船舶减排；制订和完善相关法规政策，逐步从鼓励性政策过渡到约束性的排放控制区或协作区。

10. 鼓励船舶使用LNG试点应用。推进内河货运船舶LNG动力试点示范，并扩大应用规模达300艘；开展沿海运输LNG动力船舶试点；研究LNG发电船港基供电试点方案；推进船舶LNG加气站建设试点，形成LNG动力船舶加气供应保障体系。

11. 推进内河船舶新能源应用和排放等级提高。开展黄浦江、苏州河内河船舶电力推进等新能源应用试点工作，选取2艘备用公务艇开展纯电动力试点改(建)造，在试点成功的基础上，重点推进纯电动力在黄浦江、苏州河旅游船舶等领域的应用；开展长江滚装运输船光伏发电应用试点；新建内河公务艇(主要指海事巡逻艇)、黄浦江旅游船、客渡船及环卫船等船舶使用低排放发动机或新能源比例达80%；推进港作船舶使用低硫油，应用比例达70%。

12. 逐步提高上海港水域船舶油品标准，试点乳化柴油等新产品减少排放。上海港水域内率先实施国家《船用燃料油》(GB/T17411，以最新版本为准)标准，并配合国家有关部门加快研究更严格的船用燃油标准，结合区域实际，分阶段提高船用油品标准，改善船舶大气污染物排放状况；积极推进乳化柴油等新产品在船舶上的应用，以减少船舶大气排放。

13. 鼓励船舶结构优化。推进新建船舶应用能效设计指数(EEDI)；支持老旧船舶和单壳油轮报废更新，落实报废船舶拆解，推进内河船型标准化。

14. 推进船舶经济航速运行和节能技术改造。推进在用船舶应用能效管理计划(SEEMP)；鼓励船舶实施经济航速，继续支持船舶实施节能减排技术改造，优化船队结构和航线配置，促进航运企业节能降耗。

（三）严格管理和能力建设

15. 继续加大船舶污染监管力度。严格落实《上海港船舶污染防治办法》，建立国家海事和地方海事、环保、质监等部门联合执法机制，加强对船用油品质量的监督检查，严肃查处使用和销售不达标燃油的行为，定期公布检查结果；在饮用水源地保护区范围内实行船舶含油污水、生活污水和生活垃圾“零排放”，具备纳管条件的港口区域污水纳管率达100%；推进内河船舶污染物接收试行工作，规范处置船舶污染物，完成内河船舶配备生活污水处置装置或存储设备率达60%；开展码头应急能力建设，建立上海港污染防治设备和器材配置的联防机制，逐步完善海港码头污染防治设备和器材配置工作；增加船舶水域污染事故应急处置点布设，内河水域污染事故应急处置点达到19个。

16. 加强长三角联动，推进区域信息共享。依托长三角区域大气污染防治协作机制，建立长三角水域排放控制联动机制，研究支持长三角区域船舶减排的法律法规和鼓励政策，推进排放控制区或协作区的建立；加强船舶大气污染物排放监测能力建设，研究建立长三角区域船舶环保信息平台，推进区域内船舶基础信息、运行信息和排放信息的共享。

17. 制订技术标准，研究行业节能环保准入和退出机制。研究制订10项港航节能低碳环保地方标准，主要包括：港航节能低碳环保地方标准体系；港口非道路移动机械（含港口装卸设备）能耗限值和污染物排放地方标准；港作船舶和内河船舶能耗限值和污染物排放地方标准等。在相关技术标准基础上，研究行业节能环保准入和退出机制。

18. 推进专项工作，提高节能环保监测和评价水平。研究制订绿色循环低碳港口节能减排专项规划，完成5家港航企业能源消耗在线监测平台建设试点，开展第二轮港航重点用能单位能源审计；研究制订上海港（含内河）LNG加气设施布局和建设专项规划；研究制订上海港防治船舶污染海洋环境应急能力建设规划；研究制订上海港环境监测网络建设专项规划，积极与全市环境监测网络衔接，完成8个监测站点的试点建设；研究制订上海港大气污染物排放清单，建立排放因子库；继续开展港航企业"千企行动"和"万企行动"专项工作。

19. 加强管理体系建设，探索监管模式创新。开展港航企业能源管理体系建设和碳排放管理体系建设试点，不断扩大港航企业参与碳排放试点交易的范围；研究LNG动力船舶和LNG发电船港基供电运营便利化监管模式；探索提高航道通行效率的可行性，提升航道双向通行能力，减少船舶靠港等候时间；研究道路甩挂运输便利化监管模式，在核心港区先行试点甩挂运输、"一拖二"等高效运输方式，取得经验后逐步扩大推广范围。

20. 加强科技攻关，促进绿色港口技术进步。重点开展远洋船舶应用烟气处理装置，沿海船舶清洁能源和能效管理综合应用，内河船舶柴油发动机大气污染减排等关键技术研究；积极推动港口储能技术应用，运营船舶能效监测与评价，船舶大气污染物排放监测等管理技术研究；深化物联网、移动互联网技术在港航节能减排中的应用研究。

四、保障措施

（一）强化组织领导与统筹协调

依托上海交通节能减排联席会议工作机制，由市交通委牵头，市发展改革委、市环保局、市经济信息化委、市科委、市财政局、上海海事局、中国船级社（CCS）上海分社等部门协作配合，形成上海绿色港口行动计划工作机制。加强对绿色港口推进工作的统一协调和具体指导，统筹负责上海绿色港口三年行动计划推进工作。

（二）增加政策支撑及资金投入

完善政策保障机制，充分发挥政府主导、企业主体和市场机制的作用。建立有助于落实港区大气污染防治和促进港口绿色发展的政策体系。出台上海港靠泊国际航行船舶岸基供电工作、码头堆场扬尘污染防治等绿色港口支持政策。积极引导社会资金投入，鼓励企业采用合同能源管理模式实施节能减排工作。

（三）扩大国际与区域合作

加强与国际先进港口的合作，借鉴国际先进港口在节能降耗和大气污染减排政策、标准及技术应用上的先进经验，加快相关技术的引进和合作研发。依托长三角区域合作平台，建立长三角船舶和港口大气污染联防联控工作机制。

（四）注重人才建设与公众参与

开展港航领域节能减排政策与技术培训，将船舶和港口能源节约、污染减排的相关知识纳入企业职工教育和培训体系，加大人才培养力度。加强节能减排相关经验交流，定期举办推广交流会，交流先进技术与管理经验，及时发布和推介节能减排新技术、新模式和新方法。加强宣传引导，鼓励公众及其他社会组织积极参与。

参考文献

[1] 陈永志. 环境管理理论与应用[M]. 北京：学苑出版社，2014.

[2] 范利彬. 国外绿色港口的发展与借鉴[J]. 珠江水运，2009，(9)：21-23.

[3] 广东省交通运输厅. 广东省绿色港口行动计划(2014—2020)[EB/OL]. 2014-2-13[2016-10-18]. http://www.gdcd.gov.cn/tzgg/20140304173452914_1.jhtml.

[4] 郭保春，李玉如. 纽约—新泽西港绿色港口之路对我国港口发展的借鉴[J]. 水运管理，2006，28(10)：8-10.

[5] 姜宴生，张晋元. 走向绿色港口——盐田国际的环保政策与社会责任[J]. 集装箱化，2007，(11)：22-24.

[6] 交通运输部. 港口建设项目环境影响评价规范[S]. 北京：人民交通出版社，2011.

[7] 交通运输部. 绿色港口等级评价标准[S]. 北京：人民交通出版社，2013.

[8] 交通运输部. 珠三角、长三角、环渤海(京津冀)水域船舶排放控制区实施方案[EB/OL]. 2015-12-2[2016-12-12]. http://www.gov.cn/xinwen/2015-12/04/content_5019932.htm.

[9] 鞠美庭，方景清，邵超峰. 港口环境保护与绿色港口建设[M]. 北京：化学工业出版社，2010.

[10] 李幼萌. 国外港口环境风险管理[J]. 中国勘察设计，2000，(4)：43-44.

[11] 刘宏，肖思思. 环境管理[M]. 北京：中国石化出版社，2014.

[12] 刘立民，邵超峰，鞠美庭，等. 天津港绿色港口建设创新探索与实践[J]. 港口经济，2011，(1)：24-28.

[13] 刘敏燕，沈新强. 船舶溢油事故污染损害评估技术[M]. 北京：中国环境科学出版社，2014.

[14] 卢勇，胡昊. 悉尼港绿色港口实践及其对我国的启示[J]. 中国航海，2009，32(1)：72-76.

[15] 路静，唐谋生，李丕学. 港口环境污染治理技术[M]. 北京：海洋出版社，2007.

[16] 吕航. 美国的绿色港口之路[J]. 中国船检，2005，(8)：42-44.

[17] 欧阳斌，王琳，黄敬东，等. 绿色低碳港口评价指标体系研究与应用[J]. 水运工程，2015，(4)：73-80.

[18] 欧阳斌，王琳. 中国绿色港口发展战略研究[J]. 中国港湾建设，2014，(4)：66-73.

[19] 上海市交通委员会. 上海绿色港口三年行动计划(2015—2017年)[EB/OL]. 2015-7-10[2016-11-17]. http://www.shanghai.gov.cn/nw2/nw2314/nw2319/nw11494/nw12331/nw12343/nw33214/u26aw44250.html.

[20] 史建刚. 海洋环境保护概论[M]. 青岛：中国石油大学出版社，2010.

[21] 宋文鹏. 黄海绿潮调查与研究[M]. 北京：海洋出版社，2013.

[22] 宋旭变. 浅谈我国绿色港口的发展现状及建议[J]. 港口科技，2011，(11)：17-20.

[23] 孙永明. 海洋与港口船舶防污染技术[M]. 北京：人民交通出版社，2010.

[24] 王同帅. 我国绿色港口发展研究[D]. 大连：大连海事大学，2014.

[25] 吴鹏华. 绿色生态港口建设初探[J]. 海洋环境科学，2009，28(3)：338-340.

[26] 吴宛青. 船舶防污染技术[M]. 大连：大连海事大学出版社，2010.

[27] 夏章英. 海洋环境管理[M]. 北京：海洋出版社，2014.

[28] 严文瑶，戴竹青，柴育红. 环境监测与影响评价技术[M]. 北京：中国石化出版社，2013.

[29] 殷佩海. 船舶防污染技术[M]. 大连：大连海事大学出版社，2000.

[30] 张东生，徐静琦，王震. 环境工程[M]. 北京：人民交通出版社，1998.
[31] 周国强，张青. 环境保护与可持续发展概论[M]. 北京：中国环境科学出版社，2010.
[32] 周在青. 船舶防污染法规与技术[M]. 上海：上海浦江教育出版社，2014.
[33] 朱红钧，赵志红. 海洋环境保护[M]. 青岛：中国石油大学出版社，2015.
[34] 朱庆林，郭佩芳，张越美. 海洋环境保护[M]. 青岛：中国海洋大学出版社，2011.
[35] 陶学宗，吴琴，尹传忠. 国际集装箱内陆段铁路运输链碳排放量估算[J]. 交通运输系统工程与信息，2018，18(02)：20－26.
[36] Tao Xue-Zong, Wu Qin, Zhu Li-Chao. Mitigation Potential of Co-emissions from Modal Shift Induced by Subsidy in Hinterlard Container Transport[J]. Energy Policy, 2017, 101: 265－273.
[37] 张戎，陶学宗. 基于低碳的港口集疏运体系碳排放评估方法[J]. 综合运输，2013(05)：52－58.
[38] 陶学宗，蒯国良，吴琴. 降低上海冠东国际集装箱码头装船翻箱率的对策[J]. 集装箱化，2016，27(03)：7－10.